献给何青医生

现代数学基础丛书 187

李群与李代数基础

李克正 著

科学出版社

北 京

内 容 简 介

李群与李代数是核心数学领域中的一个重要的交叉学科, 且是微分几何、微分方程、调和分析、群论、代数、动力系统、数论、理论物理、量子化学、应用数学乃至工程技术等领域的重要工具. 现代高校普遍开设李群与李代数基础课程. 本书为作者在中国科学院和首都师范大学授课多年的基础上写成的李群与李代数基础教科书, 内容共有十二章, 分别为引言、分析方面的一些预备、代数方面的一些预备、流形与解析空间、切空间与向量场、李代数、李群、李群的微分学、李群的积分学、线性李群及其李代数、复半单李代数的结构、复环面初步.

本书内容丰富, 直观而严谨, 结构精炼并有适当的习题, 适合作为高校本科和研究生课程教材, 也适合作为自学读物和科研参考书.

图书在版编目 (CIP) 数据

李群与李代数基础/李克正著. —北京: 科学出版社, 2021.6
(现代数学基础丛书; 187)
ISBN 978-7-03-069140-8

I. ①李… II. ①李… III. ①李群②李代数 IV. ①O152.5

中国版本图书馆 CIP 数据核字(2021)第 109161 号

责任编辑: 王丽平 李香叶 / 责任校对: 彭珍珍
责任印制: 吴兆东 / 封面设计: 陈 敬

科学出版社 出版
北京东黄城根北街 16 号
邮政编码: 100717
http://www.sciencep.com
北京虎彩文化传播有限公司印刷
科学出版社发行 各地新华书店经销
*
2021 年 6 月第 一 版 开本: 720 × 1000 1/16
2024 年 4 月第四次印刷 印张: 11 1/2
字数: 230 000
定价: 88.00 元
(如有印装质量问题, 我社负责调换)

《现代数学基础丛书》序

对于数学研究与培养青年数学人才而言, 书籍与期刊起着特殊重要的作用. 许多成就卓越的数学家在青年时代都曾钻研或参考过一些优秀书籍, 从中汲取营养, 获得教益.

20 世纪 70 年代后期, 我国的数学研究与数学书刊的出版由于"文化大革命"的浩劫已经破坏与中断了 10 余年, 而在这期间国际上数学研究却在迅猛地发展着. 1978 年以后, 我国青年学子重新获得了学习、钻研与深造的机会. 当时他们的参考书籍大多还是 50 年代甚至更早期的著述. 据此, 科学出版社陆续推出了多套数学丛书, 其中《纯粹数学与应用数学专著》丛书与《现代数学基础丛书》更为突出, 前者出版约 40 卷, 后者则逾 80 卷. 它们质量甚高, 影响颇大, 对我国数学研究、交流与人才培养发挥了显著效用.

《现代数学基础丛书》的宗旨是面向大学数学专业的高年级学生、研究生以及青年学者, 针对一些重要的数学领域与研究方向, 作较系统的介绍. 既注意该领域的基础知识, 又反映其新发展, 力求深入浅出, 简明扼要, 注重创新.

近年来, 数学在各门科学、高新技术、经济、管理等方面取得了更加广泛与深入的应用, 还形成了一些交叉学科. 我们希望这套丛书的内容由基础数学拓展到应用数学、计算数学以及数学交叉学科的各个领域.

这套丛书得到了许多数学家长期的大力支持, 编辑人员也为其付出了艰辛的劳动. 它获得了广大读者的喜爱. 我们诚挚地希望大家更加关心与支持它的发展, 使它越办越好, 为我国数学研究与教育水平的进一步提高做出贡献.

杨 乐

2003 年 8 月

前　言

李群与李代数是现代高校的一门研究生数学基础课程, 不仅是很多数学专业学生必修或选修, 而且一些其他专业 (如物理) 的学生也需要学习. 国际高水平的大学都开设这门课程.

2003 年, 作者在中国科学院研究生院 (中国科学院大学的前身) 任数学系主任. 当时开设的李群与李代数课程, 预约的授课人由于 SARS 流行而未能来京赴任. 为了完成既定的教学计划, 作者决定自己承接这门课程. 这是一项颇有挑战性的任务. 一方面, 该课程为一学期的课程, 且是针对较大范围的学生的需要, 内容不宜过多或过于专门, 因此课程内容的选择和讲授的方式就很需要斟酌; 另一方面, 尽管国内外有多种该方面的教科书, 但相互间相距甚远, 没有一本恰好完全适合教学计划的要求, 所以需要做相当大规模的选择和调整. 因此, 主要的教材是自编讲义, 而且在讲授过程中经常需要修订.

自此之后, 作者先后在中国科学院研究生院和首都师范大学多次讲授李群与李代数课程. 在多年讲课中积累的讲义, 基本上已够写一本适合此课程的教科书. 自 2015 年科学出版社约稿后, 作者就着意为写本书做准备, 后又按计划在 2019 年秋季讲授此课程时定稿.

在上述课程的讲授过程中, 中国科学院和首都师范大学的学生们提出了很多宝贵的意见, 而且有些学生还就一些专题做了报告. 这些都对本书的修订起了重要的作用.

修订书稿的任务, 是需要相当多的自由工作时间的. 幸乎不幸乎, 在作者准备集中投入精力做修订工作的 2020 年寒假, 年初又遇到新冠肺炎流行, 学校延期开学, 开学后则是网上授课. 所幸的是妻子何青是很专业的医生 (曾为颇多数学界人士医治), 她不仅在两次时疫流行期间悉心保护了作者的健康, 而且尽可能承担家里所有难办的事, 使作者能够安心专注于工作. 这样本书的校阅工作经过大约两个月的时间才得以完成.

学习李群与李代数需要多方面的数学基础, 且经常会有比大学本科课程高一些的要求. 鉴于加强学生基础的需要, 本书在开始部分用了相当大的篇幅在分析、代数、几何诸方面做了一些预备, 内容涉及微分方程、复变函数、交换代数、张量、微分流形、解析空间、向量场等. 在此基础上先以导数为背景讲李代数 (包括

Poincaré-Birkhoff-Witt 定理), 然后再讲李群 (这与很多教科书的次序不同). 关于李群讲了基本性质、商与齐性空间、李群的李代数与不变微分算子环、指数映射 (包括 Baker-Campbell-Hausdorff 公式)、Haar 测度等, 这些都属于李群的基础理论. 此后讲李代数的结构, 特别是复半单李代数的结构, 这些是很多教科书中都有的内容 (与此显著对照的是, 多种教科书中对于李群的基础理论讲得很少). 为了学生不过于局限于线性群, 在第 XI 章初步讲了复环面.

在写作方式上, 经常综合使用分析、代数、几何等各方面的基础知识, 以推进学生对学科交叉的了解. 书中附有一些习题, 这些习题基本上都是作者在讲学过程中不断积累的, 远非充足, 但有助于对正文的理解.

本书采用的专业术语以 1993 年版《数学名词》为准.

本书是使用天元软件写的, 为此必须感谢不幸病逝的朋友、代数几何学家肖刚, 他所编制的天元软件是 TEX 的接口软件, 不仅可以用于中文, 而且有很强的画图功能, 迄今尚无其他排版软件可以完全替代; 还应感谢另一位朋友、代数几何学家陈志杰, 他将天元软件推进为通用和方便的版本并长期维护. 两位教授对作者都曾经常指导.

此外, 作者感谢国家自然科学基金的长期资助.

李克正

2020 年 2 月 12 日

目　　录

第 0 章　引　言

在 19 世纪的数学中, 群无疑是最深刻的新概念. 群论产生于求解代数方程的研究, 即阿贝尔与伽罗瓦的工作. 到了 19 世纪后期, 群论已深入一些其他领域, 如几何学 (在今天可以称为 "线性几何", 主要是射影几何)、运动学、晶体结构 (费得罗夫 (Federov) 与熊夫利 (Schoenflies) 对空间群的分类) 等, 而射影群是一种连续群, 即今天所说的李群. 在今天看来, 群是研究运动与对称性的根本工具.

在这样的背景下, 挪威数学家索弗斯·李 (Sophus Lie) 类比地考虑能否用连续群研究 "连续的" 方程, 即微分方程, 如同用离散群研究 "离散的" 方程, 即代数方程那样. 李以毕生的精力研究这一课题, 而这一课题涉及很多领域, 除了群论和微分方程外还有线性几何、微分几何、解析函数论、线性空间与二次型、交换与非交换代数、拓扑学等. 李群的奠基性工作是由李及 W. Killing, E. Cartan, H. Weyl 等完成的. 直到今天, 李群仍是很多人研究的一个数学分支.

在此之后, 李群的基本概念、方法和结果逐渐渗透到很多其他领域, 包括微分方程、微分几何、复几何、代数学、数论、代数几何、动力系统等基础数学分支以及物理、化学、应用数学以至工程技术等领域, 成为一个重要的工具, 而且有深远的思想影响.

简言之, 李群就是有几何结构的群, 也可以看作具有群结构的几何 "空间". 两个方面的结构, 即几何结构与群结构, 既同时起作用又相互制约, 使得李群具有丰富的内涵, 且具有复杂的结构与性质. 由此不难理解, 李群论具有显著的多学科交叉性, 而对李群的研究需要广博的数学基础.

在很多学科 (如代数或复几何) 中李群都是很特殊的一类对象. 然而, 李群在很多领域经常自然地出现, 并且常常起着重要的甚至关键的作用. 因此李群是一个备受重视的课题, 很多高校数学专业都开设李群 (或李群与李代数) 基础课程.

本书针对数学各专业及一些相关专业 (如理论物理) 的学生和研究者对于李群与李代数知识的基本需要, 不涉及很深入且很专门的内容.

本书的预备知识包括大学本科的微积分、线性代数、常微分方程、复分析和抽象代数课程的基本内容. 但是, 鉴于学习这一课题需要多方面的数学基础, 且经常会有比大学本科课程高一些的要求, 前几章中在分析、代数、几何等方面做了一些准备. 在一般的李群与李代数教科书中都有类似的准备.

各章节的内容及其相互关联简述如下.

第 I 章是分析方面的预备, 内容包括微分方程和复变函数两个部分; 第 II 章为代数方面的预备, 内容有群、环、模、交换环和张量积等; 第 III 章和第 IV 章为几何方面的预备, 内容包括流形、射影空间、解析空间、纤维丛、层、切空间与切丛、向量场、光滑性及向量场的积分等. 这些基础知识都是后面各章节所需要的. 第 V 章为李代数的基础, 从导数出发, 内容包括李代数及其线性表示的基本概念、解析空间的切丛与李子丛、李代数的泛包络代数 (Poincaré-Birkhoff-Witt 定理) 等; 第 VI 章为李群的基本概念和基本性质, 以及齐性空间的基础; 第 VII 章为李群的微分学, 内容包括李群的李代数与不变微分算子、不变微分算子环的基本性质等; 第 VIII 章为李群的积分学, 内容包括指数映射、Baker-Campbell-Hausdorff 公式、不变测度等; 第 IX 章为线性李群及其李代数的基础, 包括典型李群及其李代数与李代数的结构初步; 第 X 章为线性李代数的较深入内容, 特别是复半单李代数的结构和分类; 第 XI 章为复环面的初步介绍, 内容包括格、复环面的基本性质, 椭圆曲线, 复环面的自同态等.

除第 I, II 章外各章都有一些习题, 这些习题有助于对正文的理解, 其中带星号的习题有较高的难度.

李群与其他领域的联系广泛而深刻, 这里仅能做一点很初步的介绍.

在几何学方面, 李群本身就是几何学的重要对象; 另一方面, 一般的几何对象都有自同构群, 它反映几何对象的对称性, 而自同构群中经常有李子群, 它可以理解为 "连续的" 对称性 (例如圆周就可以连续地旋转). 如果一个几何对象有李群的可迁作用, 就是所谓 "齐性空间", 它们在几何领域中经常出现, 且有高度的对称性. 所谓 "局部李群" (见第 VIII 章) 也是微分几何的工具.

如上所说, 李群起源于对微分方程的研究, 其中很多结果在微分方程领域有重要的应用, 下面对此将有所反映 (见第 IV 章). 在调和分析中李群也是重要的工具.

在代数方面, 李群本身就是群论的重要对象, 但还不仅如此. 线性群不仅有李群 (即实数域或复数域上的线性群), 而且在一般的域上都有, 它们都是群论的重要且基本的对象, 而李群论的很多方法被用于研究一般域上的群. 20 世纪 60 年代, Chevalley 开创了新的方法, 可以利用李代数构造一般域上的线性群, 即所谓 "李型群". 这些都极大地推动了群论的发展, 尤其是有限单群的分类研究. 此外, 李代数的研究对于线性代数的发展也有很大的推动作用.

李群对于动力系统是重要的和基本的工具.

数论与李群有很多不解之缘, 但所涉及的课题都很深, 这里不做具体介绍了.

　　在应用数学甚至工程技术等领域, 李群也有多方面的应用.

　　李群在现代理论物理中是基本的工具和对象, 在量子化学中也有不平凡的应用.

　　另一方面, 很多其他的学科领域对李群的研究有影响和贡献.

　　在李群的学习中, 经常要将分析、代数、几何等多方面的基础知识综合使用 (而不是只考虑一个方面), 对于很多初学者这是需要逐渐适应的, 而且由此有助于理解学科交叉.

第 I 章   分析方面的一些预备

第 1 节   常微分方程

设 t 为实变量, $x_1, \cdots, x_n$ 为 n 个实或复变量 (一个复变量可以看作两个实变量). 考虑常微分方程组

$$\frac{\mathrm{d}x_i}{\mathrm{d}t} = F_i(x_1, \cdots, x_n, t) \quad (1 \leqslant i \leqslant n) \tag{1}$$

我们通常要求各 F_i 满足一些 "好的" 条件, 例如利普希茨条件: 存在实数 L 使得对任意 $x_1, \cdots, x_n, t, x_1', \cdots, x_n', t'$ 及任意 i 有

$$|F_i(x_1, \cdots, x_n, t) - F_i(x_1', \cdots, x_n', t')| \leqslant L(|x_1 - x_1'| + \cdots + |x_n - x_n'| + |t - t'|) \tag{2}$$

不过 (2) 一般不可能对变量的所有值都满足, 我们需要对变量的变化范围作一些限制. 记 X 为变量 $x_1, \cdots, x_n, t$ 取值的空间 ($X = \mathbb{R}^{n+1}$ 或 $\mathbb{C}^n \times \mathbb{R}$), $U \subset X$ 为开集, 如果 (2) 对任意 $(x_1, \cdots, x_n, t), (x_1', \cdots, x_n', t') \in U$ 都满足, 则我们称 L 为方程组 (1) 在 U 上的一个利普希茨上界. 如果各 F_i 均为可微函数, 则我们总可以适当选择 U 使得 (1) 在 U 上有利普希茨上界. 设 $(0, \cdots, 0) \in U$, 若正实数 r 满足 $\{(x_1, \cdots, x_n, t) \mid |x_i| \leqslant r \ \forall i, \ |t| \leqslant r\} \subset U$, 则称 U 的半径不小于 r, 此时若 L 为方程组 (1) 在 U 上的一个利普希茨上界, 则称 L 的有效半径不小于 r.

引理 1 (常微分方程的解的存在唯一性定理)   设 $U \subset X$ 为包含 $(0, \cdots, 0)$ 的半径不小于 r 的开集, 方程组 (1) 在 U 上具有利普希茨上界 L, 则对 $(x_1, \cdots, x_n)$ 的任意初始值 $(a_1, \cdots, a_n)$ 使得

$$|a_i| \leqslant \frac{r}{2} \quad (1 \leqslant i \leqslant n) \tag{3}$$

方程组 (1) 对 $|t| \leqslant \dfrac{r}{6(nL+1)(1+r)}$ 有唯一解 $(x_1(t), \cdots, x_n(t))$, 且解满足 $(x_1(t), \cdots, x_n(t), t) \in U$.

此外, 若 $F_1, \cdots, F_n$ 均为 d 阶可微 (或解析) 函数, 则 (1) 对充分小的初始值 $(a_1, \cdots, a_n)$ 及充分小的 t 的解为 $(a_1, \cdots, a_n, t)$ 的 d 阶可微 (或解析) 函数. 如果各 F_i 还有若干参变量且为所有变量 (包括参变量) 的 $d+1$ 阶可微 (或解析) 函数, 则 (1) 的解对充分小的 t 是所有变量的 d 阶可微 (或解析) 函数.

证　记 $h = nL + 1$, 令 $x_i^{(0)} \equiv a_i$ $(1 \leqslant i \leqslant n)$, 归纳地定义 $(-1/h, 1/h)$ 上的函数 $x_i^{(m)}$ $(1 \leqslant i \leqslant n, m \geqslant 0)$ 如下:

$$x_i^{(m+1)}(t) = a_i + \int_0^t F_i(x_1^{(m)}(\tau), \cdots, x_n^{(m)}(\tau), \tau) \mathrm{d}\tau \quad (1 \leqslant i \leqslant n) \tag{4}$$

我们用归纳法证明

$$|x_i^{(m)}(t) - x_i^{(m-1)}(t)| \leqslant \frac{(h|t|)^{m+1}}{(m+1)!} \quad (1 \leqslant i \leqslant n,\ m > 0) \tag{5}$$

奠基从略, 若 (5) 成立, 则由利普希茨条件 (2) 有

$$
\begin{aligned}
&|F_i(x_1^{(m)}(t), \cdots, x_n^{(m)}(t), t) - F_i(x_1^{(m-1)}(t), \cdots, x_n^{(m-1)}(t), t)| \\
&\leqslant L(|x_1^{(m)}(t) - x_1^{(m-1)}(t)| + \cdots + |x_n^{(m)}(t) - x_n^{(m-1)}(t)|) \\
&\leqslant nL \frac{(h|t|)^{m+1}}{(m+1)!}
\end{aligned} \tag{6}
$$

故由定义 (4) 有

$$
\begin{aligned}
&|x_i^{(m+1)}(t) - x_i^{(m)}(t)| \\
&\leqslant \left| \int_0^t |F_i(x_1^{(m)}(\tau), \cdots, x_n^{(m)}(\tau), \tau) - F_i(x_1^{(m-1)}(\tau), \cdots, x_n^{(m-1)}(\tau), \tau)| \mathrm{d}\tau \right| \\
&\leqslant \frac{(h|t|)^{m+2}}{(m+2)!}
\end{aligned} \tag{7}
$$

由 (5) 可见函数列 $x_i^{(0)}, x_i^{(1)}, x_i^{(2)}, \cdots$ 对所有满足 (3) 的 $(a_1, \cdots, a_n)$ 及 $|t| \leqslant \frac{1}{h}$ 一致收敛, 故有极限 $x_i(t)$. 对 (4) 的两边取极限, 可见 $(x_1(t), \cdots, x_n(t))$ 满足方程 (1) 和初始条件

$$x_i(0) = a_i \quad (1 \leqslant i \leqslant n) \tag{8}$$

此外, 由 (5) 可见对 $|t| \leqslant \dfrac{r}{6(nL+1)(1+r)}$ 有

$$|x_i(t) - a_i| \leqslant e^{h|t|} - 1 \leqslant h|t|e^{h|t|} \leqslant \frac{re}{6(1+r)} < \frac{r}{2} \tag{9}$$

从而由条件 (3) 有

$$|x_i(t)| \leqslant r \quad (1 \leqslant i \leqslant n) \tag{10}$$

故 $(x_1, \cdots, x_n, t) \in U$.

若 (1) 有满足初始条件 (8) 的两组解 $\{x_1(t), \cdots, x_n(t)\}$ 和 $\{y_1(t), \cdots, y_n(t)\}$，令

$$M = \max_{|t| \leqslant \frac{r}{6(nL+1)(1+r)}} (|x_1(t) - y_1(t)|, \cdots, |x_n(t) - y_n(t)|) \tag{11}$$

我们来证明对任意 $|t| \leqslant \dfrac{r}{6(nL+1)(1+r)}$ 及任意非负整数 m 有

$$|x_i(t) - y_i(t)| \leqslant \frac{Mh(h|t|)^m}{m!} \quad (1 \leqslant i \leqslant n) \tag{12}$$

对 m 用归纳法，当 $m = 0$ 时由利普希茨条件 (2) 有

$$\begin{aligned}
&|F_i(x_1(t), \cdots, x_n(t), t) - F_i(y_1(t), \cdots, y_n(t), t)| \\
&\leqslant L(|x_1(t) - y_1(t)| + \cdots + |x_n(t) - y_n(t)|) \\
&\leqslant nLM \leqslant Mh
\end{aligned} \tag{13}$$

由于 $\{x_1(t), \cdots, x_n(t)\}$ 为方程 (1) 的满足初始条件 (8) 的解，有

$$x_i(t) = a_i + \int_0^t F_i(x_1(\tau), \cdots, x_n(\tau), \tau)\mathrm{d}\tau \quad (1 \leqslant i \leqslant n) \tag{14}$$

同理有

$$y_i(t) = a_i + \int_0^t F_i(y_1(\tau), \cdots, y_n(\tau), \tau)\mathrm{d}\tau \quad (1 \leqslant i \leqslant n) \tag{15}$$

故对于 $m > 0$，由归纳法假设可见对任意 i $(1 \leqslant i \leqslant n)$，有

$$\begin{aligned}
|x_i(t) - y_i(t)| &= \int_0^t |F_i(x_1(\tau), \cdots, x_n(\tau), \tau) - F_i(y_1(\tau), \cdots, y_n(\tau), \tau)|\mathrm{d}\tau \\
&\leqslant \int_0^t L(|x_1(\tau) - y_1(\tau)| + \cdots + |x_n(\tau) - y_n(\tau)|)\mathrm{d}\tau \\
&\leqslant nL \int_0^t \frac{Mh(h|\tau|)^m}{m!}\mathrm{d}\tau \\
&= nL\frac{M(h|t|)^{m+1}}{(m+1)!} \leqslant \frac{Mh(h|t|)^{m+1}}{(m+1)!}
\end{aligned} \tag{16}$$

由 m 的任意性，(12) 的右边可以任意小，故 $x_i(t) = y_i(t)$ $\left(\forall |t| \leqslant \dfrac{r}{6(nL+1)(1+r)}\right)$.

这说明 (1) 满足初始条件 (8) 的解在区间 $|t| \leqslant \dfrac{r}{6(nL+1)(1+r)}$ 上是唯一的.

若 $F_1, \cdots, F_n$ 均为所有变量的 d 阶可微函数，则由 (4) 及 $x_i(t) = \lim\limits_{m \to \infty} x_i^{(m)}(t)$

的绝对一致收敛性可见每个 $x_i(t)$ 对充分小的初始值 $(a_1, \cdots, a_n)$ 及充分小的 t 为 $(a_1, \cdots, a_n, t)$ 的 d 阶可微函数. 若 $F_1, \cdots, F_n$ 有若干参变量 $t_1, \cdots, t_s$ 且均为所有变量的 $d+1$ 阶可微函数, 则将方程 (1) 中的每个 F_i 换为其对某个参变量的偏导数 $\left(\text{如} \dfrac{\partial F_i}{\partial t_j}\right)$, 注意这些偏导数对于某个 L 满足利普希茨条件, 由上所述可见所得的方程仍对充分小的初始值及充分小的 t 有唯一解, 而由上述解的构造过程可见其对参变量的积分为 (1) 的解, 这说明 (1) 的解对于参变量的可微性. 再由对 d 的归纳法即可见 (1) 的解对充分小的 t 是所有变量的 d 阶可微函数.

　　若 $F_1, \cdots, F_n$ 均为所有变量 (包括参变量) 的解析函数, 则由归纳法可见每个 $x_i^{(m)}$ 都是 $(a_1, \cdots, a_n, t)$ 及参变量的解析函数, 而一致收敛解析函数列的极限是解析函数 (易将单复变函数的这一事实简单推广到多复变函数, 而对实变量可看作复变量并考虑相应的收敛半径), 故对充分小的初始值 $(a_1, \cdots, a_n)$ 及充分小的 t, (1) 的解为 $(a_1, \cdots, a_n, t)$ 及参变量的解析函数. 证毕.

　　推论 1 (隐函数定理)　设 $x_1, \cdots, x_n, y_1, \cdots, y_m$ 为实或复变量, $F_1, \cdots, F_m$ 为在 $(0, \cdots, 0)$ 附近有定义的 $x_1, \cdots, x_n, y_1, \cdots, y_m$ 的二阶可微函数, 且

$$F_i(0, \cdots, 0) = 0 \quad (1 \leqslant i \leqslant m) \tag{17}$$

设雅可比行列式

$$\frac{DF}{Dy} = \det\left(\frac{\partial F_i}{\partial y_j}\right) \tag{18}$$

在 $(0, \cdots, 0)$ 处不等于 0, 则方程组

$$F_i(x_1, \cdots, x_n, y_1, \cdots, y_m) = 0 \quad (1 \leqslant i \leqslant m) \tag{19}$$

在 $(0, \cdots, 0)$ 附近定义 $y_1, \cdots, y_m$ 为 $x_1, \cdots, x_n$ 的可微函数, 使得

$$y_i(0, \cdots, 0) = 0 \quad (1 \leqslant i \leqslant m) \tag{20}$$

此外, 若 $F_1, \cdots, F_m$ 在 $(0, \cdots, 0)$ 附近为 $x_1, \cdots, x_n, y_1, \cdots, y_m$ 的解析函数, 则 (19) 在 $(0, \cdots, 0)$ 附近所定义的 $y_1, \cdots, y_m$ 为 $x_1, \cdots, x_n$ 的解析函数.

　　证　设 $x_1, \cdots, x_n$ 的可微函数 $y_1, \cdots, y_m$ 满足 (19) 和 (20), 则在 $(0, \cdots, 0)$ 附近有

$$\sum_{j=1}^{m} \frac{\partial F_i}{\partial y_j}\frac{\partial y_j}{\partial x_k} + \frac{\partial F_i}{\partial x_k} = 0 \quad (1 \leqslant i \leqslant m, 1 \leqslant k \leqslant n) \tag{21}$$

由于 (18) 在 $(0, \cdots, 0)$ 附近不等于 0, 由 (21) 可解出 $\dfrac{\partial y_j}{\partial x_k}$ $(1 \leqslant j \leqslant m, 1 \leqslant k \leqslant n)$ 得

$$\frac{\partial y_i}{\partial x_j} = G_{ij}(x_1, \cdots, x_n, y_1, \cdots, y_m) \quad (1 \leqslant i \leqslant m, 1 \leqslant j \leqslant n) \tag{22}$$

其中 G_{ij} 为可微函数. 反之, 若可微函数 $y_1, \cdots, y_m$ 满足 (20) 和 (22), 则由 (17) 可见 (19) 成立.

令 $x_i = a_i t$ $(1 \leqslant i \leqslant n)$, 则由引理 1 可知, 对充分小的 t, 方程组

$$\frac{\partial y_i}{\partial t} = \sum_{j=1}^{n} a_j G_{ij}(a_1 t, \cdots, a_n t, y_1, \cdots, y_m) \quad (1 \leqslant i \leqslant m) \tag{23}$$

在初始条件 $y_i(0) = 0$ $(1 \leqslant i \leqslant m)$ 下有唯一解, 且解为 $t, a_1, \cdots, a_n$ 的可微函数. 取 $t = 1$ 就得到 n 元可微函数 $y_1, \cdots, y_m$ 使得 (19) 成立. 由上述讨论和引理 1 还可见解 $(y_1, \cdots, y_m)$ 在 $(0, \cdots, 0)$ 附近是唯一的.

最后, 若每个 F_i 是解析的, 则 G_{ij} 为解析函数, 故由引理 1 可见每个 y_i 是 $x_1, \cdots, x_n$ 的解析函数. 证毕.

注 1   隐函数定理的另一个证明见 [3, p.19].

第 2 节   复 变 函 数

对于 n 维复线性空间 $V = \mathbb{C}^n$ (坐标记为 $x_1, \cdots, x_n$), 我们采用欧几里得度量, 即规定两个点 $a = (a_1, \cdots, a_n)$, $b = (b_1, \cdots, b_n) \in V$ 之间的距离为

$$\| a - b \| = \sqrt{|a_1 - b_1|^2 + \cdots + |a_n - b_n|^2} \tag{1}$$

设 $U \subset V$ 为开区域. 一个 U 上的函数 $f(x_1, \cdots, x_n)$ 称为解析的, 如果对任意 $a = (a_1, \cdots, a_n) \in U$, 存在正实数 r 使得 f 在 (以 a 为中心, 半径为 r 的) 球

$$B_{n,r}(a) = \{(b_1, \cdots, b_n) \in V \mid \| a - b \| < r\} \tag{2}$$

中可以展开为幂级数

$$f(x_1, \cdots, x_n) = \sum_{i_1, \cdots, i_n = 0}^{\infty} c_{i_1 \cdots i_n} (x_1 - a_1)^{i_1} \cdots (x_n - a_n)^{i_n} \tag{3}$$

(这里不妨设 $B_{n,r}(a) \subset U$, 我们说幂级数 (3) 的收敛半径不小于 r). 不难验证这等价于 f 看作每个变元 x_i 的函数 (即固定其他变元的值时) 为解析函数. 由此不难将单复变函数理论中的很多定理引入, 此处不详述了.

对于 n 维实线性空间 $V = \mathbb{R}^n$ (坐标仍记为 $x_1, \cdots, x_n$), 我们也采用欧几里得度量, 并像上面那样定义解析函数. 注意一个实系数的幂级数 (3) 如果收敛半径不小于 r, 则它作为复变量的幂级数 (即将 $x_1, \cdots, x_n$ 用复数代入) 的收敛半径也不小于 r. 由此不难将复变函数的很多性质平行地移到实变解析函数中来, 此处也不详述了.

我们以下记 k 为 $\mathbb{R}$ 或 $\mathbb{C}$, 这样 k 上的理论既适用于复变解析函数, 也适用于实变解析函数. 有时甚至考虑一些变量为实变量而另一些变量为复变量的函数.

引理 1 (魏尔斯特拉斯预备定理) 设 f 为 $n+1$ 个 (实或复) 变量 $x_1, \cdots, x_n, x$ 在点 $(0, \cdots, 0)$ 附近的解析函数, 且 $f(0, \cdots, 0, x) \neq 0$, 则 f 可以唯一地分解为两个 $(0, \cdots, 0)$ 附近的解析函数的乘积 $f = gh$, 其中 $h(0, \cdots, 0) \neq 0$, 而

$$g = x^d + c_1 x^{d-1} + \cdots + c_d \tag{4}$$

其中 $c_1, \cdots, c_d$ 为 n 个变量 $x_1, \cdots, x_n$ 的在点 $(0, \cdots, 0)$ 附近的解析函数.

证 不妨设 x 为复变量, 将 $x_1, \cdots, x_n$ 看作参变量. 由所设 f 按 x 的幂级数展开式中有一项 cx^d 的系数满足 $c(0, \cdots, 0) \neq 0$, 不妨设 cx^d 是这样的项中次数最低的. 这样, 在 $(0, \cdots, 0)$ 的充分小的邻域中, cx^d 就是 f 的主项, 从而对任意给定的足够小的 $x_1, \cdots, x_n$, 由零点定理可知 f 有 d 个零点 $a_1, \cdots, a_d$ (可能有重零点). 取足够小的正实数 r, 对足够小的 $x_1, \cdots, x_n$ 及任意 $m > 0$ 有

$$s_m = a_1^m + \cdots + a_d^m = \frac{1}{2\pi\sqrt{-1}} \oint_{|x|=r} \frac{x^m f'}{f} \mathrm{d}x \tag{5}$$

特别地, s_m 为 $x_1, \cdots, x_n$ 的解析函数. 令 $\sigma_1, \cdots, \sigma_d$ 为 $a_1, \cdots, a_d$ 的初等对称多项式, 则由牛顿公式

$$s_m - \sigma_1 s_{m-1} + \sigma_2 s_{m-2} - \cdots + (-1)^m m \sigma_m = 0 \quad (1 \leqslant m \leqslant d) \tag{6}$$

(参看例如 [11, 引理 2.4.2]) 可见 $\sigma_1, \cdots, \sigma_d$ 为 $s_1, \cdots, s_d$ 的有理系数多项式, 故也是 $x_1, \cdots, x_n$ 的解析函数. 令

$$g = x^d - \sigma_1 x^{d-1} + \sigma_2 x^{d-2} - \cdots + (-1)^d \sigma_d \tag{7}$$

且令 $h = f/g$, 则 h 在 $(0, \cdots, 0)$ 的充分小的邻域内无零点. 由留数理论有

$$h(x_1, \cdots, x_n, x) = \frac{1}{2\pi\sqrt{-1}} \oint_{|z|=r} \frac{f(x_1, \cdots, x_n, z)}{(z-x)g(x_1, \cdots, x_n, z)} \mathrm{d}z \tag{8}$$

可见 h 是解析的. 由上述过程易见分解 $f = gh$ 的唯一性. 证毕.

注 1　对任意首一多项式 g 和任意解析函数 f, (8) 都定义一个解析函数 h. 令 $r = f - gh$, 则有

$$
\begin{aligned}
r(x) &= \frac{1}{2\pi\sqrt{-1}} \oint_{|z|=r} \left[f(z) - g(x)\frac{f(z)}{g(z)} \right] \frac{\mathrm{d}z}{z-x} \\
&= \frac{1}{2\pi\sqrt{-1}} \oint_{|z|=r} \frac{f(z)}{g(z)} \frac{g(z)-g(x)}{z-x} \mathrm{d}z
\end{aligned}
\tag{9}
$$

注意 $\dfrac{g(z)-g(x)}{z-x}$ 是 x 的多项式, 可见 r 也是 x (次数小于 $\deg g$) 的多项式. 这就是魏尔斯特拉斯的余式定理: 存在解析函数 h 使得 $r = f - gh$ 为 x 的次数 $< \deg g$ 的多项式 (其系数为 $x_1, \cdots, x_n$ 的在点 $(0, \cdots, 0)$ 附近的解析函数).

第 II 章 代数方面的一些预备

代数是研究"有限运算"的学科, 即其研究对象为具有若干有限运算的集合. 所谓有限运算是指只涉及有限多个元素的运算, 例如数的加法与乘法这样的"二元运算" (与此对照, 分析中的极限是涉及无穷多个元素的运算). 一般这些运算也有一些规律, 如交换律、结合律、分配律等, 也可能还有一些其他的规律. 我们最关心的是二元运算, 如果只有一种二元运算, 通常将其记为加法 (+) 或乘法 (×), 而如果有两种二元运算, 通常将它们分别记为加法和乘法.

对于同一类这样的代数的两个对象 A, B, 我们关心保持和与 (或) 积的映射 $f : A \to B$, 即对任意 $a, a' \in A$ 有 $f(a + a') = f(a) + f(a')$ 且 (或) $f(aa') = f(a) \, f(a')$, 这样的映射称为同态 (这也可以理解为 f 与各运算交换); 此时如果 f 是满 (单) 射, 则称 f 为满 (单) 同态; 而若 f 是一一映射, 则称 f 为同构, 这时称 A 与 B 是同构的, 这可以理解为 "A 与 B 有相同的代数结构".

本书中涉及的代数对象有群、环、模等几类. 由于假定读者至少已学过相当于大学本科抽象代数的课程, 在涉及群、环等基本概念时只是提纲性地讲一下.

第 1 节 群

一个群是一个集合 G 带有一个二元运算, 即一个映射 $G \times G \to G$ $((a, b) \mapsto ab)$, 满足条件:

i) $(ab)c = a(bc)$ 对任意 $a, b, c \in G$ 成立 (乘法结合律);

ii) 存在 (唯一的) $e = e_G \in G$ 使得 $ae = ea = a$ 对任意 $a \in G$ 成立 (e 称作单位元);

iii) 对任意 $a \in G$, 存在 (唯一的) $b \in G$ 使得 $ab = ba = e$ (b 称作 a 的逆元, 记 $b = a^{-1}$).

群 G 称为交换群或阿贝尔群, 如果除上述三个条外还有

iv) $ab = ba$ 对任意 $a, b \in G$ 成立.

对任一个群我们都可以将乘法改称为"加法", 而称之为"加法群", 此时我们常将乘号改记为加号 "+", 将单位元记为 0, 称为零元, 而将一个元 a 的逆元记为 $-a$, 称为 a 的负元. 采用不同的术语和记号只是为了方便而已.

对任一集合 S, 所有 S 到自身的一一映射 ("置换") 以合成 ∘ 为乘法组成一个群 (其单位元为恒同映射 id_S, 逆元为逆映射), 称为 S 的置换群, 记为 $\mathrm{Per}(S)$.

如果群 G 是有限集, 记其元素个数为 $|G|$, 称为 G 的阶 (若 G 不是有限集, 则记 $|G| = \infty$). 若 S 为 n 元集则 $|\mathrm{Per}(S)| = n!$.

群 G 的一个子集 H 如果按 G 的乘法组成一个群, 则称其为 G 的子群. 这等价于三个条件成立: 对任意 $a, b \in H$ 有 $ab \in H$; $e \in H$; 对任意 $a \in H$ 有 $a^{-1} \in H$.

例 1 $\mathbb{R}$ 具有加法群结构, 记为 $\mathbb{G}_{a/\mathbb{R}}$. 类似地 $\mathbb{C}$ 的加法群结构记为 $\mathbb{G}_{a/\mathbb{C}}$. 更一般地, 实或复线性空间都具有加法群结构.

令 $GL_n(\mathbb{R})$ 为所有 $n \times n$ 可逆实矩阵的集合, 并取矩阵乘法为它的二元运算. 记 I 为 n 阶单位方阵. 由线性代数可知矩阵乘法满足结合律, 且对任意 $T \in GL_n(\mathbb{R})$ 有 $IT = TI = T$, $T^{-1}T = TT^{-1} = I$. 由此即可验证 $GL_n(\mathbb{R})$ 按矩阵乘法为一个群, 其中 I 为单位元. 类似地, 所有 $n \times n$ 可逆复矩阵的集合 $GL_n(\mathbb{C})$ 按矩阵乘法为一个群. $GL_n(\mathbb{R})$ 和 $GL_n(\mathbb{C})$ 分别称为实的和复的一般线性群. 若 $n = 1$, 则 $GL_n(\mathbb{R})$ $(GL_n(\mathbb{C}))$ 为 $\mathbb{R}^\times = \mathbb{R} - \{0\}$ $(\mathbb{C}^\times = \mathbb{C} - \{0\})$ 的乘法群, 也记为 $\mathbb{G}_{m/\mathbb{R}}$ $(\mathbb{G}_{m/\mathbb{C}})$.

令 $SL_n(\mathbb{R})$ 为 $GL_n(\mathbb{R})$ 中所有行列式为 1 的元组成的子集, 则易见 $SL_n(\mathbb{R})$ 是 $GL_n(\mathbb{R})$ 的子群, 称为一个特殊线性群. 此外, $GL_n(\mathbb{R})$ 中的所有正交阵组成一个子群 $O_n(\mathbb{R})$, 称为一个正交群; 而 $GL_n(\mathbb{C})$ 中的所有酉矩阵组成一个子群 U_n, 称为一个酉群.

对任意正整数 n, $GL_{2n}(\mathbb{R})$ 中的一个矩阵 T 如果满足

$$
{}^tT \begin{pmatrix} 0 & I_n \\ -I_n & 0 \end{pmatrix} T = \begin{pmatrix} 0 & I_n \\ -I_n & 0 \end{pmatrix} \tag{1}
$$

(其中 I_n 为 n 阶单位阵), 则称为辛矩阵. 所有辛矩阵组成 $GL_{2n}(\mathbb{R})$ 的一个子群 $Sp_n(\mathbb{R})$, 称为一个辛群.

上面这些群都是所谓的 "典型群", 我们下面将详细讨论.

例 2   实线性空间到自身的可逆线性映射称为线性变换. 设 V 为实线性空间, 记 $GL(V)$ 为 V 的所有线性变换组成的集合, 显然线性变换的合成仍是线性变换, 线性变换的逆也是线性变换, 且恒同映射是线性变换, 故 $GL(V)$ 是以合成 ∘ 为乘法的群, 它是 $\mathrm{Per}(V)$ 的子群. 若 $\dim(V) = n$, 固定 V 的一组基就可以将线性变换表达为矩阵, 这说明 $GL(V)$ 与例 1 中的 $GL_n(\mathbb{R})$ 同构.

如果 V 是 (n 维) 欧几里得空间, 即定义了一个内积 $\langle, \rangle$, 则易见 $GL(V)$ 中

所有保持内积 $\langle,\rangle$ 的线性变换 (就是 $T \in GL(V)$ 使得 $\langle Tv, Tw \rangle = \langle v, w \rangle$ 对任意 $v, w \in V$ 成立, 即正交变换) 组成一个子群 $O(V, \langle,\rangle)$, 若固定 V 的一组标准正交基, 则正交变换表达为正交阵, 这说明 $O(V, \langle,\rangle)$ 与例 1 中的 $O_n(\mathbb{R})$ 同构.

类似地, 若 W 为 n 维复线性空间, 记 $GL(W)$ 为 W 的所有复线性变换组成的集合, 则它是一个以 $\circ$ 为乘法的群. 如果 W 是埃尔米特空间, 即定义了一个埃尔米特形式 $\langle,\rangle$, 则 $GL(W)$ 中所有保持 $\langle,\rangle$ 的线性变换 (即酉变换) 组成一个子群 $U(W, \langle,\rangle)$, 它与例 1 中的 U_n 同构.

例 3　设 V 为实线性空间, $v_0 \in V$, $T \in GL(V)$, 则 $v \mapsto v_0 + Tv$ 定义一个映射 $\sigma : V \to V$. 易见 σ 是一一映射, 即 $\sigma \in \mathrm{Per}(V)$. 所有这样的映射组成 $\mathrm{Per}(V)$ 的一个子群, 记为 $\Gamma L(V)$.

若 V 是欧几里得空间 (内积为 $\langle,\rangle$), 一个映射 $\sigma : V \to V$ 称为运动, 如果它保持距离, 即对任意 $v, w \in V$ 有 $\| \sigma(v) - \sigma(w) \| = \| v - w \|$. 可以证明 (参看 [11, 习题 1.2.8]) $\sigma \in \Gamma L(V)$, 具体说有一个正交变换 $T \in O(V, \langle,\rangle)$ 及 $v_0 \in V$ 使得对任意 $v \in V$ 有 $\sigma(v) = v_0 + Tv$. 由此可见所有运动组成 $\Gamma L(V)$ 的一个子群, 记为 $\Gamma O(V, \langle,\rangle)$.

设 $H \subset G$ 为子群, $g \in G$, 记 $gH = \{gh | h \in H\}$, 称为 H 的一个**左陪集**. 类似地可以定义右陪集 Hg. 对任意 $g, g' \in G$ 有映射

$$g \cdot : g'H \to gg'H$$

$$h \mapsto gh$$

易见这是一一映射, 其逆为 $h' \mapsto g^{-1}h'$. 因此, H 的所有左陪集都相互等势, 同理所有右陪集也都相互等势, 且所有陪集都与 H 等势. 注意对任意 $h \in H$ 有 $hH = H$, 因为显然 $hH \subset H$, $h^{-1}H \subset H$, 从而 $H = h \cdot h^{-1}H \subset hH$. 此外, 对任意 $g, g' \in G$, 若 $gH \cap g'H \neq \varnothing$, 则 $gH = g'H$, 这是因为, 若有 $g_0 \in gH \cap g'H$, 则可将 g_0 表示为 $g_0 = gh = g'h'$, 其中 $h, h' \in H$, 故由上所述有 $gH = ghH = g'h'H = g'H$. 因此, G 可以分解为 H 的互不相交的左陪集的并. 若 G 为有限群, 则因 H 的每个陪集的元素个数都等于 $|H|$, 可见 $|H|$ 整除 $|G|$, 而 $|G|/|H|$ 为 H 的左陪集的个数. 特别地, 对任意 $g \in G$, 考虑 g 生成的子群 H, 则可见 g 的阶是 $|G|$ 的因子.

记 G/H 为 H 的所有左陪集的集合, 则有映射

$$p : G \to G/H$$

$$g \mapsto gH$$

称为投射. 记 $i_G(H)$ 为 G/H 的元素个数 (可能为 ∞), 即 H 的左陪集的个数, 称为 H 在 G 中的指数. 由上所述可见若 G 为有限群, 则 $|G| = i_G(H)|H|$.

设 G' 为另一个群, 其乘法记为 m', 单位元记为 e'. 一个映射 $f : G \to G'$ 称为群同态, 如果 $f \circ m = m' \circ (f \times f) : G \times G \to G'$, 此时不难证明 $f(e) = e'$ 且对任一 $g \in G$ 有 $f(g^{-1}) = f(g)^{-1}$.

设 $f : G \to G'$ 为群同态, 则其像 $\mathrm{im}(f) = f(G)$ 为 G' 的子群, 而其 "核"

$$H = \ker(f) = \{g \in G | f(g) = e_{G'}\} \tag{2}$$

不仅是 G 的子群, 而且还满足条件

*) 对任意 $g \in G, h \in H$ 有 $ghg^{-1} \in H$.

任一满足条件 *) 的子群 $H \subset G$ 称为 G 的正规子群, 并记为 $H \lhd G$. 此时对任意 $g, g' \in G$ 及 $h, h' \in H$ 有 $g'^{-1}hg' \in H$, 故 $gh \cdot g'h' = gg'(g'^{-1}hg')h' \in gg'H$, 这可以表述为

$$gH \cdot g'H = gg'H \tag{3}$$

这给出 G/H 的一个群结构, 即两个元 $gH, g'H \in G/H$ 的积由 (3) 给出, G/H 的单位元为 H, 而任意 $gH \in G/H$ 的逆元为 $g^{-1}H$. 称 G/H 的这个群结构为 G 模 H 的商群; 而投射 $p : G \to G/H$ 为满同态, 且 $\ker(p) = H$. 故一个子群 $H \subset G$ 为正规子群当且仅当它是一个同态的核.

对任意群 G, 令

$$C(G) = \{h \in G | gh = hg \ \forall g \in G\} \tag{4}$$

即 G 中与所有元都交换的元素的集合, 则 $C(G)$ 是 G 的正规子群, 称为 G 的中心. 不难验证 $GL_n(\mathbb{R})$ 的中心为 $\{aI | a \in \mathbb{R}^\times\}$, 它同构于 $\mathbb{G}_{m/\mathbb{R}}$.

群 G 的一列子群 $\{e\} = H_0 \subset H_1 \subset \cdots \subset H_n = G$ 称为一个正规群列, 如果每个 H_{i-1} 是 H_i 的正规子群 ($i > 0$), 此时每个商群 H_i/H_{i-1} 称为这个群列的因子. 如果 G 有一个群列的所有因子都是阿贝尔群, 则称 G 为可解群.

设 G, H 为群, 则对集合 $G \times H$ 可以定义一个群结构: $(g, h) \cdot (g', h') = (gg', hh')$, 单位元为 $e = (e_G, e_H)$, 而 (g, h) 的逆元为 (g^{-1}, h^{-1}), 这个群结构称为 G 和 H 的直积. 如果 G, H 为加法群, 则一般也将它们的直积看作加法群, 称为直和, 记为 $G \oplus H$. 对于无穷多个群也可以定义直积与直和, 但定义有所不同: 一组群 G_i ($i \in I$) 的直积由所有元素 $\prod_{i \in I} s_i = \{s_i\}|_{i \in I}$ 组成, 运算按分量, 记为 $\prod_{i \in I} G_i$; 而所有 G_i (看作加法群) 的直和 $\bigoplus_{i \in I} G_i$ 是 $\prod_{i \in I} G_i$ 中只有有限多个非零分量的元组成的子群 (参看 [9, I.3 节]).

设 G 为群, S 为集合. 一个 G 在 S 上的作用是指一个映射

$$\rho : G \times S \to S$$

$$(g, s) \mapsto g \cdot s$$

(可将 $g \cdot s$ 简记为 gs, 有时记为 s^g), 满足条件:

i) 对任意 $g, g' \in G$, $s \in S$, 有 $(gg')s = g(g's)$;

ii) 对任意 $s \in S$, 有 $es = s$.

这等价于一个同态 $\Phi : G \to \mathrm{Per}(S)$, 称作群 G 在 S 上的一个表示. 对任意 $s \in S$, 称 $Gs = \{\rho(g, s) | g \in G\}$ 为 s 的 ρ-轨迹. 显然 $H_s = \{g \in G | gs = s\}$ 是一个子群, 称为 s 在 ρ 之下的安定子群. 仿照左陪集的讨论可见, 对任意 $s, s' \in S$, 如果 $Gs \cap Gs' \neq \varnothing$, 则 $Gs = Gs'$. 这样 $g \mapsto gs$ 给出一一映射 $G/H_s \to Gs$. 作用 ρ 称作忠实的, 如果它对应的表示 $G \to \mathrm{Per}(S)$ 是单同态; 称作可迁的, 如果对任意 $s, s' \in S$, 存在 $g \in G$ 使得 $gs = s'$; 称作自由的, 如果对任意 $g \neq g' \in G$ 及 $s \in S$ 有 $gs \neq g's$. 此时 ρ 所对应的表示也相应地称为忠实的、可迁的或自由的.

设 V 为实线性空间, 若 G 在 V 上的作用 $\rho : G \times V \to V$ 满足

i) 对任意 $v, v' \in V$, $g \in G$ 有 $g(v + v') = gv + gv'$;

ii) 对任意 $v \in V$, $r \in \mathbb{R}$, $g \in G$ 有 $g(rv) = rgv$,

则称 ρ 为线性作用, 易见这等价于上述同态 $\Phi : G \to \mathrm{Per}(V)$ 的像在 $GL(V)$ 中. 一个同态 $G \to GL(V)$ 称为 G 的一个线性表示, 由上所述可见它等价于 G 在 V 上的一个线性作用.

第 2 节　环

一个环是一个具有两种运算 (加法和乘法) 的集合 R, 按加法为阿贝尔群, 满足乘法分配律 $(r' + r'')r = r'r + r''r$, $r(r' + r'') = rr' + rr''$. 如果它还满足乘法结合律 $(rr')r'' = r(r'r'')$, 则称之为结合环; 此时如果它还满足交换律 $rr' = r'r$, 则称之为交换环; 如果存在 $1 \in R$ 使得 $1r = r1 = r$, 则称之为有单位元的环, 而 1 称为其单位元.

例如, 体都是有单位元的环, 域都是交换环. 在任意交换环 R 上可以建立多项式环 $R[x]$. 若环 R 的子集 R' 在加法和乘法下封闭, 则 R' 称为 R 的一个子环, 而称 R 为 R' 的扩环.

所有 n 阶实方阵按矩阵加法和乘法为一个结合环 $M_n(\mathbb{R})$, 当 $n > 1$ 时是非交换的. 另一方面 $M_n(\mathbb{R})$ 有一个实线性空间的结构, 而对任意 $r \in \mathbb{R}$, $A, B \in M_n(\mathbb{R})$

有

$$(rA)B = A(rB) = r(AB) \tag{1}$$

我们也可以这样理解: $M_n(\mathbb{R})$ 中所有形如 rI 的元组成一个子环, 它同构于 $\mathbb{R}$, 而对任意 $r \in \mathbb{R}$, $A \in M_n(\mathbb{R})$ 有 $(rI)A = A(rI)$, 即 rI 与 A 交换. 更一般地, 任意域 k 上的所有 n 阶方阵按矩阵加法和乘法为一个结合环 $M_n(k)$, 且具有 k-线性空间结构, 满足 (1). 如果一个环具有 k-线性空间结构且满足 (1), 则称之为 k-代数.

设 $f: R \to R'$ 为环同态, 则 f 的核 $I = \ker(f) = \{a \in R | f(a) = 0\}$ 为 R 的加法子群, 且满足

$*)$ 对任意 $r \in R, a \in I$ 都有 $ar, ra \in I$.

满足 $*)$ 的加法子群 $I \subset R$ 称为 R 的理想, 此时易见加法商群 R/I 具有诱导的环结构 ($a + I$ 与 $b + I$ 的积为 $ab + I$), 称作 R 模 I 的剩余类环, 而投射 $p: R \to R/I$ 是环的满同态, 且显然 $\ker(p) = I$. 故一个子集 $I \subset R$ 是理想当且仅当它是一个同态的核.

若 I, J 为 R 的理想, 则 $I + J = \{a + b | a \in I, b \in J\}$ 和 $I \cap J$ 都是 R 的理想. 对任意子集 $S \subset R$, 所有包含 S 的理想的交是一个理想, 称为 S 生成的理想, 它由所有形如 asb $(a, b \in R, s \in S)$ 的元的有限和组成, 记为 (S).

第 3 节　模

一个环 R 上的 (左) 模 (或称为一个 R-模) 是一个阿贝尔加法群 M, 带有一个 R 的作用, 即一个映射

$$R \times M \to M$$
$$(r, m) \mapsto rm$$

满足下述条件:

i) $(r + r')m = rm + r'm$, $r(m + m') = rm + rm'$ (分配律);

ii) $(rr')m = r(r'm)$;

若讨论有单位元的环, 则我们还要求

iii) $1m = m$.

例 1　i) 任一理想 $I \subset R$ 可以看作 R-模, 特别地, R 本身可以看作 R-模.

ii) 有限多个 R-模的直和为 R-模, 特别地, n 个 R 的拷贝的直和 $R^{\oplus n}$ 可以看作 R-模.

iii) 设 M, N 为 R-模, 记 $Hom_R(M, N)$ 为所有从 M 到 N 的 R-同态的集合, 则 $Hom_R(M, N)$ 具有阿贝尔加法群结构; 而当 R 为交换环时 $Hom_R(M, N)$ 具

有 R-模结构 (对 $f \in Hom_R(M,N)$, $r \in R$, $m \in M$ 有 $(rf)(m) = rf(m)$).

设 $f: M \to N$ 为 R-模满同态, $K = \ker(f) = \{m \in M | f(m) = 0\}$, 则有一串同态

$$0 \to K \xrightarrow{i} M \xrightarrow{f} N \tag{2}$$

其中 i 是单射, f 为满射且 $\ker(f) = \operatorname{im}(i)$, 这样的一串同态称作一个短正合列. 更一般地, 一串 R-模同态

$$\cdots \xrightarrow{f_{n-2}} M_{n-1} \xrightarrow{f_{n-1}} M_n \xrightarrow{f_n} M_{n+1} \xrightarrow{f_{n+1}} \cdots \tag{3}$$

称作一个复形, 如果对所有 n 都有 $f_n \circ f_{n-1} = 0$; 称作一个正合列, 如果对所有 n 都有 $\ker(f_n) = \operatorname{im}(f_{n-1})$.

一个 R-模同态的图 (箭头图)

$$
\begin{array}{ccc}
A & \xrightarrow{e} & B \\
\downarrow{f} & & \downarrow{g} \\
C & \xrightarrow{h} & D
\end{array} \tag{4}
$$

称为交换的, 如果 $g \circ e = h \circ f$. 更一般地, 一个箭头图称为交换的, 如果其中每个形如 (4) 的圈都是交换的.

特别地, 对于阿贝尔群 (看作 $\mathbb{Z}$-模) 也可以定义复形、正合列与交换图.

第 4 节 交 换 环

以下设 R 为有单位元的交换环. 交换环的基本背景是一个"空间"上的某一类函数组成的环.

设 $a \in R$. 若存在 $b \in R$ 使得 $ab = 1$, 则称 a 为 R 的单位; 若 $a \neq 0$ 且存在非零元 $b \in R$ 使 $ab = 0$, 则称 a 为 R 的零因子; 特别地, 若 $a \neq 0$ 但存在正整数 n 使 $a^n = 0$, 则称 a 是幂零的.

若 I, J 为 R 的理想, 则 $IJ = \left\{ \sum_i a_i b_i \middle| a_i \in I, b_j \in J \right\}$ 和 $(I:J) = \{a \in R | aJ \subset I\}$ 都是 R 的理想. 一个理想 $P \subsetneq R$ 称作素理想, 如果 R/P 是整环 (见下文); 称作极大理想, 如果没有理想 I 满足 $P \subsetneq I \subsetneq R$. 极大理想都是素理想. 如果 R 有唯一极大理想, 则称 R 为局部环. 例如 n 个实或复变量 $x_1, \cdots, x_n$ 在点 $(0, \cdots, 0)$ 附近的解析函数组成的环就是一个局部环 (两个在点 $(0, \cdots, 0)$ 附近相等的函数看作同一个函数), 其极大理想由所有在点 $(0, \cdots, 0)$ 取值 0 的函数组成.

若 R 中没有零因子且 $1 \neq 0$, 则称 R 为整环. 此时我们可以把 R 按如下方法嵌入一个域 K. 在集合 $R \times (R - \{0\})$ 中定义一个关系 $\sim$: $(r, s) \sim (r', s')$ 当且仅当 $rs' = sr'$, 易见 $\sim$ 是一个等价关系. 令 $K = R \times (R - \{0\})/\sim$, 则不难验证 R 的环结构诱导 K 的一个域结构, 而 $r \mapsto (r, 1)$ 将 R 等同于 K 的一个子环, 使得 K 的元都是 R 中元的商. 我们称 K 为 R 的商域, 记为 $K = \mathrm{q.f.}(R)$, 并记 (r, s) 在 K 中的像为 $\dfrac{r}{s}$.

对于任意素理想 $P \subset R$, 令

$$R_P = \left\{ \frac{r}{s} \middle| r \in R, s \in R - P \right\} \subset K \tag{1}$$

则 R_P 为局部环 (其极大理想为 PR_P), 称为 R 在 P 处的局部化. 更一般地, 一个环 R 的一个子集 S 称作乘性子集, 如果 S 中任两个元的积都在 S 中, 且 $1 \in S$, $0 \notin S$. 利用乘性子集我们可以将商域的构造方法推广. 首先在集合 $R \times S$ 中定义一个关系 $\sim$:

$$(a, r) \sim (b, s) \text{ 当且仅当存在 } t \in S \text{ 使得 } t(as - br) = 0$$

不难验证 $\sim$ 是一个等价关系. 记 $S^{-1}R = R \times S/\sim$, 一个元 $(a, r) \in R \times S$ 在 $S^{-1}R$ 中的像记为 $\overline{(a, r)}$. 不难验证 $S^{-1}R$ 具有一个环结构, 其加法和乘法分别由 $\overline{(a, r)} + \overline{(b, s)} = \overline{(as + br, rs)}$ 及 $\overline{(a, r)} \cdot \overline{(b, s)} = \overline{(ab, rs)}$ 给出. 我们称 $S^{-1}R$ 为环 R (被 S) 的局部化. 此外, 映射

$$R \to S^{-1}R$$
$$r \mapsto \overline{(r, 1)}$$

是一个 "典范" 同态, 在一般情形它不一定是单同态. 注意 S 的元在典范同态下映到 $S^{-1}R$ 的单位.

一个元 $a \in R$ 称为素的, 如果 (a) 是素理想. 若 R 为整环且每个非零非单位元都能分解成素元素的积, 则称 R 为唯一因子分解整环 (简称 UFD). 若 R 是整环且每个理想都是由一个元素生成的, 则称 R 为主理想环 (简称 PID), 例如 $\mathbb{Z}$ 和任一域 K 上的多项式环 $K[x]$ 都是主理想环. 任一 PID 都是 UFD.

如果 R 的每个理想都由有限多个元生成, 则称 R 为诺特环. 诺特环的剩余类环和局部化也是诺特环. 希尔伯特基定理说, 若 R 是诺特环, 则多项式环 $R[x]$ 也是诺特环.

一个诺特环 R 的克鲁尔维数是指素理想列 $P_0 \subsetneq P_1 \subsetneq \cdots \subsetneq P_n \subset R$ 的长度 n 的上界 (可能为 ∞), 记为 $\dim(R)$. 若 R 为局部环而其极大理想 P 由 n 个元生成, 则 $\dim(R) \leqslant n$, 在等号成立时称 R 为正则局部环. 任一正则局部环为 UFD.

命题 1　令 R 为实或复变量 $x_1, \cdots, x_n$ 在点 $(0, \cdots, 0)$ 附近的解析函数组成的环, 则 R 为正则局部环 (故为 UFD).

证　可以只考虑复变量的情形 (因为我们只需关心幂级数的系数, 对实系数的情形可化为复系数的情形).

先证明 R 是诺特环. 对 n 用归纳法, 当 $n = 0$ 时显然成立. 设 $n > 0$, $I \subset R$ 为非零理想. 任取非零元 $a \in I$, 通过变元的线性变换不妨设 a 的幂级数展开式中有形如 cx_n^d $(c \in \mathbb{C} - \{0\})$ 的项, 从而由引理 I.2.1 可见 I 中有首 1 多项式 $g \in R'[x_n]$, 其中 $R' \subset R$ 为所有 $x_1, \cdots, x_{n-1}$ 的函数组成的子环. 注意 $I' = I \cap R'[x_n]$ 是 $R'[x_n]$ 中的理想, 故由归纳法假设它是有限生成的, 我们来证明 I 由 g 和 I' 生成. 对任意 $f \in I$, 由注 I.2.1 可取 $h \in R$ 使得 $r = f - gh \in R'[x_n]$, 而 $r \in I \cap R'[x_n] = I'$.

注意 R 的极大理想 $(x_1, \cdots, x_n)$ 由 n 个元生成, 而 R 有一个长度为 n 的素理想列 $(0) \subsetneqq (x_1) \subsetneqq (x_1, x_2) \subsetneqq \cdots \subsetneqq (x_1, \cdots, x_n)$, 故由上所述可知 $\dim(R) = n$ 且 R 是正则局部环. 证毕.

注 1　设 B_n 为 n 维复空间 $\mathbb{C}^n$ 中的闭球 $\{(a_1, \cdots, a_n) \mid |a_1|^2 + \cdots + |a_n|^2 \leqslant 1\}$, 则所有在 B_n 上解析的复变函数组成的环是诺特环. 这个事实的证明颇不简单 (参看 [16]).

第 5 节　张 量 积

设 k 是一个域 (在本书中 $k = \mathbb{R}$ 或 $\mathbb{C}$), X, Y 是两个集合, f, g 分别是 X, Y 上取值在 k 中的函数, 则可定义 $X \times Y$ 上取值在 k 中的一个函数 $f \otimes_k g$ 为

$$f \otimes_k g(x, y) = f(x)g(y) \quad (\forall x \in X, \ y \in Y) \tag{1}$$

称为 f 与 g 在 k 上的张量积 (在没有疑问时可简记为 $f \otimes g$). 易见若 f', g' 分别为 X, Y 上取值在 k 中的函数, 则有

$$(f \otimes_k g)(f' \otimes_k g') = (ff') \otimes_k (gg') \tag{2}$$

例 1　设 $k = \mathbb{C}$, X, Y 分别为 $\mathbb{C}^m$ 和 $\mathbb{C}^n$ 中的单位 (开) 球, f, g 分别为 X, Y 上的复解析函数, 则 $f \otimes_{\mathbb{C}} g$ 为 $X \times Y$ 上的复解析函数. 令 $x_1, \cdots, x_m$ 和 $y_1, \cdots, y_n$ 分别为 X, Y 上的坐标函数, 则可取 $x_1, \cdots, x_m, y_1, \cdots, y_n$ 为 $X \times Y$ 上的坐标函数, 而 $X \times Y$ 上的复解析函数都可以展开为 $x_1, \cdots, x_m, y_1, \cdots, y_n$ 的幂级数. 注意若 f, g 分别为 $x_1, \cdots, x_m$ 与 $y_1, \cdots, y_n$ 的单项式, 则 $f \otimes_{\mathbb{C}} g$ 就是单项式 fg. 由此 $X \times Y$ 上的复解析函数都可以展开为形如 $\sum_i f_i \otimes_{\mathbb{C}} g_i$ 的 (可能无穷) 和, 其中每个 f_i (g_i) 为 X (Y) 上的解析函数.

对一个 n 维 k-线性空间 V, 记 $\hat{V} = Hom_k(V, k)$ (即 V 上的线性函数的集合), 它有一个显然的 k-线性空间结构, 称为 V 的对偶空间. 而 V 中的任一元 v 都可以看作 $\hat{V}$ 上的线性函数, 即对 $f \in \hat{V}$ 令 v 在 f 上的取值为 $f(v)$. 若 $v_1, \cdots, v_n$ 是 V 的一组基, 则可令 $\hat{v}_1, \cdots, \hat{v}_n \in \hat{V}$ 为满足

$$\hat{v}_i(v_j) = \delta_{ij} \quad (1 \leqslant i, j \leqslant n) \tag{3}$$

的线性函数, 易见它们组成 $\hat{V}$ 的一组基. 此外易见有 "典范" 同构 $\hat{\hat{V}} \cong V$.

若 $f : V \to W$ 为 k-线性空间的线性映射, 则易见 f 诱导一个线性映射 $\hat{f} : \hat{W} \to \hat{V}$ (将 $\phi \in \hat{W}$ 映到 $\phi \circ f \in \hat{V}$), 称为 f 的对偶.

设 V, W, U 为 k 上的线性空间. 一个映射 $f : V \times W \to U$ 称为 k-双线性的, 如果对任意 $v, v_1, v_2 \in V$, $w, w_1, w_2 \in W$, $a \in k$ 有

i) $f(v_1 + v_2, w) = f(v_1, w) + f(v_2, w)$, $f(v, w_1 + w_2) = f(v, w_1) + f(v, w_2)$;

ii) $f(av, w) = f(v, aw) = af(v, w)$.

简言之, 固定一个变量, 则 f 对另一个变量是 k-线性的. 特别地, 若 $U = k$, 则称 f 为 V 和 W 上的双线性函数, 此时若 $V = W$, 则称 f 为 V 上的二次型.

记 $B(V, W, U)$ 为所有 k-双线性映射 $V \times W \to U$ 组成的集合, 则易见 $B(V, W, U)$ 具有 k-线性空间结构, 即对任意 $f, g \in B(V, W, U)$ 及任意 $a, b \in k$ 有 $af + bg \in B(V, W, U)$.

例 2   设 V, W, U 分别为 k 上的 $m \times n$, $n \times l$ 和 $m \times l$ 矩阵组成的 k-线性空间, 则有一个 k-双线性映射

$$V \times W \to U$$
$$(A, B) \mapsto AB$$

例 3   设 V, W 为 k-线性空间, 则 $Hom_k(V, W)$ 有一个 k-线性空间结构. 易见映射

$$V \times Hom_k(V, W) \to W$$
$$(v, f) \mapsto f(v)$$

是 k-双线性的.

设 V, W 分别为 n, m 维 k-线性空间, $v \in V$, $w \in W$. 则由上所述可定义 $\hat{V} \times \hat{W}$ 上的函数 $v \otimes_k w$, 满足

$$v \otimes_k w(f, g) = f(v)g(w) \quad (\forall f \in \hat{V}, \ g \in \hat{W}) \tag{4}$$

易见 $v \otimes_k w$ 是 $\hat{V} \times \hat{W}$ 上的 k-双线性函数. 记 $B(\hat{V}, \hat{W}, k) = V \otimes_k W$, 称为 V 与 W 在 k 上的张量积.

更一般地, 若 $V_1, \cdots, V_n, W$ 为 k-线性空间, 一个映射 $f : V_1 \times \cdots \times V_n \to W$ 称为 k-多重线性的, 如果固定 $V_1, \cdots, V_n$ 中的任 $n-1$ 个分量, f 对余下的一个分量是 k-线性的.

设 V, W, U 为有限维 k-线性空间, $f \in B(V, W, U)$, 则由上所述, 对任意 $v \in V$ 可以定义一个 k-线性映射 $f_v : W \to U$ 使得 $f_v(w) = f(v, w)$, 即 $f_v \in Hom_k(W, U) = \hat{W}$, 故 f 给出一个 k-线性映射

$$\phi : V \to Hom_k(W, U)$$

$$v \mapsto f_v$$

反之, 任一 k-线性映射 $\phi : V \to Hom_k(W, U)$ 给出一个 k-双线性映射 $f \in B(V, W, U)$ 使得 $f(v, w) = \phi(v)(w)$, 故我们有 k-线性空间的同构

$$B(V, W, U) \xrightarrow{\simeq} Hom_k(V, Hom_k(W, U)) \tag{5}$$

注意 V 和 W 的地位是对称的, 同理可得 k-线性空间的同构

$$B(V, W, U) \xrightarrow{\simeq} Hom_k(W, Hom_k(V, U)) \tag{6}$$

故有同构

$$Hom_k(V, Hom_k(W, U)) \cong Hom_k(W, Hom_k(V, U)) \tag{7}$$

在 (5), (6) 中令 $U = k$ 就得到

$$B(V, W, k) \cong Hom_k(V, \hat{W}) \cong Hom_k(W, \hat{V}) \tag{8}$$

特别地, V 上的一个二次型等价于一个 k-线性映射 $V \to \hat{V}$. 由 (8) 有

$$V \otimes_k W \cong Hom_k(\hat{V}, W) \cong Hom_k(\hat{W}, V) \tag{9}$$

(注意 $\hat{\hat{V}} \cong V$, $\hat{\hat{W}} \cong W$).

我们来说明所有 $v \otimes_k w \in B(\hat{V}, \hat{W}) = V \otimes_k W$ 在 k 上生成 $V \otimes_k W$. 任取 W 的一组基 $w_1, \cdots, w_n$, 则由 (9) 可见任一元 $f \in V \otimes_k W$ 可唯一地表示为 $f_1 w_1 + \cdots + f_n w_n$, 其中 $f_1, \cdots, f_n \in Hom_k(\hat{V}, k) \cong V$, 这说明 $f = f_1 \otimes_k w_1 + \cdots + f_n \otimes_k w_n$. 由此还看到, 一个 $V \otimes_k W$ 的元等价于一列向量 $(f_1, \cdots, f_n)$, 其中每个 $f_i \in V$, 故线性空间 $V \otimes_k W$ 同构于 n 个 V 的拷贝的直和, 从而有

$$\dim_k(V \otimes_k W) = \dim_k V \cdot \dim_k W \tag{10}$$

若 $v_1, \cdots, v_n$ 为 V 的一组基, $w_1, \cdots, w_m$ 为 W 的一组基, 则易见 $V \otimes_k W$ 有一组基 $v_i \otimes_k w_j$ $(1 \leqslant i \leqslant n,\, 1 \leqslant j \leqslant m)$. 易见映射

$$\phi : V \times W \to V \otimes_k W$$
$$(v, w) \mapsto v \otimes_k w$$

是 k-双线性的. 设 U 为任意 k-线性空间而 $f \in B(V, W, U)$, 则由定义易见 f 由 $u_{ij} = f(v_i, w_j)$ $(1 \leqslant i \leqslant m,\, 1 \leqslant j \leqslant n)$ 唯一决定. 所有 $v_i \otimes_k w_j$ 组成 $V \otimes_k W$ 的一组基, 存在唯一的 k-线性映射 $f' : V \otimes_k W \to U$ 使得 $f'(v_i \otimes_k w_j) = u_{ij}$ $(1 \leqslant i \leqslant m,\, 1 \leqslant j \leqslant n)$, 而 $f = f' \circ \phi$. 综上所述有

引理 1　对任意有限维 k-线性空间 V, W, 张量积 $V \otimes_k W$ 满足 (10), 且有一个典范 k-双线性映射 $\phi : V \times W \to V \otimes_k W$ $(\phi(v, w) = v \otimes_k w)$, 使得对任一 k-线性空间 U 有一个 k-线性同构

$$Hom_k(V \otimes_k W, U) \xrightarrow{\simeq} B(V, W, U) \tag{11}$$

其中任一 $g \in Hom_k(V \otimes_k W, U)$ 对应于 $g \circ \phi \in B(V, W, U)$.

注 1　对一般的 (不一定有限维) k-线性空间 $V,\, W$ 也可以定义张量积 $V \otimes_k W$, 它是 $B(V, W, k)$ 中由所有 $v \otimes_k w$ $(v \in V,\, w \in W)$ 生成的 k-线性子空间. 可以证明引理 1 中的断言仍成立.

引理 2　设 V, W, U 为有限维 k-线性空间.

i) $k \otimes_k V \cong V$.

ii) $V \otimes_k W \cong W \otimes_k V$.

iii) $(V \otimes_k W) \otimes_k U \cong V \otimes_k (W \otimes_k U)$.

iv) $(V \oplus W) \otimes_k U \cong (V \otimes_k U) \oplus (W \otimes_k U)$.

v) $Hom_k(V, W) \cong \hat{V} \otimes_k W$.

vi) 设 $f : V \to V'$, $g : W \to W'$ 为有限维 k-线性空间的 k-线性映射, 则它们诱导一个 k-线性映射 $f \otimes_k g : V \otimes_k W \to V' \otimes_k W'$ 使得 $f \otimes_k g(v \otimes_k w) = f(v) \otimes_k g(w)$ $(\forall v \in V,\, w \in W)$.

vii) 若 $0 \to W' \xrightarrow{f} W \xrightarrow{g} W'' \to 0$ 为有限维 k-线性空间的正合列, 则

$$0 \to V \otimes_k W' \xrightarrow{\mathrm{id}_V \otimes_k f} V \otimes_k W \xrightarrow{\mathrm{id}_V \otimes_k g} V \otimes_k W'' \to 0 \tag{12}$$

也是正合的.

证明很容易, 留作习题.

对任一有限维 k-线性空间 V 及任一正整数 n, 由引理 2.iii) 我们可以定义 n 个 V 的拷贝在 k 上的张量积 $V \otimes_k \cdots \otimes_k V$, 简记为 $V^{\otimes_k n}$ (或 $T_k^n(V)$), 且记 $V^{\otimes_k 0} = k$. 令 $T_k(V) = \bigoplus_{n=0}^{\infty} V^{\otimes_k n}$, 则 $T_k(V)$ 具有 (当 $n > 1$ 时非交换) k-代数结构, 其乘法由 $(v_1 \otimes_k \cdots \otimes_k v_r)(v_{r+1} \otimes_k \cdots \otimes_k v_s) = v_1 \otimes_k \cdots \otimes_k v_s$ 给出, 称作 V 在 k 上的张量代数, 而其中 $V^{\otimes_k n}$ 的元称作 n 阶 (共变) 张量.

注 2 $V_r^s = V^{\otimes_k r} \otimes_k \hat{V}^{\otimes_k s}$ 称为 V 的 r 阶共变, s 阶反变的张量空间 (其中的元称为 r 阶共变, s 阶反变的张量). 若取 V 的一组基 $v_1, \cdots, v_n$, 则由上所述 $\hat{V}$ 有一组对偶基 $\hat{v}_1, \cdots, \hat{v}_n$, 即 $\hat{v}_i(v_j) = \delta_{ij}$, 此时常取 V_r^s 的基为 $v_{i_1} \otimes_k \cdots \otimes_k v_{i_r} \otimes_k \hat{v}_{j_1} \otimes_k \cdots \otimes_k \hat{v}_{j_s}$ $(\forall i_1, \cdots, i_r, j_1, \cdots, j_s)$. 若将 V 的基换为 $w_1, \cdots, w_n$, 其中 $w_i = \sum_{i=1}^{n} a_{ij} v_j$ $(1 \leqslant i \leqslant n)$, 则有 $\hat{w}_i = \sum_{i=1}^{n} \tilde{a}_{ij} \hat{v}_j$, 其中 $(\tilde{a}_{ij}) = (a_{ji})^{-1}$, 由此相应地给出 V_r^s 的基变换.

特别地, $End_k(V) = Hom_k(V, V) \cong \hat{V} \otimes_k V$ 可以看作 V 的 1 阶共变, 1 阶反变的张量空间 (而 V 的 k-线性自同态可看作 1 阶共变, 1 阶反变的张量), 二次型的空间 $B(V, V, k)$ 可以看作 V 的 2 阶反变的张量空间 (而 V 上的二次型可看作 2 阶反变的张量).

引理 3 设 S 为有限维 k-线性空间 V 的一组基, A 为 k-代数 (不一定交换), 则对任一映射 $\phi : S \to A$, 存在唯一 k-代数同态 $f : T_k(V) \to A$ 使得 f 在 S 上的限制等于 ϕ.

证 由于 S 是 V 的一组基, 任一映射 $\phi : S \to A$ 可唯一地扩张成一个 k-线性映射 $f_1 : V \to A$, 再由引理 1 可见对任一正整数 n 有唯一 k-线性同态 $f_n : V^{\otimes_k n} \to A$ 使得

$$f_n(v_1 \otimes_k \cdots \otimes_k v_n) = f_1(v_1) \cdots f_1(v_n) \quad (v_1, \cdots, v_n \in V) \tag{13}$$

所有 f_n 连同给定的同态 $k \to A$ 给出一个 k-线性同态

$$f : T_k(V) = \bigoplus_{n=0}^{\infty} V^{\otimes_k n} \to A \tag{14}$$

易见 f 是环同态且 $f|_S = \phi$. 反之, 若 $f : T_k(V) \to A$ 为 k-代数同态使得 $f|_S = \phi$, 则 (13) 对任一 $n \geqslant 0$ 成立, 故 f 由 ϕ 唯一决定. 证毕.

由引理 3, 若 $\dim_k(V) = m$, 我们称 $T_k(V)$ 为 m 个变元的自由 k-代数, 而称引理 3 中给出的 A 的性质为 "泛性" (universality).

一个 k-代数 A 称为分次的, 如果 A 可以分解为 k-线性空间的直和 $A = \bigoplus_{n=0}^{\infty} A_n$ 使得对任意非负整数 i, j 有 $A_i \cdot A_j \subset A_{i+j}$, 其中 A_n 的非零元称为 n 次

齐次元; 而一个理想 $I \subset A$ 称为分次的, 如果它有一组齐次生成元, 易见此时剩余类环 A/I 具有诱导的分次环结构.

对于一个有限维 k-线性空间 V, 易见 $T_k(V)$ 具有分次 k-代数结构, 其 n 次齐次直加项为 $V^{\otimes_k n}$. 令 $I \subset T_k(V)$ 为所有 $v \otimes_k v' - v' \otimes_k v \in V^{\otimes_k 2}$ $(v, v' \in V)$ 生成的 (双边) 理想, 则 $S_k(V) \cong T_k(V)/I$ 为交换 k-代数, 称为 V 在 k 上的对称代数. 注意 I 是分次理想, 可见 $S_k(V)$ 是分次代数, 其 n 次齐次直加项记为 $S_k^n(V)$. 我们也可以这样理解: 易见 n 次对称群 $\mathfrak{S}_n$ 在 $V^{\otimes_k n}$ 上有一个置换作用 ρ, 令 $N \subset V^{\otimes_k n}$ 为由所有 $t - \sigma t$ $(t \in V^{\otimes_k n}, \sigma \in \mathfrak{S}_n)$ 生成的 k-线性子空间, 则 $S_k^n(V) \cong V^{\otimes_k n}/N$, 称为 V 的 n 次对称积. 任取 V 的一组基 $v_1, \cdots, v_m$, 则易见 $S_k(V)$ 作为 k-代数由 $v_1, \cdots, v_m$ 生成, 且同构于 m 个变量的多项式代数, 这给出多项式代数的又一个定义. 因此我们对 $S_k(V)$ 的乘法采用普通的乘法记号. 注意对每个 n, $S_k^n(V)$ 有一组基 $v_1^{i_1} \cdots v_m^{i_m}$ $(i_1 + \cdots + i_m = n)$, 其元素个数为
$$\binom{m+n-1}{m-1} = \binom{m+n-1}{n}.$$

另一方面, 令 $J \subset T_k(V)$ 为所有 $v \otimes_k v \in V^{\otimes_k 2}$ $(v \in V)$ 生成的理想, 称 $\wedge_k(V) = T_k(V)/J$ 为 V 在 k 上的外代数. 注意 J 是分次理想, 可见 $\wedge_k(V)$ 是分次代数, 其 n 次齐次直加项记为 $\wedge_k^n(V)$, 称为 V 在 k 上的 n 次外积. 通常用 $\wedge$ 表示 $\wedge_k(V)$ 中的乘法, 即若 $t, t' \in T_k(V)$, w, w' 分别为 t, t' 在 $\wedge_k(V)$ 中的像, 则 $t \otimes_k t'$ 在 $\wedge_k(V)$ 中的像记作 $w \wedge w'$. 注意对任意 $v, v' \in V$, $v \otimes_k v' + v' \otimes_k v = (v + v') \otimes_k (v + v') - v \otimes_k v - v' \otimes_k v' \in J$, 故 $\wedge_k(V)$ 为 k-反交换代数 (即对任意 $v, v' \in V$ 有 $v \wedge v' = -v' \wedge v$, 从而对 $w \in \wedge_k^r(V), w' \in \wedge_k^s(V)$ 有 $w \wedge w' = (-1)^{rs} w' \wedge w$). 注意 $\mathfrak{S}_n$ 在 $V^{\otimes_k n}$ 上还有另一个作用 θ: 若 $\sigma \in \mathfrak{S}_n$ 是偶置换则 $\theta(\sigma, t) = \rho(\sigma, t)$, 否则 $\theta(\sigma, t) = -\rho(\sigma, t)$. 我们将 $V^{\otimes_k n}$ 中在 θ 下不变的元称为反称张量. 不难验证当 $k = \mathbb{R}$ 或 $\mathbb{C}$ 时 $\wedge_n^k(V) \cong V^{\otimes_k n}/\theta$.

设 $v_1, \cdots, v_m$ 为 V 的一组基, 则易见 $V^{\otimes_k n}$ 有一组基 $\{v_{s_1} \otimes_k \cdots \otimes_k v_{s_n} | 1 \leqslant s_1, \cdots, s_n \leqslant m\}$. 将这组基中的元分为三类:

A 类: 有 $i \neq j$ 使得 $s_i = s_j$;

B 类: $s_1 < s_2 < \cdots < s_n$;

C 类: $s_1, s_2, \cdots, s_n$ 互不相同, 且存在 $i < n$ 使得 $s_i > s_{i+1}$.

对于 C 类的情形存在唯一 $\sigma \in \mathfrak{S}_n$ 使得 $s_{\sigma 1} < s_{\sigma 2} < \cdots < s_{\sigma n}$, 注意 $v_{s_{\sigma 1}} \otimes_k v_{s_{\sigma 2}} \otimes_k \cdots \otimes_k v_{s_{\sigma n}}$ 属于 B 类, 可将 C 类的 $v_{s_1} \otimes_k \cdots \otimes_k v_{s_n}$ 换为 $v_{s_1} \otimes_k \cdots \otimes_k v_{s_n} - (-1)^\sigma v_{s_{\sigma 1}} \otimes_k \cdots \otimes_k v_{s_{\sigma n}}$, 将这些元简称为 D 类元. 易见 A, B, D 三类元也组成 $V^{\otimes_k n}$ 的一组基, 且由上所述可见 A 类与 D 类都属于 J. 我们来说明

$J_n = J \cap V^{\otimes_k n}$ 由 A 类和 D 类元生成. 对任一元 $v = a_1 v_1 + \cdots + a_m v_m \in V$ $(a_1, \cdots, a_m \in k)$ 有 $v \otimes_k v = \sum\limits_{i=1}^{m} a_i^2 v_i \otimes_k v_i + \sum\limits_{i<j} a_i a_j (v_i \otimes_k v_j + v_j \otimes_k v_i)$, 由此可见对任意 p 次齐次元 w 和 q 次齐次元 w' $(p+q = n-2)$, $w \otimes_k (v \otimes_k v) \otimes_k w'$ 属于 A 类和 D 类元生成的线性子空间, 而 J_n 作为线性子空间由这样的元生成.

令 $B_n \subset V^{\otimes_k n}$ 为所有 B 类的元生成的线性子空间, 则有 $V^{\otimes_k n} = B_n \oplus J_n$, 故 $\wedge_k^n(V) = V^{\otimes_k n}/J_n \cong B_n$. 由此可见 $\wedge_k^n(V)$ 有一组基 $v_{i_1} \wedge \cdots \wedge v_{i_n}$ $(i_1 < \cdots < i_n)$, 故当 $n \leqslant m$ 时 $\wedge_k^n(V)$ 的维数为 $\binom{m}{n}$, 而当 $n > m$ 时 $\wedge_k^n(V) = 0$. 特别地, $\wedge_k^m(V) \cong k$. 总之有

引理 4　设 V 为 m 维 k-线性空间, 则 $T_k^n(V)$, $S_k^n(V)$ 和 $\wedge_k^n(V)$ 的维数分别为 m^n, $\binom{m+n-1}{n}$ 和 $\binom{m}{n}$. 若 $v_1, \cdots, v_m$ 为 V 的一组基, 则 $\wedge_k^n(V)$ 有一组基 $v_{i_1} \wedge \cdots \wedge v_{i_n}$ $(i_1 < \cdots < i_n)$. 特别地当 $n > m$ 时 $\wedge_k^n(V) = 0$, 而 $\wedge_k^m(V) \cong k$.

设 V 为 m 维 k-线性空间, 则对任意 $0 \leqslant n \leqslant m$, 由 $V^{\otimes_k n} \otimes_k V^{\otimes_k (m-n)} \cong V^{\otimes_k m}$ 可见有诱导的 k-线性映射

$$\wedge : \wedge_k^n(V) \otimes_k \wedge_k^{m-n}(V) \to \wedge_k^m(V) \cong k \tag{15}$$

它等价于一个 k-线性映射 $\mu_n : \wedge_k^n(V) \to Hom_k(\wedge_k^{m-n}(V), k)$. 设 $v_1, \cdots, v_m$ 为 V 的一组基, 则由引理 4 可见 $V^{\otimes_k n}$ 有一组基

$$\{w_{i_1 i_2 \ldots i_n} = v_{i_1} \wedge \cdots \wedge v_{i_n} | i_1 < \cdots < i_n\} \tag{16}$$

而 $V^{\otimes_k (m-n)}$ 有一组基

$$\{w_{j_1 j_2 \cdots j_{m-n}} = v_{j_1} \wedge \cdots \wedge v_{j_{m-n}} | j_1 < \cdots < j_{m-n}\} \tag{17}$$

易见

$$
w_{i_1 i_2 \cdots i_n} \wedge w_{j_1 j_2 \cdots j_{m-n}}
$$
$$
= \begin{cases} \pm w_{12 \cdots m}, & \{i_1, i_2, \cdots, i_n\} \cup \{j_1, j_2, \cdots, j_{m-n}\} = \{1, 2, \cdots, m\} \\ 0. & \{i_1, i_2, \cdots, i_n\} \cup \{j_1, j_2, \cdots, j_{m-n}\} \neq \{1, 2, \cdots, m\} \end{cases} \tag{18}
$$

这说明 (15) 是完全配对, 即 μ_n 是同构. 故我们可以说 $\wedge_k^n(V)$ 和 $\wedge_k^{m-n}(V)$ 互为对偶空间.

第 III 章　流形与解析空间

在微分流形理论中我们可以看到下面的定义: 设 M 是一个满足第二可数性公理的豪斯多夫空间, 在 M 上给定一个开覆盖 $\{U_i | i \in I\}$, 且对每个 U_i 给定一个同胚 $f_i : U_i \to B_n$ (其中 $B_n = B_{n,1}$, 即 n 维空间 $\mathbb{R}^n$ 中的单位球 $x_1^2 + \cdots + x_n^2 < 1$), 使得对任意 $i, j \in I$, 在 $f_i(U_i \cap U_j)$ 上 $f_j \circ f_i^{-1}$ 由 B_n 中坐标的可微映射给出, 则称 M 为 n 维微分流形.

这个原始的定义颇为复杂, 若由此定义解析空间就更复杂了. 后来产生的层的概念对于掌握流形更为方便. 我们下面对流形将采用建筑在层的概念上的定义, 它与上述定义等价. 由此定义解析空间也很方便. 更重要的是, 在层的基础上有利于进一步地深入研究.

第 1 节　函　数　层

为了研究微分流形, 我们经常需要考虑流形上的可微函数, 但一个函数不一定能定义在整个流形上, 例如在 $\mathbb{R}^1$ (坐标为 x) 上函数 $1/x$ 就只能定义在 $\mathbb{R}^1 - \{0\}$ 上 (否则不能保持连续性). 因此, 我们需要考虑定义在所有开集上的可微函数, 这就引出函数层的概念.

设 M 是一个微分流形, $U \subset M$ 为开子集, 记 $O_M(U)$ 为定义在 U 上的所有可微函数的集合. 易见 $O_M(U)$ 中两个函数的和与积也在 $O_M(U)$ 中, 故 $O_M(U)$ 是一个 (有单位元的交换) 环. 若 V 是 U 的开子集, 则对任意 $f \in O_M(U)$, $f|_V \in O_M(V)$, 这就给出一个 "限制映射" $\rho_{UV} : O_M(U) \to O_M(V)$, 易见 ρ_{UV} 是环同态. 此外, 若 W 是 V 的开子集, 则 $(f|_V)|_W = f_W$, 故有

$$\rho_{VW} \circ \rho_{UV} = \rho_{UW} \tag{1}$$

设 $\{U_i | i \in I\}$ 是 U 的一个开覆盖, 则显然有

i) 对任意 $f \in O_M(U)$, 若 $f|_{U_i} = 0$ $(\forall i \in I)$, 则 $f = 0$;

ii) 对任意一组 $f_i \in O_M(U_i)$ $(\forall i \in I)$, 若 $f_i|_{U_i \cap U_j} = f_j|_{U_i \cap U_j}$ $(\forall i, j \in I)$, 则存在 $f \in O_M(U)$ 使得 $f|_{U_i} = f_i$ $(\forall i \in I)$.

定义 1　一个拓扑空间 T 上的一个函数 (环) 层 O_T 是指对每个开集 $U \subset T$ 给定 U 上的连续函数环的一个包含 1 的子环 $O_T(U)$, 满足下列条件:

i) 若 V 为 U 的开子集, $f \in O_T(U)$, 则 $f|_V \in O_T(V)$;

ii) 对 U 的任一开覆盖 $\{U_i | i \in I\}$ 及 U 上的任意连续函数 f, 若 $f|U_i \in O_T(U_i)$ $(\forall i \in I)$, 则 $f \in O_T(U)$.

例如, 对 $B_n \subset \mathbb{R}^n$ 的任一开子集 U 令 $O_{B_n, C^r}(U)$ 为 U 上的所有 ($\mathbb{R}^n$ 的坐标的) r 阶可微函数全体, 则得到一个函数层 O_{B_n, C^r}, 称为 B_n 的 C^r 结构层, 这里 r 除可取非负整数值外还可以取 ∞, 此外还可以取记号 ω (C^ω 为解析函数全体). 又例如, 令 C_n 为 $\mathbb{C}^n$ (复坐标为 $z_1, \cdots, z_n$) 中的单位球 $|z_1|^2 + \cdots + |z_n|^2 < 1$, 对 C_n 的任一开子集 U 令 $O_{C_n}(U)$ 为 U 上的所有 ($z_1, \cdots, z_n$ 的) 可微函数全体, 则得到一个函数层 O_{C_n}, 称为 C_n 的解析结构层 (注意此时可微函数都是解析函数).

设 T' 为另一个拓扑空间, $f: T' \to T$ 为连续映射. 对任意开集 $U \subset T$ 及任意 $\phi \in O_T(U)$, 记 $f^* \phi = \phi \circ f$, 即 $f^{-1}(U)$ 上的函数

$$\phi^* f(x) = f(\phi(x)) \quad (\forall x \in f^{-1}(U)) \tag{2}$$

称为 f 在 T' 上的拉回, 而 $O_T(U)$ 中所有函数的拉回组成 $f^{-1}(U)$ 上的一个函数环 $f^* O_T(U)$. 若 f 是 T' 到 T 的一个开子集的同胚, 则显然所有 $f^* O_T(U)$ 组成 T' 上的一个函数层 $O_{T'}$, 即对任一开子集 $U' \subset T'$ 有环同构

$$O_{T'}(U') \cong O_T(f(U')) \tag{3}$$

$O_{T'}$ 称为 O_T 在 T' 上的拉回, 记为 $f^* O_T$. 特别地, 若 T' 为 T 的开子集而 $f: T' \to T$ 为嵌入映射, 则对任意开子集 $U \subset T'$ 有 $O_{T'}(U) = O_T(U)$, 此时称 $O_{T'}$ 为 O_T 在 T' 上的限制, 记为 $O_T|_{T'}$.

函数层的概念当然比函数或函数环的概念复杂, 为什么要引进这样复杂的概念呢? 这是研究整体几何 (包括拓扑学) 的需要. 例如对于一个紧致复流形 M, 由最大模定理可知定义在整个 M 上的解析函数只有常数, 由此不能得到关于 M 的结构的任何信息; 另一方面, 对于 M 中足够小的开集 U, 有足够多的 U 上的解析函数可以给出 U 的精细结构 (因为在其中可取坐标函数). 而若了解这些开集上的函数, 研究 M 的结构就化为这些开集如何 "粘合" 成为 M 的问题, 而这可以刻画为在两个开集相交处函数如何转换的问题. 那么, 为什么不能直接采用坐标函数呢? 当然可以, 然而这看上去简单的方法实际上很复杂, 因为需要顾及所有坐标函数的转换, 而且还可能不止一次转换. 而层的概念虽然看上去复杂, 却是在一开始就考虑到所有局部函数, 这样也就包括了所有可能的转换, 只是在需要时才固定局部坐标函数, 这给出了很大的方便. 而且函数层本身与局部坐标的选取无关, 所以它的性质直接给出关于 M 的结构的信息. 这种从一开始就考虑到所有局部函数的哲学源自拓扑学中奇异同调的方法.

第 2 节　流　形

以下记 k 为 $\mathbb{R}$ 或 $\mathbb{C}$. 对任意正整数 n 及正实数 r 记 $B_{n,r} \subset k^n$ 为半径 r 的球 (见上节), 并记 $B_n = B_{n,1} \subset k^n$.

除了组合几何 (即集合论) 外的各种几何都是研究带有若干结构 (如线性结构、微分结构、度量、解析结构、代数结构等) 的拓扑空间, 因此都要考虑拓扑空间上的特殊的函数类. 如果像上节那样考虑一个拓扑空间 X 的所有各开集上的该类函数, 则得到一个函数层 O_X. 这样我们的研究对象就是拓扑空间与函数层组成的对 (X, O_X), 称为一个环层空间.

例如, 在单位球 $B_n = B_{n,1} \subset \mathbb{R}^n$ 上有 C^r-函数层 O_{B_n, C^r} (其中 r 可以是非负整数或 ∞); 而实或复单位球 $B_n \subset k^n$ 上有解析函数层 O_{B_n, C^ω}.

设 (X, O_X) 和 (Y, O_Y) 为两个环层空间. 一个从 (X, O_X) 到 (Y, O_Y) 的态射是指一个连续映射 $f : X \to Y$, 使得对任意开集 $U \subset Y$ 及任意 $\phi \in O_Y(U)$ 有 $f^*(\phi) \in O_X(f^{-1}(U))$; 此时如果存在态射 $g : (Y, O_Y) \to (X, O_X)$ 使得 $g \circ f = \mathrm{id}_{(X, O_X)}$ 且 $f \circ g = \mathrm{id}_{(Y, O_Y)}$, 则称 f 为同构且称 (X, O_X) 与 (Y, O_Y) 是同构的, 记为 $(X, O_X) \cong (Y, O_Y)$ (在不会混淆时也常记为 $X \cong Y$).

定义 1　设 M 是一个满足第二可数性公理的豪斯多夫空间, O_M 为 M 上的一个函数层. 若对任意点 $x \in M$, 存在 x 的一个开邻域 $U \subset M$ 使得 $(U, O_X|_U) \cong (B_n, O_{B_n, C^r})$ ($r = 1, 2, \cdots, \infty, \omega$, B_n 为 k 上的 n 维球), 则称 O_M 为 M 的一个 (k 上的) n 维 C^r-流形结构, 或称 (M, O_M) 为一个 n 维 C^r-流形. 特别地, 若 $k = \mathbb{R}$, 则 C^1 流形称为微分流形, 而若 $k = \mathbb{C}$, 则 C^ω-流形称为 (复) 解析流形. 流形之间的态射或同构是指它们作为环层空间的态射或同构.

这个定义可以理解为 “(M, O_M) 局部同构于 (B_n, O_{B_n, C^r})”, 但这样的局部同构不是唯一的. 对此可以这样理解: 设 $x \in M$ 有两个开邻域 $U, U' \subset M$ 并给定两个同构 $f : (U, O_X|_U) \to (B_n, O_{B_n, C^r})$ 和 $f' : (U', O_X|_{U'}) \to (B_n, O_{B_n, C^r})$. 则可取 $U \cap U'$ 的包含 x 的开子集 U'' 使得 $V = f^{-1}(U'')$ 为 B_n 中的开球, 从而存在同构 $g : (B_n, O_{B_n, C^r}) \to (V, O_{B_n, C^r}|_V)$. 令 $V' = f'(U'')$ (为 B_n 的开子集), $\phi = f' \circ f^{-1}|_V \circ g : B_n \to V'$, 则 ϕ 给出同构 $(B_n, O_{B_n, C^r}) \to (V', O_{B_n, C^r}|_{V'})$. 令 $x_1, \cdots, x_n \in O_{B_n, C^r}(B_n)$ 为坐标函数, 则同构 ϕ 给出的 $y_i = \phi^{-1*}(x_i) \in O_{B_n, C^r}(V')$ ($1 \leqslant i \leqslant n$) 为 V' 的一组 C^r-坐标. 因此 $(x_1, \cdots, x_n) \mapsto (y_1, \cdots, y_n)$ 可以看作 U'' 上的两组 C^r-坐标之间的变换. 由此可见定义 1 与本章开头所说的微分流形的原始定义等价. 但那个原始定义需要预先取定一个开覆盖 $\{U_i | i \in I\}$,

而流形 M 的许多重要性质是与这个开覆盖的选取无关的, 验证这种无关性却常常很麻烦 (后面还将看到, 对于解析空间的定义就更麻烦了). 定义 1 则有助于避开这种困难.

例 1　在 $\mathbb{R}^2$ (坐标为 x, y) 中, 圆 $C : x^2 + y^2 = 1$ 为紧致实流形, 若取 O_C 为 $O_{\mathbb{R}^2, C^r}$ 在 C 上的限制组成的层 (详见下面的定义 4), 则不难验证 O_C 给出 C 的一个 C^r-流形结构. 特别地, C 具有解析流形结构.

例 2　注意 $\mathbb{C}^2$ 具有复流形结构, 其解析函数层记为 $O_{\mathbb{C}^2}$. 令 $C \subset \mathbb{C}^2$ (坐标为 x, y) 为闭子集 $C : x^2 + y^2 = 1$, 若取 O_C 为 $O_{\mathbb{C}^2}$ 在 C 上的限制组成的层, 则不难验证 O_C 给出 C 的一个复解析流形结构. 一维复解析流形称为黎曼面.

例 3　上面两个例子中都是通过构造线性空间的子集来构造流形的, 这是一种常用的方法, 但不是万能的方法. 下面是一个典型的例子, 说明一个复流形不一定能嵌入某个 $\mathbb{C}^n$ 中作为解析子集.

设 X 是一个维数 > 0 的紧致复流形, 则对任意正整数 n, X 不能嵌入 $\mathbb{C}^n$ 中作为解析子集, 否则, $\mathbb{C}^n$ 的每个坐标函数给出 X 上的解析函数, 但由最大模定理及 X 的紧致性可知 X 的任一连通分支上的解析函数必为常数, 这就是说 X 的任一连通分支只有一个点, 与所设矛盾.

紧致复流形的一个典型例子是复环面. 设 $\tau \in \mathbb{C}$ 的虚部 $\mathrm{Im}(\tau) > 0$, 将 $\mathbb{C}$ 看作加法阿贝尔群, 则它的子集

$$\Lambda = \{m + n\tau \mid m, n \in \mathbb{Z}\} \tag{1}$$

为 $\mathbb{C}$ 的离散子群, 故商群 $T = \mathbb{C}/\Lambda$ 具有诱导的复流形结构 (为验证这一点, 注意对任意足够小的开子集 $U \subset \mathbb{C}$, 投射 $p : \mathbb{C} \to T$ 给出一一映射 $U \to p(U)$, 且 $O_T|_{p(U)} = p^{-1*} O_{\mathbb{C}}|_U$), 而 T 的拓扑结构为像救生圈那样的环面 (参看图 1).

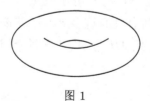

图 1

一个解析映射 (即作为解析流形的态射) $f : k^m \to k^n$ 由 n 个 m 元解析函数 $f_1, \cdots, f_n$ 给出, 即

$$f(a_1, \cdots, a_m) = (f_1(a_1, \cdots, a_m), \cdots, f_n(a_1, \cdots, a_m)) \tag{2}$$

但一般的态射不一定能简单地由坐标函数表出, 如例 3 中的投射 p (为复解析映

射). 对任意 $g \in GL_n(k)$, 显然 $v \mapsto gv$ 为 k^n 的解析自同构, 换言之 $GL_n(k)$ 在 k^n 上的作用是解析的.

设 M, M' 为 k-解析流形, $U \subset M$ 和 $U' \subset M'$ 分别为开子集使得在 U 上有坐标函数 $x_1, \cdots, x_n$, 在 U' 上有坐标函数 $y_1, \cdots, y_m$, 则在 $U \times_k U'$ 上有坐标函数 $x_1, \cdots, x_n, y_1, \cdots, y_m$ (按 II.5 节的记号为 $x_1 \otimes_k 1, \cdots, x_n \otimes_k 1, 1 \otimes_k y_1, \cdots, 1 \otimes_k y_m$). 注意 $x_1, \cdots, x_n, y_1, \cdots, y_m$ 的每个单项式形如 $f \otimes_k g$, 其中 f, g 分别为 $x_1, \cdots, x_n$ 和 $y_1, \cdots, y_m$ 的单项式. 由此可见 $U \times_k U'$ 上的解析函数 (即 $O_{M \times_k M'}(U \times_k U')$ 的元) 都可以表示为形如 $\sum_i f_i \otimes_k g_i$ 的幂级数. 换言之 $O_{M \times_k M'}$ 由 $O_M \otimes O_{M'}$ "生成", 即由 $O_M \otimes O_{M'}$ 中的收敛级数给出. 在研究 $M \times M'$ 的结构时常常只需要知道 $O_M \otimes O_{M'}$ 就够了.

注意 $GL_n(k)$ 可以看作 $M_n(k) \cong k^{n^2}$ 中的开子集 $\{T \in M_n(k) | \det(T) \neq 0\}$, 故也具有解析流形结构. 易见 $GL_n(k)$ 在 k^n 上的作用

$$\rho : GL_n(k) \times k^n \to k^n \tag{3}$$

是解析态射. 令 $\Phi : GL_n(k) \times k^n \to GL_n(k) \times k^n$ 为映射 $(g, v) \mapsto (g, gv)$, 则易见 Φ 是 $GL_n(k) \times k^n$ 的解析自同构.

第 3 节 射 影 空 间

一类重要的紧致解析流形是 (实或复) 射影空间.

射影空间的概念是在古典的射影定理的研究中产生的. 在欧几里得几何中, 有很多只涉及结合关系 (即相交性) 的复杂定理, 如德萨格定理 (图 1) 说, 对任两个三角形 $\triangle ABC$ 和 $\triangle A'B'C'$, 令 P, Q, R 分别为 AB 与 $A'B'$ 的交点 BC 与 $B'C'$ 的交点, CA 与 $C'A'$ 的交点, 若 AA', BB', CC' 三条直线交于一点, 则 P, Q, R 三点在一条直线上. 这类定理往往有许多 "例外情形", 即某两条直线相互平行的情形, 例如在德萨格定理中, 若 AB 与 $A'B'$ 平行, 结论须改成 "AB 与 QR 平行" (图 2).

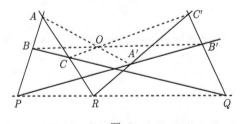

图 1

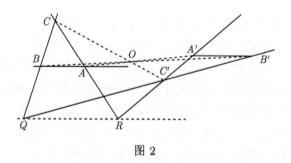

图 2

这些例外情形使定理的叙述甚为复杂, 一方面要排除各种平行的情形以得到对一般情形的陈述, 另一方面对每个特殊情形将陈述作适当修改仍能成立. 人们发现, 若 (作为公理) 对每条直线加上一个无穷远点, 并规定相互平行的直线交于无穷远点, 所有无穷远点组成一条无穷远直线, 则所有这类定理仍成立而没有了例外情形. 这当然有了很多方便, 但更重要的是由此发现了一种重要的几何结构——射影空间.

射影 (projection, 亦译为投影) 这个词来源于中心投影, 即以空间中的一个点为中心将一个平面投射到另一个平面. (想象一个透明平板 A 中有一个图形 S, 用一个点光源 P 照在平板 A 上, 在另一个平板 B 上产生 S 的影像 T, 直观上 T 就是 S 在以 P 为中心由 A 到 B 的投影下的像.) 一个图形在中心投影下的像不一定和它本身相似, 例如一个椭圆在中心投影下的像可能是抛物线或双曲线 (图 3). 当然直线在中心投影下的像为直线, 但平行直线的像不一定是平行直线. 若三条相互平行的直线在一个中心投影下的像不相互平行, 则它们共点.

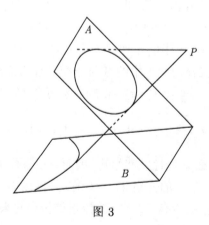

图 3

在寻常的平面上加上所有无穷远点, 就扩充成了射影平面. 在射影平面上我们可以建立齐次坐标: 用 3 个不全为 0 的数 (X, Y, Z) 作为一个点的坐标, 我们只关心三个数的比, 即规定对任一非零数 λ, $(\lambda X, \lambda Y, \lambda Z)$ 与 (X, Y, Z) 表示同一个点. 若 $Z \neq 0$, 该点等同于寻常平面上坐标为 $(X/Z, Y/Z)$ 的点; 若 $Z = 0$, 该点对应于斜率为 $Y : X$ 的直线上的无穷远点. 我们还可以用两种其他方式理解齐次坐标: 一是将射影平面定义为 3 维空间 V, 其中的点定义为 1 维线性子空间 (即过原点的直线), 而射影直线定义为 2 维线性子空间 (即过原点的平面); 二是考虑所有非零数的乘法群 $\mathbb{G}_{m/k}$ (见 II.1 节) 在去掉原点的 3 维空间 $V' = V - \{(0, 0, 0)\}$ 上的作用 (标量乘), 而把射影平面定义为这个作用的商 $V'/\mathbb{G}_{m/k}$.

按齐次坐标, 射影平面上的一条直线由一个线性齐次方程 $aX + bY + cZ = 0$ 给出, 其中 a, b, c 是不全为 0 的数. 无穷远直线的方程是 $Z = 0$, 而原来的平面 (称为 "仿射平面") 为点集 $\{Z \neq 0\}$. 不过注意, 按齐次坐标, 所有点的地位都是一样的, 即可以通过坐标的线性变换将任一点变为任一其他点 (在这个意义上射影平面是完全对称的). 因此无穷远直线 $Z = 0$ 也没有什么特殊性, 可以取任一条直线称为 "无穷远直线", 而把它的余集称为 "寻常平面" (亦称仿射平面).

上面射影平面的构造过程对实的和复的坐标都有效, 若假定坐标为实数, 则所得的射影平面称为实射影平面, 记为 $\mathbb{P}^2_{\mathbb{R}}$; 若假定坐标为复数, 则所得的射影平面称为复射影平面, 记为 $\mathbb{P}^2_{\mathbb{C}}$.

不难推广上述方法以定义 k 上的 n **维射影空间** $\mathbb{P}^n_k$: 它有齐次坐标 X_0, $X_1, \cdots, X_n$, 任一组不全为 0 的数 $a_0, \cdots, a_n \in k$ 给出 $\mathbb{P}^n_k$ 的一个点, 且对任意 $\lambda \in k^{\times} = k - \{0\}$, $(a_0, \cdots, a_n)$ 与 $(\lambda a_0, \cdots, \lambda a_n)$ 代表同一个点 (故将该点记作 $(a_0 : \cdots : a_n)$). $\mathbb{P}^n_k$ 可以看作由 n 维线性空间 k^n (亦称仿射空间并记为 $\mathbb{A}^n_k$) 加上 "无穷远超平面" $X_0 = 0$ 组成的, 也可以将 $n+1$ 维 (左) 线性空间 k^{n+1} 中的 1 维子空间定义为 $\mathbb{P}^n_k$ 的点, 或将 $\mathbb{P}^n_k$ 定义为 $k^{n+1} - \{(0, \cdots, 0)\}$ 在乘法群 $\mathbb{G}_{m/k}$ 的左乘作用下的商. 若将 k^{n+1} 中的 1 维子空间看作 $\mathbb{P}^n_k$ 的点, 则 k^{n+1} 中的 2 维子空间称为 $\mathbb{P}^n_k$ 中的射影直线, k^{n+1} 中的 3 维子空间称为 $\mathbb{P}^n_k$ 中的射影平面, 等等.

令 $U_i = \{X_i \neq 0\} \subset \mathbb{P}^n_{\mathbb{R}}$ $(0 \leqslant i \leqslant n)$, 则显然每个 U_i 具有坐标 (独立变量)

$$x_{ij} = \frac{X_j}{X_i} \quad (j = 0, \cdots, i-1, i+1, \cdots, n) \tag{1}$$

按这组坐标 U_i 具有 n 维 k-线性空间结构, 因而可以看作 C^r-流形 (对任意 r); 对任意 $j \neq i$, $U_i \cap U_j$ 为 U_i 中的开集 $\{x_{ij} \neq 0\}$, 且显然 U_i 和 U_j 的 C^r-流形结构在 $U_i \cap U_j$ 的限制一致, 故所有 U_i 的 C^r-流形结构合起来给出 $\mathbb{P}^n_k$ 一个 C^r-流形结构, 而所有 U_i 组成 $\mathbb{P}^n_k$ 的一个开覆盖.

我们来验证 $\mathbb{P}^n_k$ 是紧致的. 令 $V = \{(a_1, \cdots, a_n) \in k^n | |a_i| \leqslant 1 \ \forall i\}$, 则显然 V 是紧致拓扑空间. 由上所述可按坐标系 (1) 将 U_i 等同于 k^n, 这样 V 就对应于 U_i

中的一个紧致子集 V_i, 易见

$$V_i = \{(a_0 : \cdots : a_n) \in \mathbb{P}_k^n |\ |a_j| \leqslant |a_i|\ \forall j\} \tag{2}$$

显然 $\mathbb{P}_k^n = \cup_i V_i$, 故为紧致的.

对任意 $T \in GL_{n+1}(k)$, 注意 T 在 k^{n+1} 上的作用将直线变为直线, 故诱导 $\mathbb{P}_k^n$ 到自身的一一映射, 这给出 $GL_{n+1}(k)$ 在 $\mathbb{P}_k^n$ 的一个作用, 易见这个作用是解析的. 注意若 $T = (t_{ij})\ (i, j = 0, \cdots, n)$ 则 T 在 k^{n+1} 上的作用为

$$X_i \mapsto \sum_{j=0}^{n-1} t_{ij} X_j \quad (0 \leqslant i \leqslant n-1) \tag{3}$$

从而 T 在 $\mathbb{P}_k^n$ 上的作用为

$$(a_0 : \cdots : a_{n-1}) \mapsto \left(\sum_{j=0}^{n-1} t_{0j} a_j : \cdots : \sum_{j=0}^{n-1} t_{(n-1)j} a_j\right) \tag{4}$$

若在 U_i 中采用仿射坐标 x_{ij}, 则 (4) 在 U_i 上可表为

$$x_{ij} \mapsto \frac{\displaystyle\sum_{l=0}^{n-1} t_{jl} x_{il}}{\displaystyle\sum_{l=0}^{n-1} t_{il} x_{il}} \quad (j \neq i) \tag{5}$$

即为分式线性变换. 此外不难验证 $GL_{n+1}(k)$ 的中心 $C = \{aI | a \in k^\times\}$ 由所有保持 $\mathbb{P}_k^n$ 的每个点不变的元组成, 故可以给出 $GL_{n+1}(k)/C$ 在 $\mathbb{P}_k^n$ 上的作用. 记 $PGL_{n+1}(k) = GL_{n+1}(k)/C$, 称为射影一般线性群.

注意 $GL_n(k)$ 在 $W = M_n(k)$ 上有一个 "共轭表示":

$$(g, T) \mapsto gTg^{-1} \quad (\forall g \in GL_n(k), T \in W) \tag{6}$$

易见这个表示的核为 C, 故诱导 $PGL_n(k)$ 在 W 上的忠实表示. 换言之 $PGL_n(k)$ 同构于 $GL(W)$ 的一个子群 (习题 10). 记 (6) 中 g 的作用为 $\phi_g \in GL(W)$, 易见 ϕ_g 为 $M_n(k)$ 作为 k-代数的自同构.

引理 1　设 f 为 k-代数 $M_n(k)$ 的一个自同构, 则存在 $g \in GL(W)$ 使得 $f = \phi_g$.

证　将 $M_n(k)$ 看作线性空间 $V = k^n$ 的所有线性自同态组成的 k-代数. 令 $P \in M_n(k)$ 为 $(i, i+1)$ 元是 1 $(1 \leqslant i < n)$ 而其他元是零的矩阵, $T_i =$

$\operatorname{diag}(0, \cdots, 0, \overset{i}{1}, 0, \cdots, 0) \in M_n(k)$ $(1 \leqslant i \leqslant n)$. 注意

$$T_i^2 = T_i \ (1 \leqslant i \leqslant n), \quad T_i T_j = 0 \ (\forall i \neq j) \tag{7}$$

由于 f 是 k-代数同构, 就有

$$f(T_i)^2 = f(T_i) \ (1 \leqslant i \leqslant n), \quad f(T_i)f(T_j) = 0 \ (\forall i \neq j) \tag{8}$$

由此可将 V 分解为一个直和 $V = V_1 \oplus \cdots \oplus V_n$, 其中每个 V_i 是 $f(T_i)$ 的特征空间且 $f(T_i)$ 保持每个 V_j, 详言之

$$f(T_i)|_{V_j} = \delta_{ij} \mathrm{id}_{V_i} \quad (\forall i, j) \tag{9}$$

对每个 V_i 取一个非零元 v_i 组成 V 的一组基, 这相当于给出一个 $h \in GL(V)$ 使得 $v_i = h((0, \cdots, 0, \overset{i}{1}, 0, \cdots, 0))$ $(1 \leqslant i \leqslant n)$, 而 (9) 给出

$$h^{-1}f(T_i)h = T_i \quad (1 \leqslant i \leqslant n) \tag{10}$$

将 f 换为 $\phi_{h^{-1}} \circ f$, 即可化为 $f(T_i) = T_i$ $(1 \leqslant i \leqslant n)$ 的情形. 令 $B_{ij} \in M_n(k)$ 为 (i, j) 元为 1 而其他元为 0 的矩阵, 则 $T_i B_{ij} T_j = B_{ij}$, 从而有

$$f(B_{ij}) = f(T_i)f(B_{ij})f(T_j) = T_i f(B_{ij}) T_j = b_{ij} B_{ij} \tag{11}$$

其中 $b_{ij} \in k^\times$.

注意 $P = B_{12} + B_{23} + \cdots + B_{(n-1)n}$, 故

$$f(P) = b_{12} B_{12} + b_{23} B_{23} + \cdots + b_{(n-1)n} B_{(n-1)n} \tag{12}$$

而 P 的特征多项式 $\chi_P(x) = x^n$, 它也是 P 的最小多项式. 由 f 为环自同构可见 $f(P)$ 的最小多项式也是 x^n (因为 $f(P)^n = 0$ 而 $f(P)^{n-1} \neq 0$), 从而 $\chi_{f(P)} = x^n$. 令

$$g = \operatorname{diag}(1, b_{12}, b_{12} b_{23}, \cdots, b_{12} \cdots b_{(n-1)n})^{-1} \tag{13}$$

则易见 $g^{-1}f(P)g = P$, 且 $g^{-1}T_i g = T_i$ $(1 \leqslant i \leqslant n)$. 不难验证 $M_n(k)$ 作为 k-代数由 $T_1, \cdots, T_n, P$ 生成, 可见 $f = \phi_g$. 证毕.

引理 1 给出 $PGL_n(k)$ 作为 $GL(W)$ 的子群的一个刻画, 且由此可见 $PGL_n(k)$ 是 $GL(W)$ 的闭解析子集 (习题 10).

例 II.1.2 中的其他典型群在 $PGL_n(k)$ 中的象都在原群的记号前加一个 P 来表示, 例如 $PSL_n(k)$ 为 $SL_n(k)$ 在 $PGL_n(k)$ 中的象.

第 4 节　一 般 的 层

我们还需要进一步推广函数层的概念, 例如 "函数" 可以理解为实值或复值函数, 进一步可以推广为向量函数. 注意在定义 1 中核心的要素是 "限制映射", 它满足两个条件. 我们可以将 $O_T(U)$ 推广为一般的阿贝尔加法群, 甚至不需要将其中的元素理解为 "函数". 下面仅介绍基本概念, 对于其中技术性的细节可参看教科书 (如 [6]).

定义 1　一个拓扑空间 T 上的一个 (阿贝尔群) 层 $\mathcal{F}$ 是指对每个开集 $U \subset T$ 给定 U 上的一个加法群 $\mathcal{F}(U)$ (其中的元称为 $\mathcal{F}$ 在 U 上的截口), 以及对任意开子集 $U' \subset U$ 给定一个同态 ("限制映射") $\rho_{UU'} : \mathcal{F}(U) \to \mathcal{F}(U')$, 满足下列条件:

i) 对任意开子集 $U'' \subset U' \subset U$ 有

$$\rho_{U'U''} \circ \rho_{UU'} = \rho_{UU''} : \mathcal{F}(U) \to \mathcal{F}(U'') \tag{1}$$

(对任意 $s \in \mathcal{F}(U)$ 可简记 $\rho_{UU'}(s) = s|_{U'}$);

ii) 对 U 的任一开覆盖 $\{U_i | i \in I\}$, 记 $\Phi : \mathcal{F}(U) \to \prod_{i \in I} \mathcal{F}(U_i)$ 为同态 $s \mapsto \prod_{i \in I} s|_{U_i}$, $\Psi : \prod_{i \in I} \mathcal{F}(U_i) \to \prod_{i,j \in I} \mathcal{F}(U_i \cap U_j)$ 为同态 $\prod_{i \in I} s_i \mapsto \prod_{i,j \in I} (s_i|_{U_i \cap U_j} - s_j|_{U_i \cap U_j})$, 则下面的同态列

$$0 \to \mathcal{F}(U) \xrightarrow{\ \Phi\ } \prod_{i \in I} \mathcal{F}(U_i) \xrightarrow{\ \Psi\ } \prod_{i,j \in I} \mathcal{F}(U_i \cap U_j) \tag{2}$$

是正合的.

对于条件 ii) 可以这样理解: 对 U 的任一开覆盖 $\{U_i | i \in I\}$, 一方面, 对任意 $s \in \mathcal{F}(U)$, 若 $s|_{U_i} = 0$ $(\forall i \in I)$, 则 $s = 0$; 另一方面, 对任意 $s_i \in \mathcal{F}(U_i)$ $(\forall i \in I)$, 若 $s_i|_{U_i \cap U_j} = s_j|_{U_i \cap U_j}$ $(\forall i, j \in I)$, 则存在 $s \in \mathcal{F}(U)$ 使得 $s|_{U_i} = s_i$ $(\forall i \in I)$.

如果仅有条件 i), 则称 $\mathcal{F}$ 为预层, 此时可以将 $\mathcal{F}$ 改造为一个层 $\mathcal{F}^+$, 称为 $\mathcal{F}$ 的伴随层. 实际上, 只要在 T 的一个拓扑基上给出满足 i) 的 $\mathcal{F}$ 就可以造出伴随层. 例如, 设 T', T 为拓扑空间, $U \subset T$, $U' \subset T'$ 为开子集, $f \in O_T(U)$, $f' \in O_{T'}(U')$, 则可定义 $U \times U'$ 上的连续函数 $f \otimes f'$:

$$(f \otimes f')(x, x') = f(x)f'(x') \quad (\forall x \in U, x' \in U') \tag{3}$$

所有这些函数生成 $O_{T \times T'}(U \times U')$ 的一个加法子群, 记为 $O_T(U) \otimes O_{T'}(U')$. 注意所有这些 $U \times U'$ 组成 $T \times T'$ 的一个拓扑基, 定义 $\mathcal{F}$ 为 $\mathcal{F}(U \times U') = O_T(U) \otimes O_{T'}(U')$, 则显然 i) 成立, 从而有 $\mathcal{F}$ 的伴随层 $\mathcal{F}^+$, 记为 $O_T \otimes O_{T'}$.

设 $\mathcal{F}$ 为 T 上的层. 如果对每个开集 $U \subset T$ 都给出 $\mathcal{F}(U)$ 的一个子群 $\mathcal{F}'(U)$ 且 $\mathcal{F}'$ 为层, 则称 $\mathcal{F}'$ 为 $\mathcal{F}$ 的子层; 此时对每个开集 $U \subset T$, 令 $\mathcal{G}(U) = \mathcal{F}(U)/\mathcal{F}'(U)$, 则 $\mathcal{G}$ 为预层 (但一般不是层), 它的伴随层称为 $\mathcal{F}$ 模 $\mathcal{F}'$ 的商层, 记 为 $\mathcal{F}/\mathcal{F}'$. 另外, 不难定义两个层的直和. 这样就可以定义层的复形、正合列、交 换图等.

注意对于函数层 O_T, 每个 $O_T(U)$ 是环且每个 $\rho_{UU'}$ 是环同态, 这样的层称 为环层. 设 $\mathcal{R}$ 为环层而 $\mathcal{F}$ 为群层, 如果每个 $\mathcal{F}(U)$ 都是 $\mathcal{R}(U)$-模且每个 $\rho_{UU'}$: $\mathcal{F}(U) \to \mathcal{F}(U')$ 是 $\mathcal{R}(U)$-模同态, 则称 $\mathcal{F}$ 为 $\mathcal{R}$-模层. 特别地, 若有一个整数 n 使 得对足够小的开集 U 都有 $\mathcal{F}(U) \cong O_T(U)^n$, 则称 $\mathcal{F}$ 为秩 n 局部自由层.

设 $f : T \to T'$ 为拓扑空间的连续映射, $\mathcal{F}$ 为 T 上的层. 对任意开集 $U' \subset T'$, 令

$$f_* \mathcal{F}(U') = \mathcal{F}(\phi^{-1}(U')) \tag{4}$$

则易见 $f_* \mathcal{F}$ 是 T' 上的层, 称为 $\mathcal{F}$ 在 T' 上的推出.

设 $\mathcal{F}, \mathcal{G}$ 是 T 上的两个层. 一个从 $\mathcal{F}$ 到 $\mathcal{G}$ 的同态 f 是指对每个开集 $U \subset T$ 赋予一个群同态 $f(U) : \mathcal{F}(U) \to \mathcal{G}(U)$, 使得对 T 的任意两个开子集 $U' \subset U$, 下 图交换:

$$\begin{CD} \mathcal{F}(U) @>{f(U)}>> \mathcal{G}(U) \\ @V{\rho_{UU'}}VV @VV{\rho_{UU'}}V \\ \mathcal{F}(U') @>{f(U')}>> \mathcal{G}(U') \end{CD} \tag{5}$$

易见从 $\mathcal{F}$ 到 $\mathcal{G}$ 的所有同态组成一个阿贝尔加法群, 记为 $Hom(\mathcal{F}, \mathcal{G})$. 若每个 $f(U)$ 都是单射, 则 $\mathcal{F}(U)$ 可以看作 $\mathcal{G}(U)$ 的子群, 此时我们可以称 $\mathcal{F}$ 为 $\mathcal{G}$ 的子 层. 若每个 $f(U)$ 都是同构, 则称 f 为同构, 且称 $\mathcal{F}$ 与 $\mathcal{G}$ 相互同构, 记为 $\mathcal{F} \cong \mathcal{G}$. 由上所述不难定义子模层、商模层、模层的直和、复形、正合列、交换图等. 此 外, 对任一开子集 $U \subset T$ 令 $\mathcal{H}om(\mathcal{F}, \mathcal{G})(U) = Hom(\mathcal{F}|_U, \mathcal{G}|_U)$, 则易见它们组成 一个层 $\mathcal{H}om(\mathcal{F}, \mathcal{G})$.

例 1   设 $X = \mathbb{P}^n_k$, 它有一组齐次坐标 $X_0, \cdots, X_n$, 且有一个开覆盖 $\{U_i = \{X_i \neq 0\}| 0 \leqslant i \leqslant n\}$, 而每个 $U_i \cong k^n$, 在其上可取坐标 $x_{ij} = \dfrac{X_j}{X_i} \ (j \neq i)$, 故其 解析函数环 R_i 同构于 n 个自由变量的所有解析函数组成的环 R. 对每个非负整 数 m, 在每个 U_i 上有一个秩 1 自由 R_i-模 $M_{m,i} = R_i X_i^m$. 注意对任意 $i \neq j$, 在 $U_i \cap U_j$ 上有

$$X_i^m = x_{ji}^m X_j^m, \quad X_j^m = x_{ij}^m X_i^m \tag{6}$$

由此可见这些模是相互一致的, 即对任意两个不大于 n 的非负整数 i, j 有一个显然的同构

$$M_{m,i}|_{U_i \cap U_j} \cong M_{m,j}|_{U_i \cap U_j} \tag{7}$$

故所有 $M_{m,i}$ $(0 \leqslant i \leqslant n)$ 合起来给出 X 上的一个秩 1 局部自由层, 记为 $O_X(m)$. 特别地, $O_X(1)$ 就是由 $X_0, \cdots, X_n$ 的所有线性型组成的秩 1 局部自由层.

注意 $O_{\mathbb{P}_k^n}(1)$ 和 $O_{\mathbb{P}_k^n}$ 的一个显著的**不同**: $O_{\mathbb{P}_k^n}(\mathbb{P}_k^n) \cong k$ 而 $O_{\mathbb{P}_k^n}(\mathbb{P}_k^n)(1) \cong k^{n+1}$ (由 $X_0, \cdots, X_n$ 生成的线性空间).

一个重要的模层是所谓 "切层". 设 X 是 k 上的解析流形, $U \subset X$ 为开集, 在 U 上有坐标系 $x_1, \cdots, x_n$, $f_1, \cdots, f_n \in O_X(U)$ (即为 U 上的解析函数), 则

$$f_1 \frac{\partial}{\partial x_1} + \cdots + f_n \frac{\partial}{\partial x_n} \tag{8}$$

称为 $O_X(U)$ 的一个 k-**导数**, 它可以看作从 $O_X(U)$ 到 $O_X(U)$ 的一个 k-线性映射. 记 $Der_k(O_X(U), O_X(U))$ 为 $O_X(U)$ 的所有 k-导数组成的集合, 它显然有一个 $O_X(U)$-模结构. 一个 k-线性同态 $D \in Hom(O_X, O_X)$ 称为 O_X (到自身) 的一个 k-**导数**, 如果它局部形如 (8), 即对任一点 $x \in X$ 存在一个 x 的开邻域 $U \subset X$ 使得在 U 上有坐标系 $x_1, \cdots, x_n$ 且 $D(U) \in Der_k(O_X(U), O_X(U))$. 对任一开集 $U \subset X$ 及任意 $f, g \in O_X(U)$ 显然有

$$D(fg) = fDg + gDf \tag{9}$$

对任一开集 $U \subset X$, 记 $Der_k(O_U, O_U)$ 为所有 k-导数 $O_U \to O_U$ 组成的集合, 易见它具有一个 $O_X(U)$-模结构. 注意 $Der_k(O_U, O_U)$ 是 $Hom_k(O_U, O_U)$ 的子群, 不难看到所有 $Der_k(O_U, O_U)$ (对所有开子集 $U \subset X$) 组成 $\mathcal{H}om(O_X, O_X)$ 的一个 O_X-子模层, 称为 X 的**切层**, 记为 $\mathcal{T}_{X/k}$ (在没有疑问时可简记为 $\mathcal{T}_X$). 若 X 为 n 维解析流形, 则 $\mathcal{T}_{X/k}$ 为秩 n 局部自由层.

例 2　设 $X = \mathbb{P}_{\mathbb{C}}^1$, 它有一个开覆盖, 由两个同构于 $\mathbb{A}_{\mathbb{C}}^1$ 的开子集 U_0, U_1 组成. 可在 U_0, U_1 上分别取坐标函数 z, w, 它们在 $U_0 \cap U_1$ 上的关系为 $w = z^{-1}$. 注意在 U_0 上的任一导数形如 $f(z)\frac{\mathrm{d}}{\mathrm{d}z}$ (f 为解析函数), 它由函数 $f(z)$ 决定 $\left(\text{而在 } U_1 \text{ 上的任一导数形如 } g(w)\frac{\mathrm{d}}{\mathrm{d}w}\right)$. 但 $\mathcal{T}_X$ 不能理解为函数层, 我们下面来说明这一点.

对 U_0 上的任一解析函数 ϕ 有

$$\frac{\mathrm{d}}{\mathrm{d}z}\phi = \frac{\mathrm{d}\phi}{\mathrm{d}w}\frac{\mathrm{d}w}{\mathrm{d}z} = -z^{-2}\frac{\mathrm{d}\phi}{\mathrm{d}w} = -w^2\frac{\mathrm{d}}{\mathrm{d}w}\phi \tag{10}$$

这说明在 $U_0 \cap U_1$ 上有

$$\frac{\mathrm{d}}{\mathrm{d}z} = -w^2 \frac{\mathrm{d}}{\mathrm{d}w} \tag{11}$$

设 $\theta \in \mathcal{T}_X(X)$ 在 U_0 上的限制为 $f(z)\dfrac{\partial}{\partial z}$, 在 U_1 上的限制为 $g(w)\dfrac{\partial}{\partial w}$, 其中 $f(z)$, $g(w)$ 分别为 z, w 的全纯函数. 注意全纯函数可以展开为泰勒级数, 可令

$$f(z) = \sum_{n=0}^{\infty} a_n z^n, \quad g(w) = \sum_{n=0}^{\infty} b_n w^n \tag{12}$$

故由 (11) 可见在 $U_0 \cap U_1$ 上有

$$f(z)\frac{\partial}{\partial z} = \sum_{n=0}^{\infty} a_n z^n \frac{\partial}{\partial z} = g(w)\frac{\partial}{\partial w} = -\sum_{n=0}^{\infty} b_n z^{2-n} \frac{\partial}{\partial z} \tag{13}$$

这仅当对 $n > 2$ 都有 $a_n = b_n = 0$ 时才可能. 由此可见 $\dim_{\mathbb{C}} \mathcal{T}_X(X) = 3$, 它有一组基

$$\theta_1 = \frac{\partial}{\partial z} = -w^2 \frac{\partial}{\partial w}, \quad \theta_2 = z\frac{\partial}{\partial z} = -w\frac{\partial}{\partial w}, \quad \theta_3 = z^2\frac{\partial}{\partial z} = -\frac{\partial}{\partial w} \tag{14}$$

另一方面, 我们知道 $O_X(X) \cong \mathbb{C}$, 故 $\dim_{\mathbb{C}} O_X(X) = 1$. 由此可见 $\mathcal{T}_X$ 与 O_X 不同构. 实际上 $\mathcal{T}_X \cong O_X(2)$.

第 5 节　解析空间

设 $f_1, \cdots, f_m$ 为单位球 $B_n = B_{n,1} \subset k^n$ 上的解析函数, 令

$$V = V(f_1, \cdots, f_m) = \{(a_1, \cdots, a_n) \in B_n \mid f_i(a_1, \cdots, a_n) = 0 \ \forall i\} \tag{1}$$

(即 $f_1, \cdots, f_m$ 的公共零点集), 称为 B_n 的一个解析子集, 注意它是闭子集. 对任意开子集 $U \subset B_n$, U 上的任一解析函数 f 在 $V \cap U$ 上的限制可以看作 $V \cap U$ 上的一个解析函数. 易见所有这样的函数组成 B_n 上的一个预层, 其伴随层 O_V 称为 B_n 的解析函数层. 对 V 的任意开集 $V' = V \cap U$, $O_V(V')$ 的元都称为 V' 上的解析函数, 这样一个元等价于一个 V' 上的连续函数 f 使得对每一点 $x \in V'$, 存在 x 在 B_n 中的开邻域 U 及 U 上的解析函数 g 使得 $f|_{U \cap V'} = g|_{U \cap V'}$.

由注 II.4.1 可见, 对 B_n 的闭包上的任意解析函数集 S (即使是无穷集), S 中所有元在 B_n 中的公共零点集 $V(S)$ 也是如 (1) 那样的 V, 因为若令 $I = (S)$ (S 生成的理想) 则显然 $V(S) = V(I)$, 而由 I 是有限生成的 (参看注 II.4.1) 可见存在有限多个函数 $f_1, \cdots, f_m \in I$ 使得 $V(I) = V(f_1, \cdots, f_m)$.

定义 1　设 X 是一个满足第二可数性公理的豪斯多夫空间, O_X 是 X 上的一个函数层. 若对任意点 $x \in X$, 存在 x 的一个开邻域 $U \subset X$ 及一个解析子集 $V \subset B_n$ (对某个 n) 使得 $(U, O_X|_U) \cong (V, O_V)$, 则称 O_X 为 X 在 k 上的一个解析空间结构, 或称 (X, O_X) 为一个 k 上的解析空间. 解析空间之间的态射或同构是指它们作为环层空间的态射或同构.

解析空间和解析流形的根本区别在于前者可能有 "奇点", 例如图 1 中的平面曲线 $y^2 = x^2(x-1)$ 是解析空间而不是流形.

图 1

我们注意, 对于解析空间的一个态射 $f : X \to X'$, 若 $U \subset X$, $U' \subset X'$ 为开子集而 $f(U) \subset U'$, 且有同胚 $\phi : U \to V \subset B_n$, $\phi' : U' \to V' \subset B_n$ (V, V' 为 B_n 的解析子集) 使得 $\phi^* O_V = O_X|_U$, $\phi'^* O_{V'} = O_X|_{U'}$, 则由定义有 $f^* O_{X'}(U') \subset O_X(U)$, 从而 $f^*(\phi'^*(O_{V'}(V'))) \subset \phi^*(O_V(V))$, 特别地, 若 $t_1, \cdots, t_r$ 为 B_n 的坐标函数而 $x_i = \phi'^*(t_i) \in O_{X'}(U')$ ($1 \leqslant i \leqslant r$, 可以看作 U' 上的局部坐标函数), 则有 $y_1, \cdots, y_r \in O_{V'}(V')$ 使得 $f^* x_i = \phi^* y_i \in O_X(U)$ ($1 \leqslant i \leqslant r$), 若 U' 取得充分小, 则可取 $s_1, \cdots, s_r \in O_{B_n}(B_n)$ 使得 $s_i|_{V'} = y_i$ ($1 \leqslant i \leqslant r$), 这给出解析映射 $g : B_n \to B_n$ (将 $(t_1, \cdots, t_r)$ 映到 $(s_1, \cdots, s_r)$), 而 $f|_U$ 由 g 决定 (即 $f|_U = \phi'^{-1} \circ g \circ \phi$). 总之, 任一解析映射 $f : X \to X'$ 局部都可以看作某个 B_n 到 B_n 的解析映射 $(t_1, \cdots, t_r) \mapsto (s_1, \cdots, s_r)$ 在闭子集上的限制.

设 X 为 k 上的流形或解析空间, 对任意 $x \in X$ 令

$$O_{X,x} = \varinjlim_{\text{开邻域} U \ni x} O_X(U) \tag{2}$$

直观地可以将 $O_{X,x}$ 理解为 "在 x 附近有定义的函数" 组成的集合 (即所有函数 $\phi \in O_X(U)$, 其中 U 为 x 的开邻域, 而对 x 的任意开邻域 $U' \subset U$ 将 $\phi|_{U'}$ 和 ϕ 看作是相同的). 易见 $O_{X,x}$ 为局部环, 称为 X 在 x 附近的**局部函数环**, 其中所有在点 x 取值 0 的函数组成唯一极大理想 m_x, 且显然 $O_{X,x}/m_x \cong k$. 若 $f : X \to Y$ 是解析空间的态射而 $f(x) = y$, 则对任意 $a \in O_{Y,y}$ 有 $f^* a \in O_{X,x}$, 因此可以说 $f^* O_{Y,y} \subset O_{X,x}$, 且易见 $f^*(m_y) \subset m_x$. 特别地, 若 f 是单射, $f(X)$ 为 Y 的局部

闭子集 (即开集和闭集的交) 且对任意 $x \in X$ 有 $f^*O_{Y,f(x)} = O_{X,x}$, 则称 f 为嵌入, 而称 $f(X)$ 为 Y 的解析子空间, 此时 f 诱导同构 $X \to f(X)$.

若 X, Y 同为解析空间, 则易见 $X \times Y$ 也具有解析空间结构, 称为 X 和 Y 的积, 此时投射 $\mathrm{pr}_1 : X \times Y \to X$ $((x,y) \mapsto x)$ 和 $\mathrm{pr}_2 : X \times Y \to Y$ $((x,y) \mapsto y)$ 显然都是态射. 与解析流形的情形一样有 $O_M \otimes O_{M'} \subset O_{M \times M'}$, 且 $O_{M \times M'}$ 的截口局部都可以表示为 $O_M \otimes O_{M'}$ 的截口的 (一致绝对收敛) 极限.

第 6 节　纤　维　丛

拓扑学中的纤维丛是指局部平凡族. 详言之, 一个拓扑空间的连续映射 $f : X \to S$ 称为 S 上的一个纤维丛, 如果存在一个拓扑空间 F, 使得对任一点 $s \in S$ 有一个开邻域 $U \subset S$ 及一个同胚 $\phi : f^{-1}(U) \xrightarrow{\simeq} F \times U$, 满足 $f|_{f^{-1}(U)} = \mathrm{pr}_2 \circ \phi$. 此时 F 称为这个纤维丛的纤维. $F \times S$ 当然是一个纤维丛, 称为平凡的纤维丛. 一般的纤维丛虽然局部 (即在足够小的开集 $U \subset S$ 上) 结构和 $F \times S$ 一样, 但整体结构却可能不同. 例如设 S 为圆周, F 为线段, 则有两个熟知的纤维丛, 一是环带, 另一是默比乌斯带 (图 1). 这两个纤维丛是显然不同的, 因为前者是双侧的而后者是单侧的.

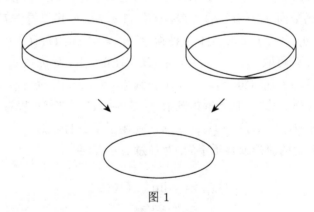

图 1

对于流形或解析空间也可以类似地定义纤维丛.

定义 1　设 S, X 为 k-流形 (或解析空间). 一个态射 $f : X \to S$ 称为 S 上的一个纤维丛, 如果存在一个 k-流形 (或解析空间) F, 使得对任一点 $s \in S$ 有一个开邻域 $U \subset S$ 及一个同构 $\phi : f^{-1}(U) \xrightarrow{\simeq} F \times U$, 满足 $f|_{f^{-1}(U)} = \mathrm{pr}_2 \circ \phi$. 此时 F 称为这个纤维丛的纤维.

仍称 $F \times S$ 为平凡的纤维丛.

例 1　设 $S = \mathbb{P}^1_k$, 齐次坐标为 $(X_0 : X_1)$, $T = k^2$, 坐标为 x_0, x_1, 则 $T \times S$ 为 S 上的平凡平面丛, 它有一个子丛

$$L = \{(x_0, x_1, X_0 : X_1) | x_0 X_0 + x_1 X_1 = 0\} \subset T \times S \tag{1}$$

这是 S 上的一个非平凡直线丛.

在 $k = \mathbb{R}$ 的情形我们可以这样直观地理解 L: 注意 S 与圆周解析同构, 故 L 可以看作圆周上的一个直线丛, 把一根直线 F 的原点靠在圆周 S 上, 绕 S 转一周 张成一个曲面, 同时 F 自己转 $180°$ 再在起始处粘合, 就得到 L, 它像默比乌斯带 那样是单侧的. 与此对照, 一个平凡直线丛 $\mathbb{R} \times S$ 则为圆柱面, 是双侧的.

例 1 中的纤维丛 $L \to S$ 的纤维为直线. 一般地, 若一个纤维丛的纤维为 n 维 向量空间, 则称其为一个秩 n 向量丛. 秩为 1 的向量丛称为直线丛, 秩为 2 的向 量丛称为平面丛, 等等.

我们来说明, 一个解析空间上的秩 n 向量丛等价于一个秩 n 局部自由层.

设 $f : V \to X$ 为秩 n 向量丛. 对任一开集 $U \subset X$, 投射 $f|_U : V|_U \to U$ 的 一个截口是指一个解析映射 $g : U \to V|_U$ 使得 $f|_U \circ g = \mathrm{id}_U$. 记 $\mathcal{S}_V(U)$ 为 $f|_U$ 的所有截口的集合. 若 $V|_U \cong k^n \times U$, 则一个截口 g 由 $x \mapsto (f_1(x), \cdots, f_n(x), x)$ 给出, 其中 $f_1, \cdots, f_n \in O_X(U)$. 由此可见 $\mathcal{S}_V(U)$ 具有一个秩 n 自由 $O_X(U)$-模 结构. 此外不难看到这个 $O_X(U)$-模结构与同构 $V|_U \cong k^n \times U$ 的选取无关, 由此 不难看到对任一开集 U, $\mathcal{S}_V(U)$ 都有一个 $O_X(U)$-模结构. 进而易见所有 $\mathcal{S}_V(U)$ 给出一个秩 n 局部自由层 $\mathcal{S}_V$.

反之, 设 $\mathcal{F}$ 为 X 上的秩 n 局部自由层, 若 $U \subset X$ 为开集使得 $\mathcal{F}(U)$ 具有一 个秩 n 自由 $O_X(U)$-模结构, 即一个同构 $\phi_U : \mathcal{F}(U) \to O_X(U)^n$, 令 $V_U = k^n \times U$, 则投射 $V_U \to U$ 的一个截口由 $x \mapsto (f_1(x), \cdots, f_n(x), x)$ 给出, 其中 $f_1, \cdots, f_n \in O_X(U)$, 从而 $\phi_U^{-1}(f_1, \cdots, f_n)$ 给出一个同构 $\psi_U : \mathcal{S}_{V_U}(U) \to \mathcal{F}(U)$. 由于 $\mathcal{F}$ 是层, 这些 ψ_U 给出所有 $\mathcal{S}_{V_U}(U)$ 之间的相容性, 从而可将相应的所有 V_U 粘合成一个秩 n 向量丛 $V \to X$, 且易见 $\mathcal{S}_V \cong \mathcal{F}$.

我们还可以从另一个角度来理解局部自由层和向量丛. 设 X 为 k 上的解 析空间, $\mathcal{F}$ 为 X 上的秩 n 局部自由层, 则可取 X 的开覆盖 $\{U_i | i \in I\}$ 使得 $\mathcal{F}|_{U_i} \cong O_X^n|_{U_i}$ $(\forall i \in I)$. 对任两个 $i, j \in I$, 我们有同构 $\phi_i : \mathcal{F}|_{U_i} \to O_X^n|_{U_i}$ 和 $\phi_j : \mathcal{F}|_{U_j} \to O_X^n|_{U_j}$, 而 $O_X^n|_{U_i \cap U_j}$ 在 $U_i \cap U_j$ 上的自同构 $\phi_j \circ \phi_i^{-1}$ 由一个系数在 $O_X(U_i \cap U_j)$ 中的可逆 $n \times n$ 矩阵 A_{ij} 给出 $(\forall i, j \in I)$, 且对任意 $i, j, l \in I$, 在 $O_X(U_i \cap U_j \cap U_l)$ 上有

$$A_{ij} A_{jl} = A_{il} \tag{2}$$

而 $\mathcal{F}$ 在同构之下由所有矩阵 A_{ij} 唯一决定. 反之, 如果有 X 的一个开覆盖 $\{U_i | i \in I\}$ 及 $O_X(U_i \cap U_j)$ 中的可逆 $n \times n$ 矩阵 A_{ij} $(\forall i, j \in I)$ 使得 (2) 对任意 $i, j, l \in I$ 成立, 任取同构 $\phi_i : \mathcal{F}|_{U_i} \to O_X^n|_{U_i}$ $(\forall i \in I)$ 且对任两个 $i, j \in I$ 用 A_{ij} 给出 $\phi_i|_{U_i \cap U_j}$ 与 $\phi_j|_{U_i \cap U_j}$ 的等价 (即令 $\phi_j \circ \phi_i^{-1}$ 由 A_{ij} 给出), 则所有 ϕ_i 合起来给出一个秩 n 局部自由层.

另一方面, 设 $V \to X$ 为秩 n 向量丛, 则可取 X 的开覆盖 $\{U_i | i \in I\}$ 使得有同构 $\mu_i : V|_{U_i} \cong k^n \times U_i$ $(\forall i \in I)$. 对任两个 $i, j \in I$, 我们有 $U_i \cap U_j$ 上的同构

$$f_{ij} = \mu_j|_{k^n \times (U_i \cap U_j)} \circ \mu_i|_{k^n \times (U_i \cap U_j)}^{-1} : k^n \times (U_i \cap U_j) \to k^n \times (U_i \cap U_j) \qquad (3)$$

且对任意 $i, j, l \in I$, 在 $U_i \cap U_j \cap U_l$ 上有

$$f_{ij} \circ f_{jl} = f_{il} \qquad (4)$$

令 A_{ij} 为 f_{ij} 所对应的 $O_X(U_i \cap U_j)$-矩阵, 则 (2) 成立. 反之, 如果有 X 的一个开覆盖 $\{U_i | i \in I\}$ 及 $O_X(U_i \cap U_j)$ 中的可逆 $n \times n$ 矩阵 A_{ij} $(\forall i, j \in I)$ 使得 (2) 对任意 $i, j, l \in I$ 成立, 对任两个 $i, j \in I$ 用 A_{ij} 将 $k^n \times U_i$ 与 $k^n \times U_j$ 在 $U_i \cap U_j$ 上的限制等同起来, 则所有 $k^n \times U_i$ 相互粘合起来给出一个秩 n 向量丛.

由此可见, 秩 n 局部自由层和秩 n 向量丛都等价于对 X 的某个开覆盖 $\{U_i | i \in I\}$ 给出 $n \times n$ 可逆 $O_X(U_i \cap U_j)$-方阵 A_{ij} $(\forall i, j \in I)$, 使得对任意 $i, j, l \in I$, (2) 在 $O_X(U_i \cap U_j \cap U_l)$ 上成立. 这也说明秩 n 局部自由层与秩 n 向量丛等价. 总之有

引理 1 设 X 为 k-解析空间, 则对任一正整数 n, 一个 X 上的秩 n 向量丛 $V \to X$ 等价于 X 上的一个秩 n 局部自由层 $\mathcal{F}$, 两者的关系为 $\mathcal{S}_V \cong \mathcal{F}$, 且 $V \to X$ 也可刻画为在 X 的一个开覆盖 $\{U_i | i \in I\}$ 及 $O_X(U_i \cap U_j)$ 中的可逆 $n \times n$ 矩阵 A_{ij} $(\forall i, j \in I)$ 使得 (2) 对任意 $i, j, l \in I$ 成立.

特别地, 若 X 为 n 维解析流形, 则秩 n 局部自由层 $\mathcal{T}_X$ 所对应的秩 n 向量丛称为 X 的切丛 (详见第 IV 章), 记为 $\mathbb{T}_{X/k}$ (在没有疑问时可简记为 $\mathbb{T}_X$).

不难验证例 1 中的直线丛 L 就是由 $O_S(1)$ 给出的 (习题 5).

设 T 是 X 上的向量丛, $f : Y \to X$ 为解析空间的态射, 则易见 $T \times_X Y$ 为 Y 上的向量丛, 它对应的局部自由层记为 $f^*\mathcal{F}$.

设 T, T' 为 X 上的两个向量丛, 一个从 T 到 T' 的同态 $f : T \to T'$ 是指一个与 id_X 相容的态射使得对于任意开集 $U \subset X$, 若 $T \times_X U \cong k^n \times U$, $T' \times_X U \cong k^m \times U$, 则 $f|_{T \times_X U}$ 由一个 k-线性映射 $\phi : k^n \to k^m$ 诱导 (即对任意 $v \in k^n$, $x \in U$ 有 $f(v, x) = (\phi(v), x)$). 向量丛的同构也是在此意义上的. 若 T, T' 分别对应于局部自由层 $\mathcal{F}, \mathcal{F}'$, 不难验证一个同态 $f : T \to T'$ 等价于一个 O_X-模层同态 $\mathcal{F} \to \mathcal{F}'$ (习题 6).

习 题 III

1. 证明一个解析空间中的两个解析子空间的交是解析子空间.

2. 设 $f : X \to S$ 和 $g : Y \to S$ 为 k-解析空间的态射, 令 $X \times_S Y = \{(x,y) \in X \times Y | f(x) = g(y)\}$, 证明 $X \times_S Y$ 是 $X \times Y$ 的闭解析子空间 (称为 X 和 Y 在 S 上的纤维积). 此外, 若 $X = Y$, 则 $\{x \in X | f(x) = g(x)\}$ 是 X 的闭解析子空间.

3. 设 $f : X \to Y$ 为 k-解析空间的态射, $V \subset Y$ 为 (局部闭) 解析子空间, 证明 $f^{-1}(V)$ 是 X 的解析子空间.

4. 证明 $PGL_n(k)$ 具有 k-解析流形结构.

5. 验证例 6.1 中的 L 是 (按引理 6.1) 由 $O_S(1)$ 给出的直线丛.

6. 设 T, T' 为 X 上的两个向量丛, 分别对应于局部自由层 $\mathcal{F}, \mathcal{F}'$. 证明一个向量丛同态 $f : T \to T'$ 等价于一个 O_X-模层同态 $\mathcal{F} \to \mathcal{F}'$.

7*. 设 C 为 2 维实线性空间 $\mathbb{R}^2$ (坐标为 x, y) 中的曲线 $x^2 + y^2 = 1$. 证明作为实解析流形 $C \cong \mathbb{P}_{\mathbb{R}}^1$.

8. 将 $X = M_n(k)$ 看作 n^2 维线性空间, 从而是 n^2 维流形. 令

$$Y = \{T \in X | T \text{ 有重特征根}\}$$

证明 Y 是 X 的解析闭子集 (实际上由一个多项式方程定义).

9. 令 $R = k[x_1, \cdots, x_n]$, 即 n 个变元 $x_1, \cdots, x_n$ 的多项式环. 设 $S \subset k$ 为无限集, $f \in R$. 证明下列断言.

i) 若对任意 $a_1, \cdots, a_n \in S$ 都有 $f(a_1, \cdots, a_n) = 0$, 则 $f = 0$.

ii) 设 $g \in R - \{0\}$, $V = \{(a_1, \cdots, a_n) \in S^n | g(a_1, \cdots, a_n) \neq 0\}$. 若 $f|_V = 0$, 则 $f = 0$. 并利用这些事实证明: 对任意两个 n 阶方阵 A, B 有 $\chi_{AB} = \chi_{BA}$.

10*. 记 $V = M_n(k)$, 由第 3 节可知 $GL_n(k)$ 在 $V = M_n(k)$ 上的共轭表示给出一个同态 $\Phi : PGL_n(k) \to GL(V)$. 证明 Φ 是单射, 且其象是 $GL(V)$ 的闭解析子流形.

第 IV 章　切空间与向量场

本章记 $k = \mathbb{R}$ 或 $\mathbb{C}$. 若无特别说明, 所涉及的流形或解析空间都是定义在 k 上的.

第 1 节　切　空　间

设 X 是解析空间, $x \in X$. 在 III.5 节我们已看到 $O_{X,x}/m_x \cong k$, 其中 $m_x \subset O_{X,x}$ 为在 x 点取值 0 的函数组成的极大理想. 对任意 $a \in O_{X,x}$, 记 $\bar{a} \in k$ 为 a 在投射 $O_{X,x} \to k$ 下的像. 一个 X 在 x 处的导数是指一个 k-线性映射 $D : O_{X,x} \to k$, 满足

$$D(ab) = \bar{a}Db + \bar{b}Da \quad (\forall a, b \in O_{X,x}) \tag{1}$$

我们来说明, 这等价于一个 k-线性映射

$$m_x/m_x^2 \to k \tag{2}$$

首先, 注意对任意常数 $a \in k$ 有 $Da = 0$, 这是因为由 D 的线性有 $Da = aD1 = aD1 + 1Da$. 其次, 由 (1) 可见对任意 $a \in m_x^2$ 有 $Da = 0$, 这样就给出 k-线性映射 $O_{X,x}/m_x^2 \to k$, 而 m_x/m_x^2 为 $O_{X,x}/m_x^2$ 的 k-线性子空间, 这就给出一个线性映射 (2); 反之, 若给定 (2), 注意作为线性空间 $O_{X,x}/m_x^2 \cong k \oplus m_x/m_x^2$, 可以将 (2) 扩张到 $O_{X,x}/m_x^2$ (只要令其在 $k \oplus 0$ 上取值 0 即可), 从而得到一个 k-线性映射 $D : O_{X,x} \to k$, 不难验证 D 是一个导数: 注意对任意 $a \in O_{X,x}$ 有 $a = \bar{a} + a'$, 其中 $a' \in m_x$, 而 $Da' = Da$, 对任意 $a, b \in O_{X,x}$ 有 $ab = \bar{a}\bar{b} + \bar{a}b' + \bar{b}a' + a'b'$, 其中 $a'b' \in m_x^2$, 故有 $D(ab) = \bar{a}Db' + \bar{b}Da' = \bar{a}Db + \bar{b}Da$.

上面的导数定义与传统的定义是一致的, 例如设 $X = k^n$, $x_1, \cdots, x_n$ 为坐标函数, x 为原点 $(0, \cdots, 0)$, 则 m_x 由 $x_1, \cdots, x_n$ 生成, 所有 x_i 在 m_x/m_x^2 中的像 $\bar{x}_i$ 组成 m_x/m_x^2 的一组基. 令 $\bar{D}_i(\bar{x}_j) = \delta_{ij}$, 则由 (2), 每个 $\bar{D}_i$ 定义一个 X 在 x 处的导数 D_i, 而每个 X 在 x 处的导数都是一个线性组合 $\sum_i a_i D_i$ $(a_1, \cdots, a_n \in k)$, 我们可以把它和 $\sum_i a_i \dfrac{\partial}{\partial x_i}\bigg|_{(0, \cdots, 0)}$　等同起来.

　　所有 X 在 x 处的导数组成的线性空间称为 X 在点 x 处的切空间, 记为 $T_{X,x}$.
由 (2) 可知 $T_{X,x} \cong Hom_k(m_x/m_x^2, k)$.

　　设 $Y \subset X$ 为 (局部闭) 解析子空间而 $x \in Y$, 则任意 $a \in O_{X,x}$ 在 Y 的某
个开集上的限制给出 $O_{Y,x}$ 上的函数, 这就给出一个限制映射 $O_{X,x} \to O_{Y,x}$, 它
显然是环同态, 而由解析空间的定义可见它是满同态 (因为任意 $a \in O_{Y,x}$ 等于
x 的某个邻域 $U \subset X$ 上的某个解析函数的限制). 记 $m_{X,x} \subset O_{X,x}$ 和 $m_{Y,x} \subset$
$O_{Y,x}$ 分别为 $O_{X,x}$ 和 $O_{Y,x}$ 的极大理想, 则有 k-线性空间的满同态 $m_{X,x}/m_{X,x}^2 \to$
$m_{Y,x}/m_{Y,x}^2$. 由于 $m_{X,x}/m_{X,x}^2$ 是有限维线性空间, 可取有限多个函数 $f_1, \cdots, f_m \in$
$\ker(O_{X,x} \to O_{Y,x})$ 使得

$$m_{Y,x}/m_{Y,x}^2 \cong m_{X,x}/(m_{X,x}^2, f_1, \cdots, f_m) \tag{3}$$

因此, 一个线性映射 $m_{Y,x}/m_{Y,x}^2 \to k$ 等价于一个线性映射 $\phi : m_{X,x}/m_{X,x}^2 \to k$
使得 $\phi(\bar{f_i}) = 0$ $(1 \leqslant i \leqslant m)$. 由此得

$$T_{Y,x} \cong \{D \in T_{X,x} | Df = 0 \; \forall f \text{ 使得} f|_Y = 0\} \tag{4}$$

　　上述切空间的定义看上去与通常 "具体的" 切空间很不一样, 例如平面 $X =$
k^2 中的曲线 $C : f(x,y) = 0$ 在一点 (x_0, y_0) 处的切线由方程

$$\frac{\partial f}{\partial x}\Big|_{(x_0,y_0)} (x_1 - x_0) + \frac{\partial f}{\partial y}\Big|_{(x_0,y_0)} (y_1 - y_0) = 0 \tag{5}$$

给出. 如果我们把平面 X 本身看作它在其中任一点 (x_0, y_0) 处的切空间 (但原点
换为 (x_0, y_0)), 则切向量 $(x_1 - x_0, y_1 - y_0)$ 所对应的导数 D 满足 $Dx = x_1 - x_0$,
$Dy = y_1 - y_0$, 而 (5) 的左边是 Df, 就是说 D 是 C 的切向量当且仅当 $Df = 0$,
这正和上述切空间的定义一致. 但注意我们这里定义的切空间是 (在同构之下) 与
局部坐标的选取无关的.

　　设 $f : X \to Y$ 为流形或解析空间的态射, $x \in X$, $y = f(x)$, 则由 III.5 节有
$f^*O_{Y,y} \subset O_{X,x}$, 此外, 若 $m_x \subset O_{X,x}$ 和 $m_y \subset O_{Y,y}$ 分别为两个局部环的极大理
想, 则 $f^*m_y \subset m_x$, 故 f^* 诱导 k-线性映射 $m_y/m_y^2 \to m_x/m_x^2$, 从而诱导 k-线性
映射

$$f_* : T_{X,x} \cong Hom_k(m_x/m_x^2, k) \to Hom_k(m_y/m_y^2, k) \cong T_{Y,y} \tag{6}$$

我们可以从另一个角度理解 (6): 设 $D \in T_{X,x}$, 即一个导数 $O_{X,x} \to k$, 令 $f_*D =$
$D \circ f^* : O_{Y,y} \to k$, 则不难验证 f_*D 是 $O_{Y,y}$ 到 k 的一个导数, 即 $f_*D \in T_{Y,y}$, 这
就给出线性映射 f_*. 总之有

引理 1　设 $f: X \to Y$ 为流形或解析空间的态射, $x \in X$, $y = f(x)$, 则 f 诱导切空间的典范线性映射 $f_*: T_{X,x} \to T_{Y,y}$, 其中 $f_* D = D \circ f^*$.

我们可以将 (5) 中的 $x_1 - x_0$ 和 $y_1 - y_0$ 分别理解为 Δx 和 Δy, 且在 $x_1 \to x_0$, $y_1 \to y_0$ 时将它们理解为微分 $\mathrm{d}x$, $\mathrm{d}y$. 按这样的理解, $X = k^2$ 在每一点 (x_0, y_0) 处的所有微分的集合为由 $\mathrm{d}x$ 和 $\mathrm{d}y$ 生成的 2 维 k-线性空间 $V = k\mathrm{d}x \oplus k\mathrm{d}y$, 而曲线 $C: f(x,y) = 0$ 在一点 (x_0, y_0) 处的所有微分组成 V 的商空间

$$V / k\left(\frac{\partial f}{\partial x}\bigg|_{(x_0, y_0)} \mathrm{d}x + \frac{\partial f}{\partial y}\bigg|_{(x_0, y_0)} \mathrm{d}y \right) \tag{7}$$

这样, 微分空间就是切空间的对偶空间. 前面我们已经看到切空间 $T_{X,x} \cong Hom_k(m_x/m_x^2, k)$, 因此微分空间为 m_x/m_x^2, 对此可以这样理解: 若 X 为 n 维流形而 $x_1, \cdots, x_n$ 为点 $x \in X$ 附近的局部坐标使得 $x_1(x) = \cdots = x_n(x) = 0$, 则 $x_1, \cdots, x_n$ 在 m_x/m_x^2 中的像可以看作 "忽略高阶无穷小" 后的坐标函数, 也就是 $\mathrm{d}x_1, \cdots, \mathrm{d}x_n$ (默认 $\mathrm{d}x_1^2 = 0$ 等等). 对任意 $y \in O_{X,x}$, 按原始的定义 $\mathrm{d}y = y(x_1 + \mathrm{d}x_1, \cdots, x_n + \mathrm{d}x_n) - y(x_1, \cdots, x_n)$. 我们可以将 $x_i + \mathrm{d}x_i$ 理解为 x_i 的 "另一个拷贝" x_i', 而 $\mathrm{d}x_i = x_i' - x_i$. 这样理解的好处是对任意 $y \in O_{X,x}$ 都可以将 $\mathrm{d}y$ 理解为 $y' - y$. 那么怎样刻画 "另一个拷贝" 呢? 就是用 $X \times X$ 及其函数层. 我们将在下节深入讨论.

第 2 节　微分层、切丛与向量场

当 $x \in X$ 在 X 中运动时, 切空间 $T_{X,x}$ 是如何变化的呢? 这就引导到切丛的概念.

若 M 为 n 维 (实或复) 解析流形, 则对任一点 $x \in M$ 有 $T_{M,x} \cong k^n$, 这是因为 x 有一个开邻域同构于 n 维单位球 (单位球中任一点的切空间显然同构于 k^n), 而 M 在 x 处的切空间由这个开邻域的结构完全决定. 所有各点的切空间合起来组成一个 M 上的纤维丛, 具体构造如下: 对任意开集 $U \subset M$, 记 $T_U = \{(v, x) | x \in U, v \in T_{M,x}\}$. 记 $B \subset k^n$ 为单位球, 坐标函数为 $t_1, \cdots, t_n$. 对任一点 $x \in M$, 取一个开邻域 $U_x \subset M$ 使得有同构 $\phi_x: U_x \to B$, 则对任一点 $y \in U_x$, $T_{M,y}$ 有一组基 $(\phi_x^{-1})_*\left(\frac{\partial}{\partial t_i}\big|_y \right)$ $(1 \leqslant i \leqslant n)$, 这样就有一一对应

$$k^n \times U_x \to T_{U_x}, \quad (a_1, \cdots, a_n, y) \mapsto \left(\sum_i a_i (\phi_x^{-1})_*\left(\frac{\partial}{\partial t_i}\bigg|_{\phi_x(y)} \right), y \right) \tag{1}$$

此外, 若 $\psi : U_x \to B' \subset k^n$ 是另一个同构, 则有一一对应

$$k^n \times U_x \to T_{U_x}, \quad (a_1, \cdots, a_n, y) \mapsto \left(\sum_i a_i (\psi^{-1})_* \left(\frac{\partial}{\partial t_i} \Big|_{\psi(y)} \right), y \right) \tag{2}$$

(1) 和 (2) 的逆合起来给出一个一一映射

$$k^n \times U_x \to k^n \times U_x, \quad (v, y) \mapsto (g(v), y) \tag{3}$$

其中 g 对每个固定的 y 是线性变换, 它由 $h = \psi \circ \phi_x^{-1} : \phi_x(U_x) \to \psi(U_x)$ 诱导. 注意 h 是同构, 故 $h^* O_{\psi(U_x)} \cong O_{\phi_x(U_x)}$. 对每一 i $(1 \leqslant i \leqslant n)$, 令

$$h_* \left(\frac{\partial}{\partial t_i} \right) = \left(\frac{\partial}{\partial t_i} \right) \circ h^* = \sum_j h_{ij} \frac{\partial}{\partial t_j} \tag{4}$$

其中 h_{ij} 为 $\psi(U_x)$ 上的解析函数, 则 (3) 将 $\left(\frac{\partial}{\partial t_i} \Big|_{\phi_x(y)}, y \right)$ 映到 $\left(h_* \left(\frac{\partial}{\partial t_i} \right) \Big|_{\psi(y)}, y \right)$, 由此可见 (3) 为解析同构. 这样所有的 T_{U_x} "粘起来" 给出 T_M 一个解析流形结构, 它是 M 上的一个向量丛 (见 III.5 节), 记为 $\mathbb{T}_{M/k}$ (参看 III.6 节). 总之有

引理 2　设 M 为 (实或复) 解析流形, 则集合 $T_M = \{(v, x) | x \in M, v \in T_{M,x}\}$ 具有一个自然的解析流形结构 $\mathbb{T}_{M/k}$, 使得投射 $p : \mathbb{T}_{M/k} \to M$ $((v, x) \mapsto x)$ 为向量丛 (即 M 的切丛).

应用层的概念可以简单而直接地构造切丛, 为此我们需要先定义微分层.

设 X 为流形或解析空间, 则 X 到 $X \times X$ 的映射 $x \mapsto (x, x)$ 显然是一个态射, 称为对角态射, 记为 Δ_X (简记为 Δ). 若在开子集 $U \subset X$ 上有局部坐标 $x_1, \cdots, x_n$, 则在 $U \times U$ 可取坐标 $x_1 \otimes 1, \cdots, x_n \otimes 1, 1 \otimes x_1, \cdots, 1 \otimes x_n$, 为直观起见我们常将 $x_i \otimes 1$ 简记为 x_i, 而将 $1 \otimes x_i$ 简记为 x_i'. 易见子集 $\Delta(X) \cap U \times U$ 由方程组 $x_i = x_i'$ $(1 \leqslant i \leqslant n)$ 给出, 所以是闭子集. 注意环同态 $\Delta^* : A = O_{X \times X}(U \times U) \to O_X(U)$ 是满同态, 且易见 $I = \ker(\Delta^*)$ 作为 A 的理想由 $x_i' - x_i$ $(1 \leqslant i \leqslant n)$ 生成. 在整体上我们可以这样讨论: Δ 给出环层的满同态 $\Delta^* : O_{X \times X} \to \Delta_* O_X$ (这里 $\Delta_* O_X$ 是将 $X \cong \Delta(X)$ 的函数层看作 $X \times X$ 上的层, 即在开集 $X \times X - \Delta(X)$ 上处处为零, 它不能写为 O_X, 因为层的同态需对同一个空间上的层定义). 令

$$\mathcal{I} = \ker(\Delta^* : O_{X \times X} \to \Delta_* O_X) \tag{5}$$

由 III.4 节我们知道它是 $O_{X \times X}$ 的子层, 且由 Δ^* 是环层同态可见 $\mathcal{I}$ 是 $O_{X \times X}$ 中的 "理想层", 即对任意开集 $U \subset X$, $\mathcal{I}(U)$ 是 $O_{X \times X}(U)$ 中的理想. 由上所述 $\mathcal{I}$ 局部由 $\Delta x_i = x_i' - x_i$ $(1 \leqslant i \leqslant n)$ 生成. 商层 $\mathcal{I}/\mathcal{I}^2$ 可以看作 $\Delta_* O_X$-模层 (因为

$\mathcal{I} \cdot (\mathcal{I}/\mathcal{I}^2) = 0$ 而 $\Delta_* O_X \cong O_{X \times X}/\mathcal{I}$), 它也是在 $X \times X - \Delta(X)$ 上处处为零, 因此可以看作 $X \cong \Delta(X)$ 上的层, 称为 X 的微分层, 记为 Ω_X^1. 对 $\mathcal{I}$ 的一个局部截口 s, 简记 $\bar{s}$ 为 s 在 Ω_X^1 中的像. 由上所述可见 Ω_X^1 局部由 $\mathrm{d}x_i = \overline{x_i' - x_i}\ (1 \leqslant i \leqslant n)$ 生成.

显然有一个层的 k-线性同态 $d : O_X \to \Omega_X^1$, 局部由 $x \mapsto \mathrm{d}x$ 给出. 易见对任意开集 $U \subset X$ 及任意 $a, b \in O_X(U)$ 有

$$
\begin{aligned}
d(ab) &= \overline{1 \otimes ab - ab \otimes 1} \\
&= \overline{a \otimes b - ab \otimes 1} + \overline{1 \otimes ab - a \otimes b} \\
&= a\overline{1 \otimes b - b \otimes 1} + b\overline{1 \otimes a - a \otimes 1} \\
&= a \cdot db + b \cdot da
\end{aligned}
\tag{6}
$$

一般地, 对于一个 O_X-模层 $\mathcal{F}$, 一个 k-线性同态 $D : O_X \to \mathcal{F}$, 若满足

$$
D(ab) = a \cdot Db + b \cdot Da \quad (\forall U \subset X \text{ 开集}, \forall a, b \in O_X(U))
\tag{7}
$$

则称 D 为一个导数. 由 (6) 可见 $d : O_X \to \Omega_X^1$ 为导数. 另一方面, 对任意 O_X-模层 $\mathcal{F}$ 可以在 $\mathcal{A} = O_X \oplus \mathcal{F}$ 上定义一个环层结构: 对任意开集 $U \subset X$ 及任意 $(a, s), (b, t) \in O_X \oplus \mathcal{F}(U)$, 令 $(a, s)(b, t) = (ab, at + bs)$, 不难验证环的条件. 若 $D : O_X \to \mathcal{F}$ 是导数, 则可定义一个层同态 $\phi : O_X \to \mathcal{A}$: 对任意开集 $U \subset X$ 及任意 $a \in O_X(U)$, 令 $\phi(a) = (a, Da)$, 则对任意 $a, b \in O_X(U)$ 有

$$
\begin{aligned}
\phi(ab) &= (ab, D(ab)) \\
&= (ab, aD(b) + bD(a)) \\
&= (a + Da)(b + Db) \\
&= \phi(a)\phi(b)
\end{aligned}
\tag{8}
$$

即 ϕ 为环层同态. 反之, 由 (8) 易见任意 k-线性环层同态 $\phi : O_X \to \mathcal{A}$ 给出一个导数 $D : O_X \to \mathcal{F}$. 由 ϕ 可以定义一个层同态 $\Phi : O_X \otimes O_X \to \mathcal{A}$:

$$
\Phi(a \otimes b) = (a, 1) \cdot \phi(b) = (ab, aDb) \quad (\forall U \subset X \text{ 开集}, \forall a, b \in O_X(U))
\tag{9}
$$

易见它也是环层同态, 且 $\Phi(\mathcal{I} \cdot O_X \otimes O_X) \subset 0 \oplus \mathcal{F}$. 由 $(0 \oplus \mathcal{F})^2 = 0$ 有 $\Phi(\mathcal{I}^2 \cdot O_X \otimes O_X) = 0$, 故 Φ 诱导 k-线性同态 $\Omega_X^1 = (\mathcal{I}/\mathcal{I}^2)|_X \to \mathcal{F}$. 注意上面的讨论步步可逆, 我们得到一个导数 $D : O_X \to \mathcal{F}$ 等价于一个 k-线性层同态 $\Omega_X^1 \to \mathcal{F}$.

设 X 是流形且有坐标 $x_1, \cdots, x_n$, 则 $\dfrac{\partial}{\partial x_i} : O_X \to O_X$ 为导数, 它对应的同态 $\phi : \Omega_X^1 \to O_X$ 将 $\mathrm{d}f = \dfrac{\partial f}{\partial x_1}\mathrm{d}x_1 + \cdots + \dfrac{\partial f}{\partial x_n}\mathrm{d}x_n$ 映到 $\dfrac{\partial f}{\partial x_i}$ $(\forall f \in O_X(X))$, 由此可见

ϕ 是 O_X-模层同态. 一般地, 易见一个导数 $D : O_X \to O_X$ 所对应的 $\Omega^1_X \to O_X$ 是 O_X-模层同态当且仅当存在 $g_1, \cdots, g_n \in O_X(X)$ 使得 $D = g_1 \dfrac{\partial f}{\partial x_1} + \cdots + g_n \dfrac{\partial f}{\partial x_n}$. 我们实际上只关心这样的导数, 从而可以将导数看作 O_X-模层同态 $\Omega^1_X \to O_X$. 在 X 是解析空间的情形, 这等价于导数具有 "连续性" (见习题 4).

设 X 是流形或解析空间, 对任意开集 $U \subset X$ 令 $\mathcal{T}_X(U) = Hom_{O_X|_U}(\Omega^1_X|_U, O_U)$, 易见这给出一个层 $\mathcal{T}_X$, 称为 X 的切层. 若 X 是流形且在开集 $U \subset X$ 上有局部坐标 $x_1, \cdots, x_n$, 则 $\mathcal{T}_X(U)$ 为自由 $O_X(U)$-模, 且可取自由生成元 $\phi_1, \cdots, \phi_n$ 使得 $\phi_i(\mathrm{d}x_j) = \delta_{ij}$, 它们对应的导数为 $\dfrac{\partial}{\partial x_i}$ $(1 \leqslant i \leqslant n)$. 由此可见 $\mathcal{T}_X$ (此时为局部自由层) 所对应的向量丛就是前面所说的切丛.

若 X 是解析空间但不是流形, 则 Ω^1_X 不是局部自由层, 故此时不能谈切丛.

关于微分层有很多重要的基本事实, 限于本课程的目的不再深入讨论了.

设 X 是 C^r-流形或解析空间, 记 $\Theta_X = \mathcal{T}_X(X)$. 称 Θ_X 的元为 X 上的**向量场**. 一个向量场 $\theta \in \Theta_X$ 可以理解为 "整体导数", 也可以这样理解: 对每一点 $x \in X$ 可以取一个足够小的开邻域 U, 在 U 上取解析坐标系 $x_1, \cdots, x_n$, 使得在 U 上 θ 有表达式

$$\theta(a_1, \cdots, a_n) = \sum_{i=1}^{n} f_i(a_1, \cdots, a_n) \frac{\partial}{\partial x_i} \bigg|_{(a_1, \cdots, a_n)} \qquad (\forall (a_1, \cdots, a_n) \in U) \qquad (10)$$

其中 $f_1, \cdots, f_n \in O_X(U)$. 这样 θ 就是对**每个点** $x \in X$ 给出一个切向量 $\theta(x) \in T_{X,x}$, 而 $\theta(x)$ 随 x C^r-**连续地**或**解析地**变化.

例如对于球面 (即 $\mathbb{P}^1_{\mathbb{C}}$), 图 1 显示出两个向量场, 一个沿纬线方向, 另一个沿经线方向. 注意它们在两极处的切向量都是零向量.

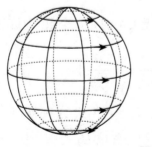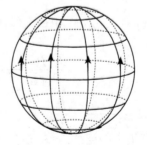

图 1

按例 III.4.2 的记号, 这两个向量场都是形如 $c\theta_2$, 其中 c 对左边的图为纯虚数, 对右边的图为实数.

若 X 为流形, 则 $\mathcal{T}_X$ 对应于切丛 $\mathbb{T}_X$, 而一个 $\theta \in \Theta_X$ 对应于一个截口 $X \to \mathbb{T}_X$, 即一个态射 $s : X \to \mathbb{T}_X$ 使得 $p \circ s = \mathrm{id}_X : X \to X$ ($p : \mathbb{T}_X \to X$ 为投射).

注意 X 不一定有非零的向量场, 例如复射影平面中的代数曲线 (为紧致黎曼面)

$$X_0^4 + X_1^4 + X_2^4 = 0 \tag{11}$$

有 4 个无穷远点, 若去掉一个无穷远点它有很多非零向量场, 但它们在点 x 趋于去掉的无穷远点时都趋于无穷大, 所以没有整条曲线上的非零向量场.

第 3 节 光 滑 性

设 $X = k^n$ 而 $Y \subset X$ 为局部闭的解析子集. 对任一点 $x \in Y$, 由定义可取其邻域 $U \subset X$ 使得在 U 上有局部坐标 $x_1, \cdots, x_n$, 且 $Y \cap U$ 为一组解析函数 $f_1, \cdots, f_m$ 的公共零点集. 由第 1 节可知 $T_{Y,x}$ 的维数等于 $\dim_k(m_{Y,x}/m_{Y,x}^2)$, 而 $m_{Y,x} = m_{X,x}/(f_1, \cdots, f_m)$. 令 $V \subset m_{X,x}/m_{X,x}^2$ 为 $df_1, \cdots, df_m$ 生成的 k-线性子空间, 则有

$$(m_{Y,x}/m_{Y,x}^2) \cong (m_{X,x}/m_{X,x}^2)/V \tag{1}$$

故

$$\dim_k T_{Y,x} = \dim_k T_{X,x} - \dim_k V \tag{2}$$

记 $r = \dim_k V$. 令

$$v_i = \left(\frac{\partial f_i}{\partial x_1}, \cdots, \frac{\partial f_i}{\partial x_n} \right) \quad (1 \leqslant i \leqslant m) \tag{3}$$

则 r 等于 $v_1(x), \cdots, v_m(x)$ 中最大线性无关组的元素个数, 而这又等价于雅可比矩阵

$$\frac{D(f_1, \cdots, f_m)}{D(x_1, \cdots, x_n)} = \left(\frac{\partial f_i}{\partial x_j} \right) \tag{4}$$

的秩. 由此可见 $\dfrac{D(f_1, \cdots, f_m)}{D(x_1, \cdots, x_n)}$ 有一个 r 阶子行列式 A 使得 $A(x) \neq 0$. 由于 A 是 X 的一个开集上的连续函数, 存在 x 的开邻域 $U_x \subset X$ 使得 A 在 U_x 上处处非零. 因此对任意 $y \in Y \cap U_x$ 有 $A(y) \neq 0$, 从而 $v_1(y), \cdots, v_r(y)$ 线性无关. 故由 (4) 可见

$$\dim_k T_{Y,y} \leqslant \dim_k T_{X,y} - r = n - r = \dim_k T_{Y,x} \tag{5}$$

注意 x 是任意的, 这说明 Y 的子集 $\{y \in Y \,|\, \dim_k T_{Y,y} \leqslant n-r\}$ 是 Y 中的开集. 特别地, 若对任意 $y \in U_x$ 在 (5) 中等号成立 (即 x 为切空间维数局部最小的点), 则称 x 为 Y 的光滑点, 而 Y 中的所有光滑点组成一个开子集 Y_{smooth}. 称 $Y - Y_{\mathrm{smooth}}$ 中的点为 Y 的奇点.

由上所述还可见, 一个点 $x \in Y$ 不是光滑点当且仅当 $\dfrac{D(f_1, \cdots, f_m)}{D(x_1, \cdots, x_n)}$ 在 x 处的秩不是局部最大, 详言之在 $\dfrac{D(f_1, \cdots, f_m)}{D(x_1, \cdots, x_n)}$ 中有一个非零行列式在 x 点取值 0. 由此可见 Y 的奇点集 $Y - Y_{\mathrm{smooth}}$ 在其中每一点 x 附近为一组解析函数的公共零点集, 从而为 Y 的解析子集 (参看注 II.4.1). 注意一个行列式若在 x 处非零, 则它在 x 的一个开邻域内处处非零, 由此可见若 x 为光滑点, 则存在一个开邻域 $U_x \subset X$ 使得 $U_x \cap Y$ 处处光滑.

引理 1 设 $X = k^n$, $Y \subset X$ 为局部闭解析子空间, $x \in Y_{\mathrm{smooth}}$. 则存在 x 的开邻域 $U \subset X$ 及 U 上的局部坐标 $t_1, \cdots, t_n$ 使得 $U \cap Y$ 为 U 的子集 $\{t_1 = \cdots = t_m = 0\}$, 其中 $m = n - \dim_k T_{Y,x}$.

证 设 X 的坐标为 $x_1, \cdots, x_n$, $Y \subset X$ 在 $x \in X$ 附近为解析函数 $f_1, \cdots, f_m$ 的公共零点集. 令 $r = n - \dim_k T_{Y,x}$, 则由上所述 $\dfrac{D(f_1, \cdots, f_m)}{D(x_1, \cdots, x_n)}$ 有一个 r 阶子行列式 A 使得 $A(x) \neq 0$, 不妨设

$$A = \det\left(\frac{\partial f_i}{\partial x_j}\right)_{1 \leqslant i,j \leqslant r} \tag{6}$$

取 x 的开邻域 $U_1 \subset X$ 使得 $f_1, \cdots, f_m$ 都定义在 U_1 上且 A 在 U_1 上处处不等于零. 考虑方程组

$$f_i(x_1, \cdots, x_n) = t_i \quad (1 \leqslant i \leqslant r) \tag{7}$$

由隐函数定理 (推论 I.1.1), 存在 x 的开邻域 $U_2 \subset U_1$ 使得 (7) 在 U_2 上可以解出 $x_1, \cdots, x_r$ 作为 $t_1, \cdots, t_r, x_{r+1}, \cdots, x_n$ 的解析函数, 从而在 U_2 上可取局部坐标为 $t_1 = f_1, \cdots, t_r = f_r$, $t_{r+1} = x_{r+1}, \cdots, t_n = x_n$. 令 $Z \subset U_2$ 为闭子集 $\{t_1 = \cdots = t_r = 0\}$, 则 $Y \cap U_2 \subset Z$. 取连通开子集 $U \subset U_2$ 使得 $x \in U \cap Z$, 我们来证明 $U \cap Y = U \cap Z$, 为此只需证明若 $f \in O_X(U)$ 在 $U \cap Y$ 上处处为零则它也在 $U \cap Z$ 上处处为零.

由于 $x \in Y_{\mathrm{smooth}}$, 由定义可知对任意 $y \in U$ 有 $\dim_k T_{Y,y} \geqslant \dim_k T_{Y,x} = n-r$; 而由 $A(y) \neq 0$ 可见 $df_1|_y, \cdots, df_r|_y \in m_{X,y}/m_{X,y}^2$ 线性无关, 故 $\dim_k T_{Y,y} \leqslant n-r$, 从而有 $\dim_k T_{Y,y} = n-r$. 由于 $t_1, \cdots, t_r$ 在 $U \cap Z$ 上处处为零, 不妨设 f 为 $t_{r+1}, \cdots, t_n$ 的函数. 注意 $T_{Z,y}$ 有一组基 $\left.\dfrac{\partial}{\partial t_i}\right|_y$ $(r+1 \leqslant i \leqslant n)$ 而 $T_{Y,y} = T_{Z,y}$ (因

为它们有相同的维数), 故由定义有 $\left.\dfrac{\partial f}{\partial t_i}\right|_y = 0\ (r+1 \leqslant i \leqslant n)$, 这说明 $\left.\dfrac{\partial f}{\partial t_i}\right|_{U\cap Y} = 0$ $(1 \leqslant i \leqslant n)$. 由归纳法可见 f 的各阶偏导数在 $U \cap Y$ 上处处为零. 由于 f 是解析的, 它在 y 附近的幂级数展开式为 0, 故在 y 的一个开邻域中等于 0, 从而由 U 连通及 f 为 U 上的解析函数可见 f 在 U 上处处为零. 证毕.

由此立得

推论 1　设 X 为解析空间, 则 X_{smooth} 为解析流形, 其在每一点附近的维数等于该点处切空间的维数. 特别地, 若 X 为连通解析空间, 则 X 为解析流形当且仅当 X 的各点的切空间都有相同的维数, 此时切空间的维数等于 X 的维数.

设 $X \subset B_n$ 为非空解析子集, $f \neq 0 \in O_{B_n, C^\omega}(B_n)$ 使得 $f|_X = 0$, 则由解析函数的性质可知必有 f 的一个 (某阶) 偏导函数在 X 上不恒等于零. 因此总可以取一个 $f \neq 0 \in O_{B_n, C^\omega}(B_n)$ 使得 $f|_X = 0$ 且 f 的某个 1 阶偏导函数在 X 上不恒等于零, 这样由上所述就可见 $X \cap V(f)_{\text{smooth}} \neq \varnothing$. 由推论 1 可知 $V(f)_{\text{smooth}}$ 为 $n-1$ 维流形. 对 n 用归纳法, 即可见 X_{smooth} 为 X 中的非空开集. 对于一般的解析空间 X, 由此可见任意非空开子集 $U \subset X$ 与 X_{smooth} 有非空交, 故 X_{smooth} 在 X 中稠密. 总之有

命题 1　对任意解析空间 X, X_{smooth} 为 X 的稠密开子集, 且为 X 中最大的解析子流形.

注意 $X - X_{\text{smooth}}$ 是 X 的真闭解析子空间, 它也有一个稠密开子集为解析子流形. 由归纳法 (参看注 II.4.1) 可以得到一个解析空间列 $X = X_n \supsetneq X_1 \supsetneq \cdots \supsetneq X_0 = \varnothing$, 使得每个 X_{i-1} 是 X_i 的闭解析子空间, 且 $X_i - X_{i-1}$ 为解析流形 $(1 \leqslant i \leqslant n)$. 实际上还有 $\dim(X_i - X_{i-1}) < \dim(X_{i+1} - X_i)$ $(1 \leqslant i < n)$. 由此可见, 定义 $\dim(X) = \dim(X_{\text{smooth}})$ 是合理的.

设 $f : X \to Y$ 为 k-解析空间的态射, 若对任意点 $x \in X$, $f_* : T_{X,x} \to T_{Y,f(x)}$ 都是满射, 则称 f 为光滑的.

推论 2　设 $f : X \to Y$ 为 k-解析流形的光滑态射, 则 f 为开映射.

证　记 $m = \dim X$, $n = \dim Y$, 显然 $m \geqslant n$. 令 Z 为 $X \times Y$ 的解析闭子集 $\{(x,y) \in X \times Y | f(x) = y\}$, $\phi : X \to X \times Y$ 为态射 $x \mapsto (x, f(x))$, 则易见 ϕ 给出同构 $X \to Z$, 故 Z 是解析流形. 由引理 1 可知在任一点 $z \in Z$ 附近可取 $X \times Y$ 的局部坐标系 $t_1, \cdots, t_{m+n}$ 使得 Z 局部由方程组 $t_1 = \cdots = t_n = 0$ 给出, 而 $t_{m+1}, \cdots, t_{m+n}$ 为 Y 的局部坐标. 这样投射 $Z \to Y$ 局部就是将点 $(0, \cdots, 0, t_{n+1}, \cdots, t_{m+n})$ 映到 $(t_{m+1}, \cdots, t_{m+n})$, 显然是开映射, 而 f 等于同构 $X \to Z$ 和开映射 $Z \to Y$ 的合成, 故也是开映射. 证毕.

第 4 节　向量场的积分

利用向量场的概念可以定义整体的常微分方程组. 我们来重新观察 I.1 节的方程组 (1) 和初始条件, 但我们只考虑所谓 "自治的" 方程组, 即每个 F_i 都不显含 t 的情形. 我们将看到这类方程有一些很好的性质. 将方程改写为

$$\frac{\mathrm{d}x_i(t)}{\mathrm{d}t} = F_i(x_1(t), \cdots, x_n(t)) \quad (1 \leqslant i \leqslant n) \tag{1}$$

其中 $F_1, \cdots, F_n$ 为 k^n 中的一个开集 U 上的解析函数, 而初始条件为

$$x_i(0) = x_i \quad (1 \leqslant i \leqslant n) \tag{2}$$

其中 $(x_1, \cdots, x_n) \in U$, 可以看作参变量, 不过更好的是看作 U 中的 "动点". 令

$$\theta = \sum_{i=1}^{n} F_i(x_1, \cdots, x_n) \frac{\partial}{\partial x_i} \tag{3}$$

则可将方程 (1) 改写为

$$\frac{\mathrm{d}}{\mathrm{d}t} x_i(t) = (\theta x_i)(x_1(t), \cdots, x_n(t)) \quad (1 \leqslant i \leqslant n) \tag{4}$$

设 $f(x_1, \cdots, x_n)$ 为解析函数, 则有

$$
\begin{aligned}
\frac{\mathrm{d}}{\mathrm{d}t} f(x_1(t), \cdots, x_n(t)) &= \sum_{i=0}^{n} \frac{\partial f}{\partial x_i}(x_1(t), \cdots, x_n(t)) \frac{\mathrm{d}}{\mathrm{d}t} x_i(t) \\
&= \sum_{i=0}^{n} F_i(x_1(t), \cdots, x_n(t)) \frac{\partial f}{\partial x_i}(x_1(t), \cdots, x_n(t))
\end{aligned}
\tag{5}
$$

由

$$\theta f = \sum_{i=0}^{n} \frac{\partial f}{\partial x_i} \theta x_i = \sum_{i=0}^{n} F_i \frac{\partial f}{\partial x_i} \tag{6}$$

可将 (5) 改写为

$$\frac{\mathrm{d}}{\mathrm{d}t} f(x_1(t), \cdots, x_n(t)) = (\theta f)(x_1(t), \cdots, x_n(t)) \tag{7}$$

注意这个方程对所有解析函数 f 都成立, 因而对坐标系的任意选取都成立. 详言之, 将初始点 $(x_1, \cdots, x_n) \in U$ 记为 P, 则每个 $x_i(t)$ 可以看作 t 和 P 的函数, 记

为 $x_i(t,P)$; 而 (7) 中的 f 也是 t 和 P 的函数, 故可记为 $f(t,P)$. 这样就可以将 (7) 改写为

$$\frac{\mathrm{d}}{\mathrm{d}t} f(t,P) = (\theta f)(t,P) \tag{8}$$

注意这个方程与坐标系的选取无关.

由引理 I.1.1, 当 U 足够小时, 存在 $a > 0$ 使得方程 (4) 在初始条件 (2) 下的解 $x_1(t), \cdots, x_n(t)$ 对于任意 $t \in (-a,a)$ 及 $(x_1, \cdots, x_n) \in U$ 存在唯一, 且为 $t, x_1, \cdots, x_n$ 的解析函数 (故 $x_i(t)$ 可写为 $x_i(t, x_1, \cdots, x_n)$). 这就给出一个解析映射 $\Phi : (-a,a) \times U \to k^n$, 其定义为

$$\Phi(t, x_1, \cdots, x_n) = (x_1(t), \cdots, x_n(t)) \tag{9}$$

而映射 Φ 不依赖于坐标的选取. 详言之, 若如上记 $P = (x_1, \cdots, x_n) \in U$, 每个 $x_i(t) = x_i(t, P)$, 则 $(x_1(t), \cdots, x_n(t))$ 就是在时刻 t 时点的位置, 故可记为 $P(t)$. 这样 (7) 连同初始条件 (2) 就可以改写为

$$\frac{\mathrm{d}}{\mathrm{d}t} f(P(t)) = (\theta f)(P(t)), \quad P(0) = P \tag{10}$$

这样的表达式就与坐标的取法完全无关了, 而 (9) 可改写为

$$\Phi(t, P) = P(t) \tag{11}$$

即把方程 (7) 在初始条件 (2) 下的 (局部) 解理解为解析映射 $\Phi : (-a,a) \times U \to k^n$. 如果对于另一个开集 $U' \subset M$ 及 $b > 0$, 方程 (7) 在初始条件 (2) 下的解 $\Phi'(t, P)$ 对于任意 $t \in (-b, b)$ 及 $P \in U'$ 存在, 则由方程的解的唯一性, 对任意 $P \in U \cap U'$ 及 $t \in (-a,a) \cap (-b,b)$ 有 $\Phi'(t, P) = \Phi(t, P)$. 简言之, 解析映射 Φ 局部由 θ 唯一决定, 且与坐标的选取无关.

设 $f_1, \cdots, f_m \in O_U(U)$, $V = V(f_1, \cdots, f_m) \subset U$. 若 $\theta \in \Theta_V$, 则有 $\theta f_i = 0$ ($1 \leqslant i \leqslant m$), 故方程 (10) 在 $(-a,a)$ 上的解 $f_i(P(t))$ 为常数. 若 $P(0) = P \in V$, 则 $f_i(P(t)) \equiv 0$, 故若 $P \in V$ 则 $P(t) \in V$.

设 X 为解析空间, $\theta \in \Theta_X$. 对任意点 $x \in X$, 可取开邻域 $V_x \subset X$ 使得有闭嵌入 $i_x : V_x \hookrightarrow B_n$ 及 $f_1, \cdots, f_m \in O_{B_n, C^\omega}(B_n)$, 使得 $i_x(V_x) = V(f_1, \cdots, f_m)$, 且 θ 为 B_n 上的一个解析向量场 (仍记为 θ) 的限制, 为方便起见, 将 V_x 和 $i_x(V_x)$ 等同起来. 由上所述, 存在 x 的开邻域 $U_x \subset B_n$ 及 $a_x > 0$ 使得方程 (10) 对 $P \in U_x$ 和 $t \in (-a_x, a_x)$ 有唯一解 $P(t) \in k^n$. 取 U_x 和 a_x 充分小可使 $P(t) \in B_n$, 故若 $P \in V_x$, 则由上所述有 $P(t) \in V_x \subset X$. 令 $W_x = V_x \cap U_x$, 则由此得到一个解析映

射 $\Phi_x : (-a_x, a_x) \times W_x \to X$, 其定义为

$$\Phi_x(t, P) = P(t) \quad (\forall P \in W_x) \tag{12}$$

由上所述还可知, 对任意 $x, y \in X$, 令 $c = \min(a_x, a_y)$, 则 Φ_x 与 Φ_y 在 $(-c, c) \times (W_x \cap W_y)$ 上一致.

设 X 满足条件:

(∗) 存在一个子集 $S \subset X$ 及 $a > 0$ 使得对任意 $x \in S$ 有 $a_x \geqslant a$, 且

$$\bigcup_{x \in S} V_x = X.$$

则所有 Φ_x $(x \in S)$ 合起来给出一个解析映射

$$\Phi : (-a, a) \times X \to X \tag{13}$$

易见当 X 紧致时 (∗) 成立, 因为所有 W_x 组成 X 的一个开覆盖, 所以有一个有限的子覆盖 $W_{x_1}, \cdots, W_{x_m}$, 取 $a = \min(a_{x_1}, \cdots, a_{x_m})$ 即可. 我们下面还要看到 (∗) 成立的另一种情形 (θ 为 "不变向量场" 的情形).

由于方程 (4) 是自治的 (即每个 F_i 中不显含 t), 对 (4) 的任一组解 $x_1(t), \cdots, x_n(t)$ (对 $t \in (-a, a)$) 及任意 $t_0 \in \mathbb{R}$, $x_1(t + t_0), \cdots, x_n(t + t_0)$ 也是 (4) 的一组解 (对 $t \in (-a - t_0, a - t_0)$), 其初始值为 $x_1(t_0), \cdots, x_n(t_0)$. 因此当 $|t|$ 和 $|t_0|$ 都充分小时, 有

$$x_i(t, x_1(t_0), \cdots, x_n(t_0)) = x_i(t + t_0, x_1, \cdots, x_n) \quad (1 \leqslant i \leqslant n) \tag{14}$$

这可用解析映射 (9) 表示为

$$\Phi(t, \Phi(t_0, P)) = \Phi(t + t_0, P) \tag{15}$$

令 $\phi_t(P) = \Phi(t, P)$, 则 (15) 为 $\phi_t \circ \phi_{t_0}(P) = \phi_{t+t_0}(P)$. 由此可见, 若 $t_1, t_2, t_1 + t_2 \in (-a, a)$, 则

$$\phi_{t_1} \circ \phi_{t_2} = \phi_{t_1+t_2} \tag{16}$$

若 (∗) 成立, 则有解析映射 (13), 即 ϕ_t 为 X 到自身的解析映射 $(t \in (-a, a))$. 此时由 (16) 有

$$\phi_t \circ \phi_{-t} = \phi_0 = \mathrm{id}_X \quad (t \in (-a, a)) \tag{17}$$

故 ϕ_t 为 X 的解析自同构. 而由 (16) 可将 Φ 扩张为一个解析映射 $\mathbb{R} \times X \to X$: 对任意 $t \in \mathbb{R}$, 令 $n = \left[\dfrac{2t}{a}\right]$ $\left(\text{即 } \dfrac{2t}{a} \text{ 的整数部分}\right)$, $b = t - \dfrac{na}{2}$, 若 $n \geqslant 0$ 令

$\phi_t = \phi_{a/2}^n \circ \phi_b$, 而若 $n < 0$ 则令 $\phi_t = \phi_{-a/2}^{-n} \circ \phi_b$. 不难验证按这样的定义, (16) 对任意 $t_1 + t_2 \in \mathbb{R}$ 成立, 而 $\Phi(t, P) = \phi_t(P)$ 为从 $\mathbb{R} \times X$ 到 X 的解析映射. 若将 $\mathbb{R}$ 看作加法群 $\mathbb{G}_{a/\mathbb{R}}$ (参看例 II.1.1), 则 (16) 说明 Φ 可以看作 $\mathbb{G}_{a/\mathbb{R}}$ 在 X 上的一个作用.

用 (11) 可将 (10) 改写为

$$\frac{\mathrm{d}}{\mathrm{d}t} \circ \Phi^* = \Phi^* \circ \theta , \quad \Phi(0, P) = P \tag{18}$$

这个方程两边的定义域是一致的: $\theta : O_X(U) \to O_X(U)$, $\Phi^* : O_X(U) \to O_{\Phi^{-1}(U)}(\Phi^{-1}(U))$, $\frac{\mathrm{d}}{\mathrm{d}t} : O_{\Phi^{-1}(U)}(\Phi^{-1}(U)) \to O_{\Phi^{-1}(U)}(\Phi^{-1}(U))$. 而 Φ^* 局部可以明确地表出: 重复使用 (10) 可得

$$\left.\frac{\mathrm{d}^n}{\mathrm{d}t^n} f(P(t))\right|_{t=0} = (\theta^n f)(P(t))|_{t=0} = (\theta^n f)(P) \tag{19}$$

故由 f 的解析性得

$$f(t, P) = \sum_{n=0}^{\infty} \frac{t^n}{n!} \theta^n f(P) \tag{20}$$

这可以简单地表为

$$\Phi^* = \sum_{n=0}^{\infty} \frac{t^n}{n!} \theta^n = \exp(t\theta) \tag{21}$$

不过要注意两边的定义域: 左边的定义域为 $O_X(U)$, 右边的定义域则为 $\exp(t\theta)$ 的收敛区域, 在两者的交上 (21) 成立. 总之有

定理 1 设 θ 为解析空间 X 上的向量场, 则 X 上的常微分方程 (10) 局部有唯一解 (11), 其中的 Φ 为解析映射, 且有局部表达式 (21). 而方程 (10) 可以简单地表达为 (18). 如果存在 X 的开覆盖 $\{V_i | i \in I\}$ 及 (一致的) $a > 0$ 使得对每个 $i \in I$, 若 $P \in V_i$ 则方程 (10) 的解 $\Phi(t, P) = P(t) \in X$ 对于 $t \in (-a, a)$ 存在唯一, 那么 (10) 有整体解 $\Phi : \mathbb{R} \times X \to X$, 其中 Φ 为解析映射; 此时若令 $\phi_t(P) = \Phi(t, P)$ $(t \in \mathbb{R})$, 则 ϕ_t 为 X 的解析自同构, 且 (16) 对任意 $t_1, t_2 \in \mathbb{R}$ 成立 (从而给出 $\mathbb{G}_{a/\mathbb{R}}$ 在 X 上的一个作用).

直观地, X 的自同构可以看作 (在自身中的) 运动, 而连续运动的瞬时速度给出向量场 (参看图 2.1); 反之, 给定一个向量场相当于给定 X 的各点的瞬时速度, 其积分就给出连续的运动.

注 1 方程 (10) 可改写为

$$\frac{\mathrm{d}}{\mathrm{d}t} f(t, P) = \theta f(t, P) , \quad f(0, P) = f(P) \tag{22}$$

不难直接验证 (20) 是方程 (22) 的解. 注意 θ 仅与 $x_1, \cdots, x_n$ 有关, 故与 t 的左乘可交换. 由 (20) 两边对 t 求导得

$$
\begin{aligned}
\frac{\mathrm{d}}{\mathrm{d}t} f(t, P) &= \sum_{n=1}^{\infty} \frac{n t^{n-1}}{n!} \theta^n f(P) \\
&= \theta \sum_{n=1}^{\infty} \frac{t^{n-1}}{(n-1)!} \theta^{n-1} f(P) = \theta f(t, P)
\end{aligned}
\tag{23}
$$

注意这即使当 t 为复变量时也成立. 此外, (22) 左边为将 $f(t, P)$ 看作 t 的函数 (而将 $x_1, \cdots, x_n$ 看作参数) 对 t 求导, 故也可将 $\dfrac{\mathrm{d}}{\mathrm{d}t}$ 改写为 $\dfrac{\partial}{\partial t}$.

例 1 对 $X = \mathbb{P}^1_k$ (齐次坐标为 X_0, X_1) 取 $U_0 = \{X_0 \neq 0\}$ 和 $U_1 = \{X_1 \neq 0\}$ 组成的开覆盖, 在 U_0 上取坐标 $x = \dfrac{X_1}{X_0}$, 在 U_1 上取坐标 $y = \dfrac{X_0}{X_1}$, 注意在 $U_0 \cap U_1$ 上有关系 $y = \dfrac{1}{x}$. 由例 III.4.2 可见在 X 上有下列向量场 θ_0, θ_1, θ_{-1}:

$$
\begin{aligned}
\theta_0|_{U_0} = x\frac{\mathrm{d}}{\mathrm{d}x}, \quad \theta_0|_{U_1} = -y\frac{\mathrm{d}}{\mathrm{d}y}, \quad \theta_1|_{U_0} = -x^2\frac{\mathrm{d}}{\mathrm{d}x} \\
\theta_1|_{U_1} = \frac{\mathrm{d}}{\mathrm{d}y}, \quad \theta_{-1}|_{U_0} = \frac{\mathrm{d}}{\mathrm{d}x}, \quad \theta_{-1}|_{U_1} = -y^2\frac{\mathrm{d}}{\mathrm{d}y}
\end{aligned}
\tag{24}
$$

我们来计算这三个向量场的积分.

θ_0 在 U_0 上给出的常微分方程为 $\dfrac{\mathrm{d}x(t)}{\mathrm{d}t} = x(t)$, 初始条件为 $x(0) = x$, 故解为 $x(t) = xe^t$; 类似地 θ_0 在 U_1 上的积分为 $y(t) = ye^{-t}$, 注意二者在 $U_0 \cap U_1$ 上一致. 易见相应的 ϕ_t 为 $\mathrm{diag}(1, e^t) \in GL_2(k)$ 给出的射影自同构 (参看引理 III.3.1).

θ_1 在 U_0 上给出的常微分方程为 $\dfrac{\mathrm{d}x(t)}{\mathrm{d}t} = -x(t)^2$, 初始条件为 $x(0) = x$, 故解为 $x(t) = \dfrac{x}{1 + xt}$; 而 θ_1 在 U_1 上给出的常微分方程 $\dfrac{\mathrm{d}y(t)}{\mathrm{d}t} = 1$, 初始条件为 $y(0) = y$, 故解为 $y(t) = y + t$. 易见相应的 ϕ_t 为 $\begin{pmatrix} 1 & t \\ 0 & 1 \end{pmatrix} \in GL_2(k)$ 给出的射影自同构.

类似地可见 θ_{-1} 在 U_0 上的积分为 $x(t) = x + t$, 在 U_1 上的积分为 $y(t) = \dfrac{y}{1 + yt}$, 相应的 ϕ_t 为 $\begin{pmatrix} 1 & 0 \\ t & 1 \end{pmatrix} \in GL_2(k)$ 给出的射影自同构.

习 题 IV

1. 设 X, Y 为解析空间, $Z = X \times Y$. 证明对任一点 $z = (x, y) \in Z$ 有线性空间的典范同构 $T_{Z,z} \cong T_{X,x} \oplus T_{Y,y}$.

2. 设 X 为解析空间, $g_1, \cdots, g_m$ 为开集 $U \subset X$ 上的解析函数, $f(x_1, \cdots, x_m)$ 为 m 个变量的解析函数, 其定义域为包含 $(g_1, \cdots, g_m)$ 的值域的一个开集. 证明对任意 $D \in Der_k(O_X(U), O_X(U))$ 有 $D(f(g_1, \cdots, g_m)) = \sum\limits_{i=1}^{m} \dfrac{\partial f}{\partial x_i}\bigg|_{(g_1, \cdots, g_m)} Dg_i$.

3. 设 $f : X \to Y$ 为 k-解析流形的光滑态射, $x \in X$, $y = f(x)$, $Z = f^{-1}(y)$. 证明 f 诱导 k-线性空间的同构 $T_{Z,x} \cong \ker(f_* : T_{X,x} \to T_{Y,y})$.

4. 设 X 为解析空间, 导数 $D : O_X \to O_X$ 对应于 k-线性层同态 $\phi : \Omega_X^1 \to O_X$. 证明 ϕ 是 O_X-模层同态当且仅当对任意开集 $U \subset X$ 上的任意一致收敛解析函数列 $f_1, f_2, \cdots$, 有 $D\Big(\lim\limits_{n \to \infty} f_n\Big) = \lim\limits_{n \to \infty} D(f_n)$.

5. 设 θ_0, θ_1, θ_{-1} 为例 4.1 中的 $\mathbb{P}_k^1$ 上的向量场, 令 $\theta = a\theta_1 + b\theta_0 + c\theta_{-1}$ $(a, b, c \in k)$. 计算 $\exp(t\theta)$ 及其给出的 $\mathbb{P}_k^1$ 的自同构.

第 V 章　李　代　数

在本章中仍记 $k = \mathbb{R}$ 或 $\mathbb{C}$.

第 1 节　导数的李积

令 R 为变量 $x_1, \cdots, x_n$ 的所有解析函数组成的环. 对任意 $f \neq 0 \in R$ 及 $i_1, \cdots, i_r \leqslant n$, k-线性映射

$$f \frac{\partial}{\partial x_{i_1}} \circ \cdots \circ \frac{\partial}{\partial x_{i_r}} : R \to R \tag{1}$$

称为一个 r-阶微分算子. 更一般地, 有限多个这样的微分算子的和也称为微分算子, 其各项的最大阶称为其阶. 导数就是没有零阶项的 1 阶微分算子. 任两个微分算子的合成也是微分算子, 其阶一般等于两个微分算子的阶之和. 由此可见所有微分算子组成一个有单位元的非交换的结合环 $Diff_k(R, R)$.

设 D, D' 为导数, 则 $D \circ D'$ 一般不是导数, 但

$$[D, D'] = D \circ D' - D' \circ D \tag{2}$$

是导数, 为验证这一点可简化为情形 $D = f \dfrac{\partial}{\partial x_i}$, $D' = g \dfrac{\partial}{\partial x_j}$, 此时有

$$
\begin{aligned}
[D, D'] &= f \frac{\partial}{\partial x_i} \circ \left(g \frac{\partial}{\partial x_j} \right) - g \frac{\partial}{\partial x_j} \circ \left(f \frac{\partial}{\partial x_i} \right) \\
&= fg \frac{\partial}{\partial x_i} \circ \frac{\partial}{\partial x_j} + f \frac{\partial g}{\partial x_i} \frac{\partial}{\partial x_j} - gf \frac{\partial}{\partial x_j} \circ \frac{\partial}{\partial x_i} - g \frac{\partial f}{\partial x_j} \frac{\partial}{\partial x_i} \\
&= f \frac{\partial g}{\partial x_i} \frac{\partial}{\partial x_j} - g \frac{\partial f}{\partial x_j} \frac{\partial}{\partial x_i}
\end{aligned}
\tag{3}
$$

故为导数. 称 $[D, D']$ 为 D 和 D' 的李积, 或李括号. 因此, 所有 k-导数组成的集合 $Der_k(R, R)$ 为 $Diff_k(R, R)$ 的 k-线性子空间, 且有一个 k-双线性二元运算 $[,]$.

更一般地, 设 X 为 C^∞-流形或解析空间, 则对任意 $\theta, \theta' \in \Theta_X$ 有 $[\theta, \theta'] = \theta \circ \theta' - \theta' \circ \theta \in \Theta_X$, 为验证这一点只需考虑在足够小的开集上的函数, 从而约化到 (3) 的情形. 因此, Θ_X 不仅是一个 k-线性空间, 而且有一个双线性二元运算 $[,]$.

由 (2) 不难得到 $[,]$ 的下列性质 ($\forall D, D', D'' \in Der_k(R,R)$):

i) $[D,D] = 0$;

ii) $[D,D'] = -[D',D]$;

iii) $[D,[D',D'']] + [D',[D'',D]] + [D'',[D,D']] = 0$,

其中 iii) 称为雅可比恒等式.

第 2 节 李代数及其线性表示

定义 1   一个 k-李代数是一个 k-线性空间 $\mathfrak{L}$, 带有一个 k-双线性映射 $[,]$: $\mathfrak{L} \times \mathfrak{L} \to \mathfrak{L}$ 使得

i) $[a,a] = 0$ ($\forall a \in \mathfrak{L}$);

ii) $[b,a] = -[a,b]$ ($\forall a,b \in \mathfrak{L}$);

iii) (雅可比恒等式) $[a,[b,c]] + [b,[c,a]] + [c,[a,b]] = 0$ ($\forall a,b,c \in \mathfrak{L}$),

$[a,b]$ 称为 a 与 b 的李积. 若对任意 $a,b \in \mathfrak{L}$ 都有 $[a,b] = 0$, 则称 $\mathfrak{L}$ 为交换李代数.

设 $\mathfrak{L}, \mathfrak{L}'$ 为 k-李代数而 $f : \mathfrak{L} \to \mathfrak{L}'$ 为 k-线性映射, 若 $f([a,b]) = [f(a),f(b)]$ 对任意 $a,b \in \mathfrak{L}$ 成立, 则称 f 为 k-李代数的同态, 此时若 f 是一一映射, 则称 f 为 k-李代数的同构.

李代数的概念最早是索弗斯·李在研究李群时发现的, 现在我们知道在很多其他问题中也会遇到李代数, 这是一个十分重要的概念.

例 1   i) 由第 1 节易见对 k 上的任意 C^∞-流形或解析空间 X, Θ_X 具有 k-李代数结构.

ii) 记 $M_n(k)$ 为 k 上的所有 $n \times n$ 矩阵组成的线性空间. 对任意 $A,B \in M_n(k)$, 令 $[A,B] = AB - BA$, 则 $M_n(k)$ 是以 $[,]$ 为李积的李代数 (习题 1).

iii) 更一般地, 对任意结合 k-代数 A 可以定义一个李代数结构, 其李积为 $[a,b] = ab - ba$ ($\forall a,b \in A$) (习题 2).

iv) 三维实向量空间以矢量积为李积, 是一个 $\mathbb{R}$-李代数 (习题 3).

v) 令 R 为二元 C^∞ (或解析) 函数 (变量为 x,y) 组成的 k-线性空间, 对任意 $f,g \in R$ 定义

$$\{f,g\} = \frac{\partial f}{\partial y}\frac{\partial g}{\partial x} - \frac{\partial f}{\partial x}\frac{\partial g}{\partial y} \tag{1}$$

称为 "泊松括号". 不难验证 R 是以 $\{,\}$ 为李积的李代数 (习题 5).

vi) 设 $\mathfrak{L}, \mathfrak{L}'$ 为 k-李代数, 则其直积 $\mathfrak{L} \times \mathfrak{L}'$ 显然具有一个李代数结构, 其李积为 $[(a,a'),(b,b')] = ([a,b],[a',b'])$ ($\forall a,b \in \mathfrak{L}$, $a',b' \in \mathfrak{L}'$), 称为 $\mathfrak{L}$ 与 $\mathfrak{L}'$ 的直积 (习

题 6).

　　设 $\mathcal{L}$ 为 k-李代数, $\mathfrak{H} \subset \mathcal{L}$ 为 k-线性子空间, 若对任意 $a, b \in \mathfrak{H}$ 有 $[a, b] \in \mathfrak{H}$, 则称 $\mathfrak{H}$ 为 $\mathcal{L}$ 的李子代数, 此时 $\mathfrak{H}$ 显然也是以 $[,]$ 为李积的李代数.

　　设 $f : \mathcal{L} \to \mathcal{L}'$ 为 k-李代数的同态, 则 $\mathfrak{H} = \ker(f)$ 显然满足条件:

　　$(*)$ 对任意 $a \in \mathfrak{H}$ 和 $b \in \mathcal{L}$, $[a, b] \in \mathfrak{H}$,

$\mathcal{L}$ 中任意满足 $(*)$ 的 k-线性子空间称为 $\mathcal{L}$ 的理想. 易见对任意理想 $\mathfrak{H} \subset \mathcal{L}$, 商空间 $\mathcal{L}/\mathfrak{H}$ 具有诱导的李代数结构, 称为 $\mathcal{L}$ 模 $\mathfrak{H}$ 所得的商代数, 而投射 $p : \mathcal{L} \to \mathcal{L}/\mathfrak{H}$ 为 k-李代数的满同态, 且 $\ker(p) = \mathfrak{H}$. 因此 $\mathcal{L}$ 的一个子集为理想当且仅当它为一个李代数同态的核.

　　对任意李代数 $\mathcal{L}$, 记 $[\mathcal{L}, \mathcal{L}]$ 为所有 $[\theta_1, \theta_2]$ ($\theta_1, \theta_2 \in \mathcal{L}$) 在 $\mathcal{L}$ 中生成的 k-线性子空间, 显然它是一个理想, 而 $\mathcal{L}/[\mathcal{L}, \mathcal{L}]$ 是交换李代数. 易见对任意理想 $\mathfrak{H} \subset \mathcal{L}$, 若 $\mathcal{L}/\mathfrak{H}$ 为交换李代数, 则 $\mathfrak{H} \supset [\mathcal{L}, \mathcal{L}]$. 更一般地, 若 $\mathfrak{H}, \mathfrak{H}' \subset \mathcal{L}$ 是两个理想, 则所有 $[h, h']$ ($h \in \mathfrak{H}$, $h' \in \mathfrak{H}'$) 生成的线性子空间 $[\mathfrak{H}, \mathfrak{H}']$ 也是 $\mathcal{L}$ 的理想 (习题 7).

　　一个李代数 $\mathcal{L}$ 称为可解的, 如果存在子代数列

$$0 = \mathfrak{H}_m \subset \mathfrak{H}_{m-1} \subset \cdots \subset \mathfrak{H}_0 = \mathcal{L} \tag{2}$$

使得每个 $\mathfrak{H}_i$ ($i > 0$) 是 $\mathfrak{H}_{i-1}$ 的理想且 $\mathfrak{H}_{i-1}/\mathfrak{H}_i$ 是交换李代数. 对任意 $\mathcal{L}$ 我们可以归纳地记 $\mathcal{L}^{(1)} = \mathcal{L}$, $\mathcal{L}^{(i+1)} = [\mathcal{L}^{(i)}, \mathcal{L}^{(i)}]$. 由上所述可知每个 $\mathcal{L}^{(i)}$ 是 $\mathcal{L}$ 的理想且 $\mathcal{L}^{(i-1)}/\mathcal{L}^{(i)}$ 是交换李代数, 由习题 7 用归纳法不难推出, 若 (2) 存在则每个 $\mathfrak{H}_i \supset \mathcal{L}^{(i)}$, 故 $\mathcal{L}$ 可解当且仅当某个 $\mathcal{L}^{(i)} = 0$. 因此还可见, $\mathcal{L}$ 可解当且仅当存在理想列 (2) 使得每个 $\mathfrak{H}_{i-1}/\mathfrak{H}_i$ 是交换李代数. 请注意对于可解群没有类似的判据 (参看 II.1 节).

　　设 V 为 n 维 k-线性空间, 记 $M(V)$ 为 V 到自身的所有 k-线性映射组成的李代数 (其李积由 $[f_1, f_2] = f_1 \circ f_2 - f_2 \circ f_1$ 给出), 它在取定 V 的一组基后与 $M_n(k)$ 同构.

　　定义 2　一个 k-李代数 $\mathcal{L}$ 在一个 k-线性空间 V 上的一个线性表示是指一个 k-李代数同态 $\rho : \mathcal{L} \to M(V)$, 此时对任意 $\theta \in \mathcal{L}$, $v \in V$ 简记 $\rho(\theta)(v)$ 为 θv (我们也称一个李代数同态 $\mathcal{L} \to M_n(k)$ 为一个线性表示).

　　与群的线性表示类似, 易见 $\mathcal{L}$ 在 V 上的一个线性表示等价于 $\mathcal{L}$ 在 V 上的一个线性作用, 即一个 k-双线性映射 $\mathcal{L} \times V \to V$ $((\theta, v) \to \theta v)$ 使得

$$[\theta, \theta']v = \theta(\theta' v) - \theta'(\theta v) \quad (\forall \theta, \theta' \in \mathcal{L}, \ v \in V) \tag{3}$$

　　例 2　任一 k-李代数 $\mathcal{L}$ 都有一个在自身上的伴随表示 (即同态 $\mathcal{L} \to M(\mathcal{L})$) 如下. 对任意 $\theta \in \mathcal{L}$, 令 $\mathrm{ad}\theta : \mathcal{L} \to \mathcal{L}$ 为线性映射 $\eta \mapsto [\theta, \eta]$, 这就给出一个线性映

射 $\mathrm{ad} : \mathfrak{L} \to M(\mathfrak{L})$, 我们来验证 ad 是李代数同态, 即

$$\mathrm{ad}[\theta_1, \theta_2] = [\mathrm{ad}\theta_1, \mathrm{ad}\theta_2] \tag{4}$$

对任意 $\eta \in \mathfrak{L}$ 有

$$\mathrm{ad}[\theta_1, \theta_2](\eta) = [[\theta_1, \theta_2], \eta] \tag{5}$$

由雅可比恒等式有

$$\begin{aligned}
[[\theta_1, \theta_2], \eta] &= -[[\theta_2, \eta], \theta_1] - [[\eta, \theta_1], \theta_2] \\
&= [\theta_1, [\theta_2, \eta]] - [\theta_2, [\theta_1, \eta]] \\
&= \mathrm{ad}\theta_1(\mathrm{ad}\theta_2(\eta)) - \mathrm{ad}\theta_2(\mathrm{ad}\theta_1(\eta)) \\
&= [\mathrm{ad}\theta_1, \mathrm{ad}\theta_2](\eta)
\end{aligned} \tag{6}$$

由于 η 是任意的, 这就验证了 (4).

若 $\mathfrak{H}$ 为 $\mathfrak{L}$ 的理想, 则 $\mathrm{ad}\mathfrak{L}(\mathfrak{H}) \subset \mathfrak{H}$, 故 ad 诱导 $\mathfrak{L}$ 在 $\mathfrak{H}$ 上的一个表示. 另一方面, 对任一李子代数 $\mathfrak{L}' \subset \mathfrak{L}$, ad 诱导 $\mathfrak{L}'$ 在 $\mathfrak{L}$ 上的一个表示 (也称为伴随表示).

设 ρ 为 k-李代数 $\mathfrak{L}$ 在 k-线性空间 V 上的一个线性表示, $W \subset V$ 为线性子空间. 若对任意 $\theta \in \mathfrak{L}$, $w \in W$ 都有 $\theta w \in W$, 则称 W 为 ρ 的不变子空间, 此时 ρ 诱导 $\mathfrak{L}$ 在 W 上的线性作用 $\mathfrak{L} \times W \to W$, 它等价于 $\mathfrak{L}$ 在 W 上的一个线性表示. 不仅如此, 易见 ρ 诱导 $\mathfrak{L}$ 在 V/W 上的线性作用 $\mathfrak{L} \times (V/W) \to V/W$, 它等价于 $\mathfrak{L}$ 在 V/W 上的一个线性表示. 例如在例 2 中, 若一个线性子空间 $V \subset \mathfrak{L}$ 满足 $[\mathfrak{L}', V] \subset V$, 则 ad 诱导 $\mathfrak{L}'$ 在 V 上的一个表示, 从而诱导 $\mathfrak{L}'$ 在商空间 $\mathfrak{L}/V$ 上的一个表示.

第 3 节 切丛与李子丛

设 M 为解析流形. 一个 (M 上的向量) 子丛 $V \subset T_M$ 称为李子丛, 如果对任意两个局部截口 $v, v' \in V(U)$ ($U \subset M$ 为开子集) 有 $[v, v'] \in V(U)$.

引理 1   子丛 $V \subset T_M$ 是李子丛当且仅当在 M 的每一点附近存在局部坐标 $x_1, \cdots, x_n$ ($n = \dim M$) 使得 V 局部由 $\dfrac{\partial}{\partial x_1}, \cdots, \dfrac{\partial}{\partial x_r}$ (r 为 V 的秩) 生成.

证   充分性是显然的: 若 v, v' 形如 $\displaystyle\sum_{i=1}^{r} f_i \dfrac{\partial}{\partial x_i}$, 则 $[v, v']$ 也形如 $\displaystyle\sum_{i=1}^{r} f_i \dfrac{\partial}{\partial x_i}$. 以下证必要性.

设 $z_1, \cdots, z_n$ 为在开集 $U \subset M$ 上任取的一组局部坐标. 适当排列 $z_1, \cdots, z_n$,

可取 $V(U)$ 的生成元为形如

$$\theta_i = \frac{\partial}{\partial z_i} + \sum_{j=r+1}^{n} f_{ij} \frac{\partial}{\partial z_j} \quad (1 \leqslant i \leqslant r) \tag{1}$$

这样 $[\theta_i, \theta_j]$ $(1 \leqslant i, j \leqslant r)$ 就都在 $\dfrac{\partial}{\partial z_{r+1}}, \cdots, \dfrac{\partial}{\partial z_n}$ 生成的子丛中. 但由所设有 $[\theta_i, \theta_j] \in V(U)$, 故有

$$[\theta_i, \theta_j] = 0 \quad (1 \leqslant i, j \leqslant r) \tag{2}$$

以下归纳地构造局部函数 $x_1, \cdots, x_r$, 使得对 $1 \leqslant d \leqslant r$, $x_1, \cdots, x_d, z_{d+1}, \cdots, z_n$ 组成局部坐标系, 且

$$\theta_i = \frac{\partial}{\partial x_i} \quad (1 \leqslant i \leqslant r) \tag{3}$$

当 $d = 1$ 时, 令 $z_1(t), \cdots, z_n(t)$ $(z_i(t) = z_i(t, z_1, \cdots, z_n))$ 为 θ_1 的积分, 即方程

$$\frac{\mathrm{d}}{\mathrm{d}t} z_i(t) = (\theta_1 z_i)(z_1(t), \cdots, z_n(t)) \quad (1 \leqslant i \leqslant n) \tag{4}$$

在初始条件

$$z_i(0) = z_i \quad (1 \leqslant i \leqslant n) \tag{5}$$

下的解 (见 IV.4 节), 则由隐函数定理, 对充分小的 a, 由方程 $z_1(t, z_1, \cdots, z_n) = z_1$ 可以解出 $t \in (-a, a)$ 作为 $z_1, \cdots, z_n$ 的函数, 这给出 $(-a, a) \times U$ 的一个闭子集 V 使得 Φ 诱导开嵌入 $V \to M$, 故在 V 上可改取 $t, z_2, \cdots, z_n$ 为坐标. 由 (4) 可见 $\dfrac{\partial}{\partial t} = \theta_1$. 令 $x_1 = t$ 即满足要求.

设对 $i < d$ 已取定 x_i, 则由 (1) 和 (2) 有

$$0 = [\theta_d, \theta_i] = - \sum_{j=r+1}^{n} \theta_i f_{dj} \frac{\partial}{\partial z_j} \quad (1 \leqslant i < d) \tag{6}$$

故有

$$\theta_i f_{dj} = \frac{\partial f_{dj}}{\partial x_i} = 0 \quad (1 \leqslant i < d, \ r < j \leqslant n) \tag{7}$$

即 f_{dj} $(r < j \leqslant n)$ 与 $x_1, \cdots, x_{d-1}$ 无关. 像上面那样取 θ_d 的积分 $z_1(t), \cdots, z_n(t)$, 即可得局部函数 x_d, 注意由 (1) 可见 $z_i(t) \equiv x_i$ $(1 \leqslant i < d)$, 故可改取坐标系为 $x_1, \cdots, x_{d-1}, x_d, z_{d+1}, \cdots, z_n(t)$, 其中 x_d 满足 $\dfrac{\partial}{\partial x_d} = \theta_d$. 证毕.

第 4 节 泛包络代数

第 2 节给出的李代数的定义是抽象的, 其李积 $[,]$ 不容易理解和把握. 但李代数来源于导数, 由第 1 节可见, 一个流形或解析空间 X 上的所有整体微分算子组成一个结合代数 $Diff_k(O_X, O_X)$, 而向量场组成的李代数 Θ_X 为 $Diff_k(O_X, O_X)$ 的李子代数, 即为 $Diff_k(O_X, O_X)$ 的线性子空间且 $[\theta, \theta'] = \theta \circ \theta' - \theta' \circ \theta$ $(\forall \theta, \theta' \in \Theta_X)$. 由于结合代数较易研究且有丰富的结果, 若能将一般的李代数也如这样嵌入结合代数, 则能给出研究李代数的一个方便和有力的工具.

最简单的结合代数是张量代数 (参看 II.5 节). 设 V 为 k-线性空间, 有一组基 $\{x_i | i \in I\}$, 则 V 的张量代数 $T_k(V)$ 可以理解为 $x_1, x_2, \cdots$ 的所有形式积 $x_{i_1} \cdots x_{i_r}$ $(i_1, \cdots, i_r \in I)$ 的形式 k-线性组合的集合, 按显然的方式相加和相乘. 注意这里 $x_{i_1}, \cdots, x_{i_r}$ 的次序是不能随意改变的, 就是说若 x_i, x_j 出现在这个积里而 $i \neq j$, 则交换 x_i 和 x_j 的位置所得到的元不同于原来的元. 由引理 II.5.3 可知对于任意结合 k-代数 A 及任意 $a_i \in A$ $(\forall i \in I)$, 存在唯一 k-代数同态 $f : T_k(V) \to A$ 使得 $f(x_i) = a_i$ $(\forall i \in I)$; 由此可见任一 k-线性映射 $\phi : V \to A$ 诱导唯一 k-代数同态 $f : T_k(V) \to A$ 使得 $f|_V = \phi$.

设 $\mathfrak{L}$ 为 k-李代数, A 为 k-结合代数 (像上面那样看作 k-李代数), $f : \mathfrak{L} \to A$ 为 k-李代数同态, 则由上所述 f 诱导 k-结合代数同态 $\tilde{f} : T_k(\mathfrak{L}) \to A$ $(\tilde{f}|_\mathfrak{L} = f)$, 而由于 f 是 k-李代数同态, 有

$$\tilde{f}([\theta, \theta']) = f([\theta, \theta']) = f(\theta)f(\theta') - f(\theta')f(\theta) = \tilde{f}(\theta\theta' - \theta'\theta) \quad (\forall \theta, \theta' \in \mathfrak{L}) \quad (1)$$

令 J 为所有 $\theta\theta' - \theta'\theta - [\theta, \theta']$ 在 $T_k(\mathfrak{L})$ 中生成的理想, 则有 $J \subset \ker(\tilde{f})$. 反之, 对任一 k-结合代数同态 $\tilde{f} : T_k(\mathfrak{L}) \to A$, 若 $\tilde{f}(J) = 0$, 则 $\tilde{f}|_\mathfrak{L}$ 为 k-李代数同态. 换言之, 任意 k-结合代数同态 $\phi : T_k(\mathfrak{L})/J \to A$ 诱导 k-李代数同态 $\mathfrak{L} \to A$. 我们称 $T_k(\mathfrak{L})/J$ 为 $\mathfrak{L}$ 的泛包络代数 (universal enveloping algebra).

引理 1　任取 $\mathfrak{L}$ 在 k 上的一组基 $\{x_i | i \in I\}$, 其中 I 为有序集 (由良序定理总可以这样假设), 其序记为 $\prec$. 作为 k-线性空间, J 由下列元素生成

$$x_{i_1} \cdots x_{i_{j-1}}(x_{i_j} x_{i_{j+1}} - x_{i_{j+1}} x_{i_j} - [x_{i_j}, x_{i_{j+1}}])x_{i_{j+2}} \cdots x_{i_r}$$
$$(n \in \mathbb{Z}_{\geqslant 0}, i_1, \cdots, i_r \in I, 1 \leqslant j < r) \quad (2)$$

其中

$$i_1 \succcurlyeq i_2 \succcurlyeq \cdots \succcurlyeq i_j \prec i_{j+1} \quad (3)$$

证 显然 (2) 中的元都属于 J, 对任意 $n \geqslant 2$ 记 $J_n \subset J$ 为 (2) 中所有满足 $r \leqslant n$ 的元 (不必满足 (3)) 生成的 k-线性子空间, 且记 $H_n \subset J$ 为 (2) 中所有满足 $r \leqslant n$ 和 (3) 的元生成的 k-线性子空间. 显然 $J = \bigcup_{n=2}^{\infty} J_n$. 为证明引理的断言, 我们对 n 用归纳法来证明 (2) 中的元都在 H_n 中, 从而 $H_n = J_n$.

当 $n = 2$ 时是显然的. 设 $n > 2$, 对 (2) 中的任意元 α, 由归纳法假设只需考虑 $r = n$ 的情形. 若 $j \leqslant n - 2$, 则由归纳法假设有 $\alpha \in J_{n-1}x_{i_n} = H_{n-1}x_{i_n} \subset H_n$, 故不妨设 $j = n - 1$. 若 $i_j \leqslant i_{j-1}$ 或 $i_{j+1} \leqslant i_{j-1}$, 则显然 $\alpha \in H_n$, 故只需考虑 $i_j, i_{j+1} > i_{j-1}$ 的情形. 由雅可比恒等式有

$$
\begin{aligned}
&x_{i_{j-1}}(x_{i_j}x_{i_{j+1}} - x_{i_{j+1}}x_{i_j} - [x_{i_j}, x_{i_{j+1}}]) \\
&-(x_{i_j}x_{i_{j+1}} - x_{i_{j+1}}x_{i_j} - [x_{i_j}, x_{i_{j+1}}])x_{i_{j-1}} \\
&+x_{i_j}(x_{i_{j+1}}x_{i_{j-1}} - x_{i_{j-1}}x_{i_{j+1}} - [x_{i_{j+1}}, x_{i_{j-1}}]) \\
&-(x_{i_{j+1}}x_{i_{j-1}} - x_{i_{j-1}}x_{i_{j+1}} - [x_{i_{j+1}}, x_{i_{j-1}}])x_{i_j} \\
&+x_{i_{j+1}}(x_{i_{j-1}}x_{i_j} - x_{i_j}x_{i_{j-1}} - [x_{i_{j-1}}, x_{i_j}]) \\
&-(x_{i_{j-1}}x_{i_j} - x_{i_j}x_{i_{j-1}} - [x_{i_{j-1}}, x_{i_j}])x_{i_{j+1}} \\
=&-(x_{i_{j-1}}[x_{i_j}, x_{i_{j+1}}] - [x_{i_j}, x_{i_{j+1}}]x_{i_{j-1}} - [x_{i_{j-1}}, [x_{i_j}, x_{i_{j+1}}]]) \\
&-(x_{i_j}[x_{i_{j+1}}, x_{i_{j-1}}] - [x_{i_{j+1}}, x_{i_{j-1}}]x_{i_j} - [x_{i_j}, [x_{i_{j+1}}, x_{i_{j-1}}]]) \\
&-(x_{i_{j+1}}[x_{i_{j-1}}, x_{i_j}] - [x_{i_{j-1}}, x_{i_j}]x_{i_{j+1}} - [x_{i_{j+1}}, [x_{i_{j-1}}, x_{i_j}]])
\end{aligned}
\tag{4}
$$

用 $x_{i_1} \cdots x_{i_{j-2}}$ 左乘 (4), 易见除第一项外都在 H_n 中, 故第一项即 α 也在 H_n 中. 证毕.

定理 1 (Poincaré-Birkhoff-Witt 定理, 简称 PBW 定理) 记号如上述, 且记 $\bar{x}_i$ $(i \in I)$ 为 x_i 在 $T_k(\mathfrak{L})/J$ 中的像. 所有形如 $\bar{x}_{i_1} \cdots \bar{x}_{i_r}$ $(i_1 \succcurlyeq \cdots \succcurlyeq i_r)$ 的元组成 $T_k(\mathfrak{L})/J$ 作为 k-线性空间的一组基. 特别地, $\mathfrak{L} \to T_k(\mathfrak{L})/J$ 是单射. 此外, 若 $\dim_k \mathfrak{L} = n < \infty$, 令 $V_r \subset T_k(\mathfrak{L})/J$ 为所有 $\bar{x}_i$ $(1 \leqslant i \leqslant n)$ 的次数不超过 r 的单项式生成的 k-线性子空间, 则 $\dim_k(V_r) = \binom{r+n}{n}$.

证 由引理 1, 只需证明所有 (2) 中满足 (3) 的元和所有

$$
x_{i_1} \cdots x_{i_r} \quad (i_1 \succcurlyeq \cdots \succcurlyeq i_r)
\tag{5}
$$

组成 $T_k(\mathfrak{L})$ 的一组基即可. 记 S_n 为这些元中次数不大于 n 的元全体. 由引理 1 和归纳法不难验证 S_n 中的元生成的 k-线性子空间为 $T_k(\mathfrak{L})$ 中所有次数不大于 n 的元组成的 k-线性子空间 V_n, 故所有上述元生成 $T_k(\mathfrak{L})$, 剩下的是证明它们在 k 上线性无关. 由上所述, 只需证明对任意 n, $S_n - S_{n-1}$ 的元模 V_{n-1} 线性

无关. 注意任意线性关系只涉及有限多个元素, 只需证明对任意有限子集 $I' \subset I$, $S_n - S_{n-1}$ 中所有脚标都在 I' 中的元模 V_{n-1} 线性无关. 记 $m = \#(I')$, 则所有脚标都在 I' 中的 n 次单项式共有 m^n 个, 而所有形如 (5) 且 $r = n$, $i_l \in I'$ ($\forall l$) 的元共有 $\binom{m+n-1}{n}$ 个. 故我们只需验证所有 (2) 中满足 (3) 且 $r = n$, $i_l \in I'$ ($\forall l$) 的元共有 $m^n - \binom{m+n-1}{n}$ 个. 为方便起见不妨设 $I' = \{1, 2, \cdots, m\}$.

记 T_n 为 (2) 中满足 (3) 且 $r = n$, $i_l \in I'$ ($\forall l$) 的元组成的集合, $a_n = \#(T_n)$. 我们对 n 用归纳法证明 $a_n = m^n - \binom{m+n-1}{n}$. 当 $n = 1$ 时是显然的, 以下设 $n > 1$. T_n 中的元可分为两类, 一类 $j < n - 1$, 这样的元显然共有 ma_{n-1} 个; 另一类 $j = n - 1$, 易见其中满足 $i_j = i$ 的元共有 $(m - i)\binom{m-i+n-2}{n-2}$ 个, 故由归纳法假设有

$$
\begin{aligned}
a_n &= ma_{n-1} + \sum_{i=1}^{m-1} (m-i)\binom{m-i+n-2}{n-2} \\
&= ma_{n-1} + \sum_{i=1}^{m-1}\left((m-i+n-1)\binom{m-i+n-2}{n-2} - (n-1)\binom{m-i+n-2}{n-2}\right) \\
&= ma_{n-1} + \sum_{i=1}^{m-1}\left((n-1)\binom{m-i+n-1}{n-1} - (n-1)\binom{m-i+n-2}{n-2}\right) \\
&= ma_{n-1} + (n-1)\sum_{i=1}^{m-1}\left(\binom{m-i+n-1}{n-1} - \binom{m-i+n-2}{n-2}\right) \\
&= ma_{n-1} + (n-1)\left(\binom{m+n-1}{n} - \binom{m+n-2}{n-1}\right) \\
&= m\left(m^{n-1} - \binom{m+n-2}{n-1}\right) + (n-1)\left(\binom{m+n-1}{n} - \binom{m+n-2}{n-1}\right) \\
&= m^n + (n-1)\binom{m+n-1}{n} - (m+n-1)\binom{m+n-2}{n-1} \\
&= m^n + (n-1)\binom{m+n-1}{n} - n\binom{m+n-1}{n} \\
&= m^n - \binom{m+n-1}{n}
\end{aligned}
\tag{6}
$$

证毕.

泛包络代数可以看作对称代数 (参看 II.5 节) 的一种推广, 即可将对称代数看作交换李代数的泛包络代数.

习 题 V

1. 记 $M_n(k)$ 为 k 上的所有 $n \times n$ 矩阵组成的线性空间. 对任意 $A, B \in M_n(k)$ 令 $[A, B] = AB - BA$. 验证 $M_n(k)$ 是以 $[,]$ 为李积的李代数.

2. 设 A 为结合 k-代数, 对任意 $a, b \in A$ 令 $[a, b] = ab - ba$. 验证 A 是以 $[,]$ 为李积的李代数.

3. 验证三维实向量空间是以矢量积为李积的 $\mathbb{R}$-李代数.

4. 对解析空间 $X = \mathbb{P}^1_{\mathbb{C}}$, 给出 Θ_X 的李代数结构 (参看例 IV.4.1).

5. 令 R 为二元 C^∞ (或解析) 函数 (变量为 x, y) 组成的 k-线性空间, 按 (2.1) 定义泊松括号. 证明:

i) R 是以 $\{,\}$ 为李积的李代数.

ii) 定义 k-线性映射 $\phi: R \to Der_k(R, R)$ 为 $f \mapsto \dfrac{\partial f}{\partial y}\dfrac{\partial}{\partial x} - \dfrac{\partial f}{\partial x}\dfrac{\partial}{\partial y}$, 则 ϕ 是李代数同态, 且 $\ker(\phi) = k$.

6. 设 $\mathfrak{L}, \mathfrak{L}'$ 为 k-李代数, 在其直积 $\mathfrak{L} \times \mathfrak{L}'$ 上定义李积为 $[(a, a'), (b, b')] = ([a, b], [a', b'])$ $(\forall a, b \in \mathfrak{L}, a', b' \in \mathfrak{L}')$. 证明:

i) $\mathfrak{L} \times \mathfrak{L}'$ 是以此为李积的李代数.

ii) 设 $\mathfrak{H} \subset \mathfrak{L}, \mathfrak{H}' \subset \mathfrak{L}'$ 为李子代数, 则 $\mathfrak{H} \times \mathfrak{H}'$ 为 $\mathfrak{L} \times \mathfrak{L}'$ 的李子代数.

iii) 设 $\mathfrak{H} \subset \mathfrak{L}, \mathfrak{H}' \subset \mathfrak{L}'$ 为理想, 则 $\mathfrak{H} \times \mathfrak{H}'$ 为 $\mathfrak{L} \times \mathfrak{L}'$ 的理想, 且 $(\mathfrak{L} \times \mathfrak{L}')/(\mathfrak{H} \times \mathfrak{H}') \cong (\mathfrak{L}/\mathfrak{H}) \times (\mathfrak{L}'/\mathfrak{H}')$.

7. 设 $\mathfrak{L}$ 为 k-李代数. 证明:

i) 若 $\mathfrak{H}, \mathfrak{H}' \subset \mathfrak{L}$ 是两个理想, 则所有 $[h, h']$ $(h \in \mathfrak{H}, h' \in \mathfrak{H}')$ 生成的线性子空间 $[\mathfrak{H}, \mathfrak{H}']$ 也是 $\mathfrak{L}$ 的理想. 特别地, $[\mathfrak{L}, \mathfrak{L}]$ 是 $\mathfrak{L}$ 的理想.

ii) $\mathfrak{L}/[\mathfrak{L}, \mathfrak{L}]$ 是交换李代数, 且对任意理想 $\mathfrak{H} \subset \mathfrak{L}$, 若 $\mathfrak{L}/\mathfrak{H}$ 为交换李代数, 则 $\mathfrak{H} \supset [\mathfrak{L}, \mathfrak{L}]$.

8. 设 $\mathfrak{L}$ 为 k-李代数, $a, b \in \mathfrak{L}$. 证明 $[a, [b, [a, b]]] = [b, [a, [a, b]]]$.

9. 设 $\mathfrak{L}$ 为 k-李代数, $\mathfrak{H} \subset \mathfrak{L}$ 为李子代数. 令

$$N(\mathfrak{H}) = \{\theta \in \mathfrak{L} \mid ad\theta(\mathfrak{H}) \subset \mathfrak{H}\}$$

证明 $N(\mathfrak{H})$ 是 $\mathfrak{L}$ 的李子代数, 且 $\mathfrak{H}$ 为 $N(\mathfrak{H})$ 的理想.

10. 设 $\mathfrak{L}$ 为复李代数, 记 $M(\mathfrak{L}) = End_{\mathbb{C}}(\mathfrak{L})$ (同构于 $M_n(\mathbb{C})$ 的复李代数结构). 令

$$\mathfrak{A} = \{T \in M(\mathfrak{L}) \mid T([\theta_1, \theta_2]) = [T(\theta_1), \theta_2] + [\theta_1, T(\theta_2)] \ (\forall \theta_1, \theta_2 \in \mathfrak{L})\}$$

证明 $\mathfrak{A}$ 是 $M(\mathfrak{L})$ 的李子代数.

第 VI 章 李 群

在本章中仍记 $k = \mathbb{R}$ 或 $\mathbb{C}$.

第 1 节 李群的定义和例子

在例 III.2.3 中的解析流形 $T = \mathbb{C}/\Lambda$ 有一个群结构, 是 $\mathbb{C}$ 的加法群的商群, 它的群运算是由 $\mathbb{C}$ 的群运算诱导的, 所以是解析映射, 详言之群的乘法 $m: T \times T \to T$ 和取逆元 $\iota: T \to T$ 都是解析映射. 这样的群称为 "李群", 是数学中一类重要的研究对象.

定义 1   一个 k 上的李群是指一个 k 上的解析空间 G, 带有一个 "单位元" $e \in G$ 及态射 $m: G \times G \to G$ ("乘法") 和 $\iota: G \to G$ ("逆"), 使得 G 为一个群 (以 m 为乘法, e 为单位元, 且对任意 $g \in G$, $\iota(g)$ 为 g 的逆元). 详言之, 记 $o: \{e\} \to G$ 为嵌入, $\pi: G \to \{e\}$ 为投射 (将 G 映到一点 e), 则

i) $m \circ (\mathrm{id}_G \times m) = m \circ (m \times \mathrm{id}_G): G \times G \times G \to G$ (结合律);

ii) $m \circ (o \times \mathrm{id}_G) = m \circ (\mathrm{id}_G \times o) = \mathrm{id}_G: G \cong \{e\} \times G \to G$;

iii) $m \circ (\iota \times \mathrm{id}_G) \circ \Delta = m \circ (\mathrm{id}_G \times \iota) \circ \Delta = o \circ \pi: G \to G$ (其中 $\Delta: G \to G \times G$
     为对角态射 $g \mapsto (g,g)$).

G 称作交换的, 如果还有

iv) $m \circ (\mathrm{pr}_2, \mathrm{pr}_1) = m: G \times G \to G$ (交换律).

一个李群 G 到另一个李群 G' 的同态是指一个与 m 交换的态射 $f: G \to G'$ (此时由群论可知 f 与 o, ι 也交换, 参看 II.1 节). 一个李群 G 的李子群是一个局部闭解析子集 H, 它同时又是 G 的子群; 此时如果 $H \lhd G$ 则称 H 为 G 的正规李子群.

简言之, 一个李群是一个解析空间带有一个群结构, 而群的乘法和取逆元都是代数映射. 为了便于理解, 可以将上面的条件 i)—iv) 分别写成

i′) $(ab)c = a(bc)$ $(\forall a, b, c \in G)$;

ii′) $ae = ea = a$ $(\forall a \in G)$;

iii′) $aa^{-1} = a^{-1}a = e$ $(\forall a \in G)$;

iv′) $ab = ba$ $(\forall a, b \in G)$.

但应记住 i)—iv) 是一些态射的相等关系, 而不是简单的集合映射的相等关系. 例如, 由这些条件可以得到在切空间的诱导映射的一些性质 (参看习题 1).

注 1　我们在后面 (第 VIII 章) 将看到, 定义 1 中的 "解析空间" 可以改为 C^∞-流形、C^n-流形甚至 C^0-流形, 就是说微分的或连续的群结构都可以保证存在解析的群结构.

由于这个原因, 对于李群的研究有多种大不相同的途径, 教科书也有多种不同的讲授方法.

注 2　在很多文献中, 李子群的定义与定义 1 不一致, 如有的只要求 H 为 G 的子群且有诱导的李群结构即可, 在阅读时需注意 (参看下面的注 3.1 和注 IX.2.1).

设 G 为李群, 则任意 $g \in G$ 给出 G 作为解析空间的一个同构 $x \mapsto gx$, 称为一个平移, 记为 T_g. 显然 $T_g \circ T_{g'} = T_{gg'}$, $T_g^{-1} = T_{g^{-1}}$. 由引理 IV.1.1 我们知道 T_g 诱导切空间的同构

$$(T_g)_* : T_{G,e} \to T_{G,g}, \quad D \mapsto D \circ T_g^* \tag{1}$$

特别地, G 的各点的切空间有相同的维数, 故由命题 IV.3.1 可知李群都是解析流形.

例 1　下面是李群的一些典型例子 (参看例 II.1.1 和引理 III.3.1).

i) "加群" $\mathbb{G}_{a/k}$, 为 k 的加法群结构.

ii) "乘群" $\mathbb{G}_{m/k}$, 为 $k^\times = k - \{0\}$ 的乘法群结构. 在 $k = \mathbb{C}$ 的情形, 指数映射 $z \mapsto \exp(2\pi i z)$ 给出一个满同态 $\mathbb{G}_{a/k} \to \mathbb{G}_{m/k}$.

iii) 线性空间 k^n 具有加法李群结构.

iv) 一般线性群 $GL_n(k)$, 为所有 $n \times n$ 非奇异 k-矩阵的乘法群 (维数为 n^2). 所有行列式为 1 的 $n \times n$ 矩阵组成 $GL_n(k)$ 的一个子群 $SL_n(k)$, 它也是 $GL_n(k)$ 的闭子流形, 从而是李子群, 而嵌入映射 $SL_n(k) \to GL_n(k)$ 是李群的同态. 我们后面还将看到 $GL_n(k)$ 的其他一些 "典型" 李子群.

v) 通过齐次坐标的线性变换, $GL_n(k)$ 作用于 $\mathbb{P}_k^{n-1}$ 上, 就是说一个矩阵 $T = (t_{ij}) \in GL_n(k)$ 给出 $\mathbb{P}_k^{n-1}$ 的一个自同构 (即 $\mathbb{P}_k^{n-1}$ 到自身的同构)

$$(a_0 : \cdots : a_{n-1}) \mapsto \left(\sum_j t_{1j} a_{j-1} : \cdots : \sum_j t_{nj} a_{j-1} \right) \tag{2}$$

事实上 $\mathbb{P}_k^{n-1}$ 的所有自同构都可以这样得到, 而 T 给出单位自同构当且仅当 $T \in C$, 其中 $C = \{cI | c \in k^\times\}$ 为 $GL_n(k)$ 的中心. 令 $PGL_n(k) = GL_n(k)/C$, 称为 k 上的**射影线性群**, 它可以看作 $\mathbb{P}_k^{n-1}$ 的 (保持射影空间结构的) 变换群, 不难验证

它具有李群结构 (参看习题 III.10), 而投射 $GL_n(k) \to PGL_n(k)$ 是李群的同态. 我们注意, 若在 U_i 中采用仿射坐标 $x_{ij} = X_j/X_i$ (参看 III.3 节), 则 (2) 在 U_i 上可表为

$$x_{ij} \mapsto \frac{\displaystyle\sum_{l=0}^{n-1} t_{(j+1)(l+1)} x_{il}}{\displaystyle\sum_{l=0}^{n-1} t_{(i+1)(l+1)} x_{il}} \quad (j \neq i) \tag{3}$$

即为分式线性变换.

vi) 设 G 为任意可数群, 赋予 G 以离散拓扑, 并规定在 G 的任一点上的函数集为 k, 这样就给出 G 一个李群结构, 称为一个离散李群.

vii) 例 III.3.3 中的复环面 $\mathbb{C}/\Lambda$ 具有复李群结构, 因为它可以看作 $\mathbb{C}$ 的加法群模子群 Λ 的商群. 这可以推广到高维的情形: $\mathbb{C}^n$ 的一个 $2n$ 秩自由阿贝尔子群 Λ 称为一个格, 如果它包含 $\mathbb{C}^n$ 作为实线性空间的一组基 (换言之 $\mathbb{C}^n$ 中的每个向量都可以表为 Λ 中的向量的实系数线性组合). 此时 $T = \mathbb{C}^n/\Lambda$ 具有紧致李群结构, 称为一个复环面, 而投射 $\mathbb{C}^n \to T$ 是李群的满同态. 复环面结构的研究是相当复杂的, 而且涉及数论, 我们在后面将做较详细的介绍 (见第 XI 章).

viii) 设 G_1, G_2 为李群, 则 $G_1 \times G_2$ 具有李群结构, 称为 G_1 和 G_2 的直积 (在加法群的情形也称为直和). 注意投射 $\mathrm{pr}_i : G_1 \times G_2 \to G_i$ $(i = 1, 2)$ 为同态.

群论中的作用和表示的概念可以搬到李群论中来, 而且可以与几何结构联系起来.

设 G 为李群, X 为解析空间. 一个 G 在 X 上的解析作用是指一个解析映射

$$\rho : G \times X \to X$$

$$(g, x) \mapsto g \cdot x$$

(可将 $g \cdot x$ 简记为 gx), 满足条件

i) 对任意 $g, g' \in G$, $x \in X$ 有 $(gg')x = g(g'x)$;

ii) 对任意 $x \in X$ 有 $ex = x$.

例如, 李群 G 或其李子群在 G 上的左乘作用, 李群 G 在其自身或李正规子群上的共轭作用等, 都是解析作用.

特别地, 若 $X = k^n$ 而 ρ 为 k-线性作用, 记 $v_i \in k^n$ 为第 i 元为 1 而其他元为 0 的列向量 $(1 \leqslant i \leqslant n)$, 则 ρ 所对应的群同态 $\Phi : G \to GL_n(k)$ 为 $g \mapsto (gv_1 \ gv_2 \ \cdots \ gv_n)$, 由此可见 Φ 为解析映射, 即为李群的同态; 反之, 易见一

个李群同态 $\Phi : G \to GL_n(k)$ 所对应的线性作用为解析作用, 故 G 在 k^n 上的线性解析作用等价于 G 到 $GL_n(k)$ 的李群同态.

对于一般的 X, 记 $Aut(X)$ 为 X 的所有解析自同构组成的群, 则 G 在 X 上的一个解析作用给出一个群同态 $G \to Aut(X)$, 但 $Aut(X)$ 未必具有李群结构, 故此时解析作用一般不等价于李群同态. 因此我们更多的是使用 "作用" 而不是 "表示".

第 2 节　李群的一些基本性质

设 G 为李群, 令 G_0 为 G 的包含 e 的道路连通分支, 即所有与 e 道路连通的点组成的子集. 不难验证 G_0 是 G 的子群: 若 $g, h \in G_0$, 取 G_0 中的道路 γ, η 分别连结 e 与 g, h, 则 γ 与 $g\eta$ 合成一条连结 e 与 gh 的道路, 从而 $gh \in G_0$; 而 $g^{-1}\gamma$ 为一条连结 e 与 g^{-1} 的道路, 从而 $g^{-1} \in G_0$. 由 G 是流形可见有一个 e 的开邻域包含于 G_0 中, 故 G_0 为 G 的开子群.

由于每个 T_g 是解析自同构, 可见 G_0 的每个左陪集 gG_0 为 G 的开子集, 而 G 是所有左陪集的无交并, 故每个左陪集也是闭子集. 因此每个左陪集是 G 的一个连通分支.

不仅如此, G_0 还是 G 的正规子群: 对任意 $g \in G$, 易见 $h \mapsto ghg^{-1}$ 给出 G 的一个解析自同构 ϕ_g, 故 $\phi_g(G_0) = gG_0g^{-1}$ 为 G 的一个连通分支, 但 $e \in gG_0g^{-1}$, 故 $gG_0g^{-1} \subset G_0$. 总之有

引理 1　设 G 为李群, $G_0 \subset G$ 为包含 e 的道路连通分支, 则 G_0 与其各左陪集均为 G 的既开又闭的连通分支, 且 G_0 为 G 的正规李子群.

注意每个 ϕ_g 诱导 G_0 的一个自同构.

引理 2　设 G 为连通李群, $U \subset G$ 为 e 的任一开邻域, 则 G 由 U 生成, 即 G 的元都可表示为有限多个 U 的元的积.

证　为简单起见不妨设 $\iota(U) = U$, 否则可用 $\iota(U) \cap U$ 代替 U. 令 $H \subset G$ 为 U 在 G 中生成的子群 (即 U 中元的有限积全体), 则任意 $h \in H$ 有一个开邻域 $hU \subset H$, 故 H 为开子群. 与引理 1 的证明类似, H 的每个左陪集都是 G 的开子集, 故 $G - H$ 是开集 (因为它是一些左陪集的并), 从而 H 是闭集. 由所设 G 连通, 而 $H \subset G$ 是既开又闭的非空集, 故 $H = G$. 证毕.

命题 1　设 G 为李群, $H \subset G$ 为李子群, 即 H 是 G 的局部闭解析子集且为子群, 则 H 是 G 的闭子群 (简言之, 李子群都是闭的).

证　记 $\bar{H}$ 为 H 在 G 中的闭包. 由于 H 是局部闭解析子集, 对任意 $h \in H$,

存在 h 的开邻域 $U \subset G$ 使得 $H \cap U$ 为 U 的解析闭子集. 令 $U' = U - H$, 则 $V = G - U'$ 为包含 H 的闭子集, 故 $\bar{H} \subset V$, 从而 $\bar{H} \cap U = H \cap U$, 这说明 H 是 $\bar{H}$ 的开子集. 由乘法的连续性可知 $m^{-1}\bar{H} \subset G \times G$ 是闭集, 而它包含 $H \times H$, 故包含 $H \times H$ 的闭包 $\bar{H} \times \bar{H}$, 换言之 $m(\bar{H} \times \bar{H}) \subset \bar{H}$. 这说明 $\bar{H}$ 是 G 的子群, 从而是 H 的一些左陪集的并. 由于 H 是 $\bar{H}$ 的开子集, H 在 $\bar{H}$ 中的每个左陪集也是 $\bar{H}$ 的开子集, 故 H 是 $\bar{H}$ 的闭子集. 这说明 $\bar{H} = H$. 证毕.

事实上, G 的任何闭子群都是李子群, 但这一事实的证明不很简单, 我们后面再讨论.

第 3 节　商与齐性空间

设 $f : G \to G'$ 为李群的同态, e' 为 G' 的单位元, 则由定义易见 $\ker(f) = f^{-1}(e')$ 为 G 的李子群 (参看习题 III.3), 而且是正规子群, 即为正规李子群. 在群论中, 一个子群是正规子群当且仅当它是一个群同态的核, 下面的命题说明平行的事实在李群论中也存在.

命题 1　设 G 为李群, $H \subset G$ 为李子群, 则左陪集的集合 G/H 具有唯一解析流形结构使得投射 $G \to G/H$ 为态射. 若 H 为正规李子群, 则 G/H 具有李群结构且投射 $G \to G/H$ 为同态.

证　设 $n = \dim G$, $m = \dim H$, 任取包含 e 的 $n - m$ 维子流形 $M \subset G$ 使得 $T_{M,e} + T_{H,e} = T_{G,e}$. 由引理 IV.3.1, 适当选取 M 及 e 在 H 中的开邻域 V 可使 m 在 $M \times V$ 上的限制给出 $M \times V$ 与 G 的一个开子流形的同构. 取 e 在 $m(M \times V)$ 中的开邻域 U 使得 $U \cap H \subset V$, 再取 e 的开邻域 $M' \subset M$ 使得 $m(\iota(M') \times M') \subset U$, 则投射 $p : G \to G/H$ 在 M' 上的限制是单射, 这是因为对任意 $x, y \in M'$, 若 $y \in xH$, 则 $h = x^{-1}y \in U \cap H \subset V$, 由 m 在 $M \times V$ 上是单射及 $y = xh$ 即得 $x = y$. 记 $W = m(M' \times V)$. 对任意 $g \in G$, 由于 T_g 是同构且诱导 G/H 到自身的一一映射, 可见 p 在 gM' 上的限制是单射.

定义 G/H 的拓扑为 p 的商拓扑, 即一个子集 $T \subset G/H$ 为开集当且仅当 $p^{-1}(T)$ 为开集. 易见 $p(M')$ 为开集, 因为显然 $p^{-1}(p(M')) = \bigcup_{h \in H} Wh$, 而每个 Wh 是 G 的开子集. 故对任意 $g \in G$, $p(gM')$ 为开集, 而所有 $p(gM')$ 组成 G/H 的一个开覆盖. 由此不难验证 G/H 按这个拓扑为满足第二可数性公理的豪斯多夫空间. 对任意 $g \in G$, 一一映射 $gM' \to p(gM')$ 给出 $p(gM')$ 一个解析流形结构, 而对任意 $g, g' \in G$, $p(gM')$ 和 $p(g'M')$ 的解析流形结构在 $p(gM') \cap p(g'M')$ 上是一致的, 因为它们都与 $p^{-1}(p(gM')) \cap p^{-1}(p(g'M')) \subset G$ 的流形结构一致. 因

此, 所有 $p(gM')$ 的诱导解析流形结构合起来就给出 G/H 一个解析流形结构. 注意 p 在 $M' \times V$ 上的限制等于 $\mathrm{pr}_1 : M' \times V \to M'$ 和 $M' \to p(M')$ 的合成, 故为解析映射, 由此及 m 的解析性即得 p 在每个 $p^{-1}(p(gM'))$ 上的限制为解析映射, 从而为解析映射. 注意若要使 p 为解析映射, 则 G/H 的解析结构只能如上定义, 因为易见 p 必为光滑的, 从而 (由推论 IV.3.2 的证明) $M' \to p(M')$ 必为解析同构. 这就说明了 G/H 的解析结构的唯一性.

若 H 是 G 的正规李子群, 则 $G' = G/H$ 具有群结构, 我们需要验证其群运算 (m 和 ι) 都是解析映射. 令 $\alpha : G \times G \to G \times G$ 为映射 $(g_1, g_2) \mapsto (g_1 g_2^{-1}, g_2)$, 易见 α 是解析流形的自同构. 类似地定义 $\alpha' : G' \times G' \to G' \times G'$, 它是一一映射. 我们有 (集合论的) 交换图

$$
\begin{array}{ccc}
G \times G & \xrightarrow{\ \alpha\ } & G \times G \\
\downarrow{\scriptstyle p \times p} & & \downarrow{\scriptstyle p \times p} \\
G' \times G' & \xrightarrow{\ \alpha'\ } & G' \times G'
\end{array}
\qquad (1)
$$

由此可见 α' 是同胚. 令 $O_{G' \times G'}$ 为 $G' \times G'$ 的解析函数层, 则 $\alpha'^* O_{G' \times G'}$ 给出 $G' \times G'$ 的另一个解析流形结构. 注意作为集合 $G' \times G'$ 可以看作 $(G \times G)/(H \times H)$, 而由 (1) 可见 $p \times p$ 给出态射 $(G \times G, O_{G \times G}) \to (G' \times G', \alpha'^* O_{G' \times G'})$, 故由 $(G \times G)/(H \times H)$ 的解析流形结构的唯一性有 $\alpha'^* O_{G' \times G'} = O_{G' \times G'}$, 即 α' 是解析同构. 由此立得 G' 的群运算都是解析映射. 证毕.

注 1　设 $f : G \to G'$ 为李群的同态, $H = \ker(f)$, 则由命题 2 可见 f 诱导李群的单同态 $G/H \to G'$, 从而有群同构 $G/H \cong f(G)$. 但 $f(G)$ **不一定**是 G' 的李子群. 例如在例 1.1.vii) ($n = 1$ 的情形, 参看例 III.2.3) 中, 任取 $\mathbb{C}$ 中一条过原点的直线 l 使得 $l \cap \Lambda = \{0\}$, 则 l 是 $\mathbb{C}$ 的实李子群, 从而投射 p 诱导实李群的同态 $l \to T$. 易见 $p(l)$ 在 T 中稠密 (参看图 1), 故不是 T 的解析子集. 一般说来, 解析映射的像不一定是解析子集.

图 1

习 题 VI

1. 设 G 为李群, 则乘法 m 诱导线性映射 $m_* : T_{G,e} \oplus T_{G,e} \to T_{G,e}$, 而 ι 诱导线性映射 $\iota_* : T_{G,e} \to T_{G,e}$. 证明 $m_*(D, D') = D + D'$, $\iota_*(D) = -D$.

2. 设 $H \subset \mathbb{C}$ 为秩 1 自由阿贝尔子群, 证明 $\mathbb{C}/H$ 具有李群结构, 且同构于 $\mathbb{G}_{m/\mathbb{C}}$.

3. 验证 $GL_n(\mathbb{C})$, $SL_n(\mathbb{C})$, $SL_n(\mathbb{R})$ 和 $PGL_n(\mathbb{C})$ 都是连通的, 而 $GL_n(\mathbb{R})$ 是不连通的, 并计算 $GL_n(\mathbb{R})$ 的连通分支个数. $PGL_n(\mathbb{R})$ 是连通的吗?

4*. 证明李群的中心是正规李子群.

5. 证明 $PGL_n(k)$ 具有 k-李群结构. (提示: 参看习题 III.10.)

6. 设李群 G 作用于解析空间 X 上, $Y \subset X$ 为闭解析子空间. 令 $H = \{g \in G | gY \subset Y\}$. 证明 H 是 G 的李子群.

7. 设 m, n 为正整数, $k = \mathbb{R}$ 或 $\mathbb{C}$. 证明 $GL_m(k) \times GL_n(k)$ 同构于 $GL_{m+n}(k)$ 的一个李子群.

8*. 证明 $SO_2(\mathbb{C}) \cong \mathbb{G}_{m/\mathbb{C}}$, 且作为复流形同构于 $\mathbb{C}^2$ (坐标为 x, y) 中的子流形

$$\{(x, y) \in \mathbb{C}^2 | x^2 + y^2 = 1\}$$

9*. 设 V 为 n 维实线性空间. 证明 $\Gamma L(V)$ (见例 II.1.3) 具有李群结构, 且同构于 $GL_{n+1}(\mathbb{R})$ 的一个李子群. 此外, 若 V 是欧几里得空间 (内积为 $\langle , \rangle$), 则 $\Gamma O(V, \langle , \rangle)$ 为 $\Gamma L(V)$ 的李子群.

第 VII 章 李群的微分学

在本章中仍记 $k = \mathbb{R}$ 或 $\mathbb{C}$, 所涉及的李群均指 k-李群, 除非特别说明.

第 1 节 微分层与微分算子层

命题 1 李群的微分层是平凡的, 详言之对任意 n 维李群 G 有

$$\Omega^1_G \cong O_G^{\oplus n} \tag{1}$$

证 令 $\mathcal{I}$ 为 $\Delta : G \to G \times G$ 的定义理想层, 则

$$\Omega^1_G \cong (\mathcal{I}/\mathcal{I}^2)|_G \tag{2}$$

(见 IV.2 节). 令 $i = \mathrm{id}_G \times o : G \to G \times G$, 即映射 $g \mapsto (g, e)$ (显然是解析映射, 且为闭嵌入). 令 $\mathcal{I}_0 \subset O_G$ 为点 e 在 G 中的理想层 (即在点 e 取值 0 的局部函数组成的层), 则 $\mathcal{I}_0/\mathcal{I}_0^2$ 在点 e 以外处处为 0, 而在点 e 处的限制可以理解为 $m_e/m_e^2 \cong k^n$, 其中 m_e 为 $O_{G,e}$ 的极大理想. 因此, $i(G)$ 的理想层 $\mathcal{J}$ 由 $O_G \otimes \mathcal{I}_0$ 生成. 详言之, 设在 $e \in G$ 的一个开邻域 $U \subset G$ 上有坐标函数 $x_1, \cdots, x_n$, 则在 $\Delta(e) = (e, e) \in G \times G$ 的开邻域 $U \times U$ 上有坐标函数 $x_1 = x_1 \otimes 1, \cdots, x_n = x_n \otimes 1$, $x'_1 = 1 \otimes x_1, \cdots, x'_n = 1 \otimes x_n$, 而 $O_{G \times G}(U \times U)$ 的理想 $\mathcal{J}(U \times U) = (x'_1, \cdots, x'_n)$. 这样 $O_{G \times G}(U \times U)$ 的理想 $\mathcal{J}^2(U \times U) = (x'_1, \cdots, x'_n)^2$, 从而 $\mathcal{J}(U \times U)/\mathcal{J}^2(U \times U)$ 作为左 $O_G(U)$-模由 $x'_1, \cdots, x'_n$ (模 $(x'_1, \cdots, x'_n)^2$) 生成. 由此可见 $\mathcal{J}/\mathcal{J}^2$ 作为左 O_G-模层由 $\mathcal{I}_0/\mathcal{I}_0^2$ 生成, 即

$$\mathcal{J}/\mathcal{J}^2 \cong O_G \otimes (\mathcal{I}_0/\mathcal{I}_0^2) \tag{3}$$

它在 G 上的限制同构于

$$O_G \otimes_k (m_e/m_e^2) \cong O_G^{\oplus n} \tag{4}$$

令 $\alpha = (\mathrm{pr}_1, m) : G \times G \to G \times G$ (即 $(g, g') \mapsto (g, gg')$), 易见 α 是解析同构

(其逆为 $(g, g') \mapsto (g, g^{-1}g')$). 易见有交换图

$$
\begin{array}{ccc}
G & \xrightarrow{\;\mathrm{id}_G\;} & G \\
\downarrow{\scriptstyle i} & & \downarrow{\scriptstyle \Delta} \\
G \times G & \xrightarrow{\;\alpha\;} & G \times G
\end{array}
\tag{5}
$$

由此可见 $\alpha^* \mathcal{I} = \mathcal{J}$, 从而 α 诱导同构 $\mathcal{I}/\mathcal{I}^2 \cong \mathcal{J}/\mathcal{J}^2$. 由 (2), (3) 和 (4) 即得 (1). 证毕.

通常记 $\omega_G = m_e/m_e^2$, 由命题 1 的证明可见最好将 (1) 改写为 $\Omega_G^1 \cong O_G \otimes_k \omega_G$, 这是因为若 $f : G \to G'$ 为李群的同态, 则 $f^* : \omega_{G'} \to \omega_G$ 诱导的层同态 $f^* \Omega_{G'}^1 \to \Omega_G^1$ 与 f 诱导的微分层同态一致.

注 1　李群的微分层平凡这一事实对某些情形意义并不大, 例如 $GL_n(k)$ 可以看作 k^{n^2} 的开子集, 而 k^{n^2} 的微分层就是平凡的, 从而它的任一开子集的微分层是平凡的. 但在某些情形, 这一事实很重要, 特别是在紧致的情形 (例如例 VI.1.vii) 中的复环面), 因为很多紧致流形的微分层不是平凡的 (参看例 III.4.2).

设 X 为解析空间, $R = O_X(X)$. 我们在 IV.2 节看到, 一个导数 $D \in Der_k(R, R)$ 等价于一个 R-模同态 $\Omega_X^1(X) \to R$. 对于 $X = k^n$ 的情形, 在 V.1 节我们定义了微分算子, 它也可以推广到一般的 C^∞-流形或解析空间. 详言之, X 上的一个微分算子是指一个 k-线性映射 $D : O_X \to O_X$, 使得对任意点 $x \in X$ 可取 x 的一个开邻域 $U \subset X$, 在 U 上有坐标系 $x_1, \cdots, x_n$, 而 $D|_U : O_U \to O_U$ 可表示为形如

$$
f \frac{\partial}{\partial x_{i_1}} \circ \cdots \circ \frac{\partial}{\partial x_{i_r}}
\tag{6}
$$

(f 为 U 上的解析函数) 的微分算子的和. 我们可以仿照 IV.2 节那样理解微分算子如下.

仍考虑 $\Delta : X \to X \times X$ 并令 $\mathcal{I}$ 为其理想层, 我们知道 $\mathcal{I}$ 局部由 $\Delta x = 1 \otimes x - x \otimes 1$ 生成. 由于我们要考虑高阶导数, 需要保留高阶微分, 详言之考虑阶不超过 r 的微分算子时可以将阶为 $r+1$ 的微分模去, 即考虑 $O_{X \times X}/\mathcal{I}^{r+1}$, 这个层与 $\mathcal{I}/\mathcal{I}^2$ 一样, 在 $\Delta(X)$ 之外处处为 0, 将它在 $X \cong \Delta(X)$ 上的限制记为 P_X^r. 注意 P_X^r 既有 O_X-左模结构又有 O_X-右模结构, 但我们下面如无特别说明总将它看作 O_X-左模, 以免造成混乱. 若解析流形 X 在开集 $U \subset X$ 上有局部坐标 $x_1, \cdots, x_n$, 则 $P_X^r(U)$ 为所有微分 $\mathrm{d}x_1^{i_1} \cdots \mathrm{d}x_n^{i_n}$ ($i_1 + \cdots + i_n \leqslant r$) 生成的自由

$O_X(U)$-模. 令 $d = \mathrm{pr}_2^* : O_X \to P_X^r$, 则对任意 $f \in O_X(U)$ 有

$$df = f(x_1 + \mathrm{d}x_1, \cdots, x_n + \mathrm{d}x_n) = \sum_{i_1 + \cdots + i_n \leqslant r} \left(\frac{\partial}{\partial x_1} \right)^{i_1} \circ \cdots \circ \left(\frac{\partial}{\partial x_n} \right)^{i_n} (f) \mathrm{d}x_1^{i_1} \cdots \mathrm{d}x_n^{i_n}$$

(7)

设 $O_X(U)$ 上的微分算子

$$D = \sum_{i_1 + \cdots + i_n \leqslant r} \phi_{i_1 \cdots i_n} \left(\frac{\partial}{\partial x_1} \right)^{i_1} \circ \cdots \circ \left(\frac{\partial}{\partial x_n} \right)^{i_n}$$

(8)

则有

$$Df = \sum_{i_1 + \cdots + i_n \leqslant r} \phi_{i_1 \cdots i_r} \left(\frac{\partial}{\partial x_1} \right)^{i_1} \circ \cdots \circ \left(\frac{\partial}{\partial x_n} \right)^{i_n} (f)$$

(9)

若令 $\phi : P_X^r(U) \to O_X(U)$ 为 (左) $O_X(U)$-线性映射使得

$$\phi(\mathrm{d}x_1^{i_1} \cdots \mathrm{d}x_n^{i_n}) = \phi_{i_1 \cdots i_n} \quad (\forall i_1, \cdots, i_n, \ i_1 + \cdots + i_n \leqslant r)$$

(10)

则有 $D = \phi \circ d$. 这样与导数的情形类似, X 上的一个阶不超过 r 的微分算子就等价于一个 O_X-线性同态 $\phi : P_X^r \to O_X$. 我们称 $d = \mathrm{pr}_2^* : O_X \to P_X^r$ 为 "典范微分算子", 局部它是映射 $x \mapsto \overline{1 \otimes x}$ (这里与导数情形的定义 $\overline{1 \otimes x - x \otimes 1}$ 有一点差别, 是为了包括 0 阶微分算子). 由此可见所有阶不超过 r 的微分算子组成一个层 $\mathcal{D}iff_k^r(O_X, O_X)$, 而由上所述有 O_X-模层同构

$$\mathcal{D}iff_k^r(O_X, O_X) \cong \mathcal{H}om_{O_X}(P_X^r, O_X)$$

(11)

这加强了 IV.2 节中的 $\mathcal{T}_X \cong \mathcal{H}om_{O_X}(\Omega_X^1, O_X)$. 注意 $P_X^1 \cong \Omega_X^1 \oplus O_X$, 故

$$\mathcal{D}iff_k^1(O_X, O_X) \cong \mathcal{H}om_{O_X}(P_X^1, O_X) \cong \mathcal{T}_X \oplus O_X$$

(12)

所有 $\mathcal{D}iff_k^r(O_X, O_X)$ $(\forall r \geqslant 0)$ 的并称为 X 的微分算子层, 记为 $\mathcal{D}iff_k(O_X, O_X)$. 注意它是一个 O_X-代数层.

现在考虑李群的微分算子层. 用命题 1 的证明中的记号. 对任意 $r \geqslant 0$, 易见 $O_G / \mathcal{I}_0^{r+1}$ 在 e 以外的任一点为 0, 记它在 e 点的限制为 M_G^r, 则有 $M_G^r \cong O_{G,e} / m_e^{r+1}$. 若 $\dim(G) = n$, 不难算出

$$\dim_k M_G^r = \binom{r+n}{n}$$

(13)

仿照命题 1 的证明即可得到 (习题 6)

命题 2　设 G 为 n 维李群. 则对任意 $r \geqslant 0$ 有

i) O_G-模层 P_G^r 是平凡的, 详言之有

$$P_G^r \cong O_G \otimes_k M_G^r \cong O_G^{\oplus \binom{r+n}{n}} \tag{14}$$

ii) 微分算子层 $\mathcal{D}iff_k^r(O_G, O_G)$ 是平凡的, 详言之有

$$\mathcal{D}iff_k^r(O_G, O_G) \cong O_G \otimes_k Hom_k(M_G^r, k) \cong O_G^{\oplus \binom{r+n}{n}} \tag{15}$$

因此 $\mathcal{D}iff_k(O_G, O_G)$ 也是平凡的, 即为 O_G 的 (无穷多个拷贝的) 直和, 而且 $\mathcal{T}_G$ 也是平凡的, 详言之

$$\mathcal{T}_G \cong O_G \otimes_k Hom_k(\omega_G, k) \cong O_G^{\oplus n} \tag{16}$$

对任一 k-解析空间 X, 记 $Diff_k^r(O_X, O_X) = \mathcal{D}iff_k^r(O_X, O_X)(X)$, 即阶不超过 r 的整体微分算子的集合, 它显然具有 k-线性空间结构; 记 $Diff_k(O_X, O_X) = \mathcal{D}iff_k(O_X, O_X)(X)$, 即所有整体微分算子的集合, 它显然具有 k-代数结构, 且为所有 $Diff_k^r(O_X, O_X)$ 的并. 而 $\Theta_X \subset Diff_k^1(O_X, O_X)$, 且为 $Diff_k(O_X, O_X)$ 的李子代数.

第 2 节　李群的李代数与不变微分算子

设 G 为李群, θ 为 G 上的向量场. 由定义, 在任一开集 $U \subset G$ 上, θ 由 $O_G(U)$ 到自身的一个 k-导数给出, 为方便起见我们滥用记号, 把这个导数也记为 θ. 若对任意 $f \in O_G(U)$ 和 $g \in G$ 有

$$T_g^*(\theta f) = \theta(T_g^* f) \tag{1}$$

(注意 (1) 的两边是 $g^{-1}U$ 上的函数), 则称 θ 是*左不变的*. 等式 (1) 可以写为 $(\theta f)(gx) = \theta(f(gx))$ $(\forall x \in g^{-1}U)$, 它左边是先将 θ 作用于 f 再将 gx 代入 x, 而右边则是将 $f(gx)$ 看作 x 的函数而用 θ 作用.

由纤维丛的观点可以更好地理解左不变性, 就是说将 g 看作 "动点", 这样就给出 G 上的一族导数, 它在点 g 处的纤维为 $\theta \circ T_g^*$. 按这样的理解, 左不变性可以表达为下面的交换图:

$$\begin{array}{ccc} O_G & \xrightarrow{\theta} & O_G \\ \downarrow{m^*} & & \downarrow{m^*} \\ m_* O_{G \times G} & \xrightarrow{m_* \mathrm{pr}_2^*(\theta)} & m_* O_{G \times G} \end{array} \tag{2}$$

就是说对任意局部函数 f 有

$$(\mathrm{id}_{O_G} \otimes \theta) \circ m^*(f) = m^* \circ \theta(f) \tag{3}$$

为了验证这一点, 记 $i_g : G \to G \times G$ 为解析映射 $h \mapsto (g, h)$, 注意 $T_g = m \circ i_g$, 从而 $T_g^* = i_g^* \circ m^*$, 故 $T_g^*(f)$ 为 $m^*(f)$ 对第一个变量在 g 点取值而得的函数. 记 $f(g) = g^*(f)$, 则有

$$\begin{aligned}
\theta(T_g^* f) &= \theta \circ i_g^* \circ m^*(f) \\
&= (g^* \otimes \theta) \circ m^*(f) \\
&= (g^* \otimes \mathrm{id}_{O_G}) \circ (\mathrm{id}_{O_G} \otimes \theta) \circ m^*(f) \\
&= i_g^* \circ (\mathrm{id}_{O_G} \otimes \theta) \circ m^*(f)
\end{aligned} \tag{4}$$

若 (3) 成立, 在 (3) 的两边应用 i_g^*, 由 (4) 得

$$\begin{aligned}
T_g^*(\theta f) &= i_g^* \circ m^* \circ \theta(f) \\
&= i_g^* \circ (\mathrm{id}_{O_G} \otimes \theta) \circ m^*(f) \\
&= \theta(T_g^* f)
\end{aligned} \tag{5}$$

即 (1) 成立; 反之, 若 (1) 对任意 $g \in G$ 成立, 注意若 f 定义在开集 $U \subset G$ 上, 则 (3) 的两边定义在 $m^{-1}(U)$ 上, 可见 (3) 的两边在 $(\{g\} \times G) \cap m^{-1}(U)$ 上相等, 从而处处相等.

更一般地, 若 $D \in Diff_k^r(O_G, O_G)$ 使得下图交换

$$\begin{array}{ccc}
O_G & \xrightarrow{\ \ D\ \ } & O_G \\
\Big\downarrow{\scriptstyle m^*} & & \Big\downarrow{\scriptstyle m^*} \\
m_* O_{G \times G} & \xrightarrow{m_* \mathrm{pr}_2^*(D)} & m_* O_{G \times G}
\end{array} \tag{6}$$

则称 D 是*左不变*的. 易见若 $D, D' \in Diff_k(O_G, O_G)$ 都是左不变的, 则 $D \circ D'$ 亦然, 故所有左不变整体微分算子组成一个 k-代数 $Diff(G/k)$, 称为 G 的左不变微分算子代数. 显然所有左不变导数组成 $Diff(G/k)$ 的一个李子代数 $Lie(G)$, 称为 G 的*李代数*.

注 1　在上面的定义中, 若将 "左不变" 都改为 "右不变", 同样可以定义一个李代数, 而且与上面所定义的李代数是同构的, 但不能同时既用左不变又用右不变 (除非 G 是交换群), 为避免混淆我们将固定用左不变.

在上节我们看到, G 上的一个阶不超过 r 的整体微分算子 D 等价于一个 O_G-模同态 $\phi: P_G^r \to O_G$, 二者的关系是 $D = \phi \circ d$, 其中 $d: O_G \to P_G^r$ 为典范微分算子. 而由命题 1.2 有 $P_G^r \cong O_G \otimes_k M_G^r$, 这个同构由 α^* 诱导, 故也可以记为 α^*. 设 ϕ 由一个 k-线性同态 $\bar{\phi}: M_G^r \to k$ 诱导, 即

$$\phi = (\mathrm{id}_{O_G} \otimes \bar{\phi}) \circ \alpha^* \tag{7}$$

我们来证明 $D = \phi \circ d$ 是左不变的, 由 (6) 只需证明 $m^* \circ D = (\mathrm{id}_{O_G} \otimes D) \circ m^*$ (参看 (3)). 易见 $\alpha^* \circ d = m^*$, 故

$$
\begin{aligned}
D &= (\mathrm{id}_{O_G} \otimes \bar{\phi}) \circ \alpha^* \circ d \\
&= (\mathrm{id}_{O_G} \otimes (\bar{\phi} \circ d)) \circ m^* \\
&= (\mathrm{id}_{O_G} \otimes \bar{D}) \circ m^*
\end{aligned}
\tag{8}
$$

其中 $\bar{D}$ 为 D 在 e 点的限制. 注意由李群的乘法结合律 (见定义 VI.1.1.iii)) 有

$$(m^* \otimes \mathrm{id}_{O_G}) \circ m^* = (\mathrm{id}_{O_G} \otimes m^*) \circ m^* \tag{9}$$

从而

$$
\begin{aligned}
m^* \circ D &= m^* \circ (\mathrm{id}_{O_G} \otimes_R \bar{\phi}) \circ m^* \\
&= (\mathrm{id}_{O_{G \times_R G}} \otimes_R \bar{\phi}) \circ (m^* \otimes_R \mathrm{id}_{O_G}) \circ m^* \\
&= (\mathrm{id}_{O_{G \times_R G}} \otimes_R \bar{\phi}) \circ (\mathrm{id}_{O_G} \otimes_R m^*) \circ m^* \\
&= (\mathrm{id}_{O_G} \otimes_R D) \circ m^*
\end{aligned}
\tag{10}
$$

即 D 是左不变的. 由于 D 由 $\bar{\phi}$ 决定, 可记 $D = D_{\bar{\phi}}$.

反之, 若 $D \in Diff_k^r(O_G, O_G)$ 是左不变的, 令 $\phi \in Hom_{O_G}(P_G^r, O_G)$ 为 D 所对应的同态, 并令

$$\bar{\phi} = o^* \phi \in Hom_k(M_G^r, k) \tag{11}$$

由左不变性 $m^* \circ D = (\mathrm{id}_{O_G} \otimes D) \circ m^*$ 有

$$m^* \circ D = (\mathrm{id}_{O_G} \otimes \phi \circ d) \circ m^* \tag{12}$$

注意李群的单位元给出 (见定义 VI.1.1.ii))

$$(\mathrm{id}_{O_G} \otimes o^*) \circ m^* = \mathrm{id}_{O_G} \tag{13}$$

对 (12) 的两边应用 $\mathrm{id}_{O_G} \otimes o^*$ 得

$$D = (\mathrm{id}_{O_G} \otimes (\bar{\phi} \circ d)) \circ m^* \tag{14}$$

与 (8) 比较, 可见 $D = D_{\bar{\phi}}$. 注意 $\bar{\phi} \circ d = D_{\bar{\phi}}|_e$, 即 $D_{\bar{\phi}}$ 在点 e 处的限制.

由此可见 $\bar{\phi} \mapsto D_{\bar{\phi}} = (\mathrm{id}_{O_G} \otimes (\bar{\phi} \circ d)) \circ m^*$ 给出一个 k-线性的一一映射 $Hom_k(M_G^r, k) \to Diff^r(G/k)$, 故为同构. 总之有

定理 1　对任一李群 G 及任意 $r \geqslant 0$ 有典范的 k-线性空间同构

$$Hom_k(M_G^r, k) \xrightarrow{\cong} Diff^r(G/k) \tag{15}$$

将任一 $\bar{\phi} \in Hom_k(M_G^r, k)$ 映到 $D_{\bar{\phi}} = (\mathrm{id}_{O_G} \otimes (\bar{\phi} \circ d)) \circ m^*$. 特别地有

$$Lie(G) \cong Hom_k(\omega_G, k) \cong T_{G,e} \tag{16}$$

直观上这个定理的意义很容易理解: 一个向量场是左不变的就相当于它是将 $e \in G$ 处的一个切向量 "搬到各点" 组成的. 详言之, G 的一个向量场 θ 是左不变的等价于对任意 $g \in G$ 有 $T_g^* \circ \theta = \theta \circ T_g^*$, 这可以改写为 $T_{g*}\theta = \theta$, 其中 $T_{g*}\theta = T_{g^{-1}}^* \circ \theta \circ T_g^*$. 对任意 $g \in G$ 记 $\theta|_g$ 为 θ 在点 g 处的限制 (可以理解为 "取值"), 则对任意 $g' \in G$ 有

$$T_{g*}(\theta|_{g'}) = (T_{g*}\theta)|_{gg'} \tag{17}$$

因此 $T_{g*}\theta = \theta$ 就等价于

$$T_{g*}(\theta|_{g'}) = \theta|_{gg'} \quad (\forall g' \in G) \tag{18}$$

给定任意切向量 $v \in T_{G,e}$, 则它经过平移可在 G 的每个点上给出一个切向量

$$v_g = T_{g*}(v) \in T_{G,g} \quad (\forall g \in G) \tag{19}$$

直观地, 它们合起来组成一个向量场 θ (定理 1 的证明就是将这个直观说清楚), 且由 $T_{g*} \circ T_{g'*} = T_{gg'*}$ 可见 (18) 成立, 即 $\theta \in Lie(G)$; 反之, 若向量场 θ 满足 (18), 令 $v_g = \theta|_g \in T_{G,g}$ $(\forall g \in G)$, 则由 (18) 可见 (19) 对 $v = v_e$ 成立, 即 θ 是由 $v = v_e$ 按 (19) 给出的向量场. 这样的理解不难推广到左不变微分算子.

例 1　我们来计算例 VI.1.1 中的各李群 (除 v), vii) 外) 的李代数.

对 $\mathbb{G}_{a/k}$, 令 t 为坐标函数, 则有 $m^*(t) = t \otimes 1 + 1 \otimes t$, 而 m_e 由 t 生成, 从而 $\omega_G = k\bar{t}$ ($\bar{t}$ 为 t 在 $\omega_G = m_e/m_e^2$ 中的像). 取 $\bar{\phi} \in Hom_k(\omega_G, k)$ 使得 $\bar{\phi}(\bar{t}) = 1$, 则由 (7) 可见 $Lie(\mathbb{G}_{a/k})$ 由 $\dfrac{\mathrm{d}}{\mathrm{d}t}$ 生成.

对 $\mathbb{G}_{m/k}$, 仍令 t 为坐标函数 $(t \neq 0)$, 则有 $m^*(t) = t \otimes t$, 而 m_e 由 $t - 1$ 生成, 从而 $\omega_G = k(\bar{t} - 1)$. 取 $\bar{\phi} \in Hom_k(\omega_G, k)$ 使得 $\bar{\phi}(\bar{t} - 1) = 1$, 则由 (7) 可见 $Lie(\mathbb{G}_{m/k})$ 由 $t\dfrac{\mathrm{d}}{\mathrm{d}t}$ 生成.

现在来看例 VI.1.1.iv), 对 $GL_n(k)$ 可取坐标 x_{ij} $(1 \leqslant i, j \leqslant n)$, 而 $GL_n(k)$ 的元为矩阵 (x_{ij}) $(\det(x_{ij}) \neq 0)$, 有

$$m^*(x_{ij}) = \sum_{l=1}^{n} x_{il} \otimes x_{lj} \tag{20}$$

注意 $O_{GL_n(k),I}$ 的极大理想由 $x_{ij} - \delta_{ij}$ $(1 \leqslant i, j \leqslant n)$ 生成, 故一个导数 $D \in T_{GL_n(k),I}$ 可以看作一个 $n \times n$ 矩阵 $(D(x_{ij}))$. 令 $D_{ij} = \dfrac{\partial}{\partial x_{ij}}\Big|_I$ $(1 \leqslant i, j \leqslant n)$, 则由定义 (3) 和 (20) 易得

$$\theta_{D_{ij}}(x_{lm}) = \delta_{jm} x_{li} \tag{21}$$

简记 $\theta_{D_{ij}}$ 为 θ_{ij} $(1 \leqslant i, j \leqslant n)$, 由 (21) 得

$$\theta_{ij} = \sum_{l=1}^{n} x_{li} \frac{\partial}{\partial x_{lj}} \quad (1 \leqslant i, j \leqslant n) \tag{22}$$

我们可以用下面的方法使得 (22) 较容易掌握. 令 $V \subset O_{GL_n(k)}(GL_n(k))$ 为所有线性齐次函数 $\sum\limits_{i,j=1}^{n} a_{ij} x_{ij}$ $(a_{ij} \in k)$ 组成的 k-线性空间, 则由 (21) 可见 $\theta_{ij}(V) \subset V$, 即 θ_{ij} 线性地作用于 V 上. 这个作用可以简单地表示为在矩阵 (x_{ij}) 上的作用, 即将第 i 列移到第 j 列而将其他列化为 0, 这相当于用 $E_{ij}(1)$ 右乘, 其中 $E_{ij}(1)$ 为第 i 行 j 列的元为 1 而其他元为 0 的矩阵. 由此可见对任意 $D \in T_{GL_n(k),I}$ 有

$$\theta_D(x_{ij}) = (x_{ij})(D(x_{ij})) \tag{23}$$

此外对任意 $D' \in T_{GL_n(k),I}$ 有

$$\theta_D \circ \theta_{D'}(x_{ij}) = \theta_D((x_{ij})(D'(x_{ij}))) = (x_{ij})(D(x_{ij}))(D'(x_{ij})) \tag{24}$$

从而 $[\theta_D, \theta_{D'}]$ 对应于矩阵 $[(D(x_{ij})), (D'(x_{ij}))]$. 故 $GL_n(k)$ 的李代数与例 V.2.1.ii) 中的李代数同构, 我们把这个李代数记为 $\mathfrak{gl}_n(k)$.

对 $SL_n(k)$, 注意它是由方程 $\det(x_{ij}) = 0$ 定义的子群, 设 $D = \sum\limits_{i,j} a_{ij} \dfrac{\partial}{\partial x_{ij}}\Big|_I \in T_{GL_n(k),I}$, 则 $D \in T_{SL_n(k),I}$ 当且仅当

$$\sum_{i,j} a_{ij} \frac{\partial}{\partial x_{ij}} \det(x_{ij})\Big|_I = 0 \tag{25}$$

注意 (25) 的左边等于 $\sum\limits_{i,j} a_{ij}\delta_{ij}$, 故 $Lie(SL_n(k))$ 由所有满足 $\sum\limits_i a_{ii} = 0$ 的矩阵, 即迹为 0 的矩阵组成. 我们把这个李代数记为 $\mathfrak{sl}_n(k)$.

例 VI.1.1.vi) 中的李群是 0 维的, 故其李代数为 0.

对于例 VI.1.1.viii), 即两个李群 G_1, G_2 的直积, 有 $Lie(G_1 \times G_2) \cong Lie(G_1) \times Lie(G_2)$ (习题 1). 由于 k^n 是 n 个 $\mathbb{G}_{a/k}$ 的拷贝的直和, 由归纳法也就可以得到其李代数的一组生成元.

第 3 节　不变微分算子环的基本性质

我们注意, (2.16) 的左边为李代数, 而右边仅为 k-线性空间. 那么左边的李积对应于右边的什么运算呢?

用第 1 节的记号. 令 $I_0 \subset O_{G,e}$ 和 $J_0 \subset O_{G \times G, (e,e)}$ 分别为极大理想, 由 $m(e,e) = e$ 可见 $m^*: O_{G,e} \to O_{G \times G, (e,e)}$ 将 I_0 映到 J_0 中. 易见

$$J_0 = (I_0 \otimes O_{G,e} + O_{G,e} \otimes I_0)O_{G \times G, (e,e)} \tag{1}$$

对任意 $r \geqslant 0$, 令

$$J_r = (I_0^r \otimes O_{G,e} + O_{G,e} \otimes I_0^r)O_{G \times G, (e,e)} \tag{2}$$

则由 (1) 可见

$$J_0^{2r+1} \subset J_{r+1} \tag{3}$$

由此可见对任意 $r \geqslant 0$ 有 $m^*(I_0^{2r+1}) \subset J_{r+1}$, 从而诱导

$$m^*: M_G^{2r} \to O_{G \times G, (e,e)}/J_{r+1} \cong M_G^r \otimes_k M_G^r \tag{4}$$

对任意 $\bar{\phi}, \bar{\phi}' \in Hom_k(M_G^r, k)$, 利用 (2.9) 可得

$$\begin{aligned}
D_{\bar{\phi}} \circ D_{\bar{\phi}'} &= (\mathrm{id}_{O_G} \otimes (\bar{\phi} \circ d)) \circ m^* \circ (\mathrm{id}_{O_G} \otimes (\bar{\phi}' \circ d)) \circ m^* \\
&= (\mathrm{id}_{O_G} \otimes (\bar{\phi} \circ d) \otimes (\bar{\phi}' \circ d)) \circ (m^* \otimes \mathrm{id}_{O_G}) \circ m^* \\
&= (\mathrm{id}_{O_G} \otimes (\bar{\phi} \circ d) \otimes (\bar{\phi}' \circ d)) \circ (\mathrm{id}_{O_G} \otimes m^*) \circ m^* \\
&= (\mathrm{id}_{O_G} \otimes ((\bar{\phi} \otimes \bar{\phi}') \circ m^*) \circ d) \circ m^*
\end{aligned} \tag{5}$$

令

$$\bar{\phi}'' = (\bar{\phi} \otimes \bar{\phi}') \circ m^* \in Hom_k(M_G^{2r}, k) \tag{6}$$

则 (5) 说明 $D_{\bar{\phi}} \circ D_{\bar{\phi}'} = D_{\bar{\phi}''}$. 总之有

命题 1   设 G 为李群. 对任意非负整数 r, m_G 诱导典范的 k-线性同态 (4), 从而对任意 $\bar{\phi}, \bar{\phi}' \in Hom_k(M_G^r, k)$ 可由 (6) 定义 $\bar{\phi}'' \in Hom_k(M_G^{2r}, k)$, 且有 $D_{\bar{\phi}} \circ D_{\bar{\phi}'} = D_{\bar{\phi}''}$. 特别地, 对任意 $\bar{\phi}, \bar{\phi}' \in Hom_k(\omega_G, k)$, 有

$$[\bar{\phi}, \bar{\phi}'] := (\bar{\phi} \otimes \bar{\phi}' - \bar{\phi}' \otimes \bar{\phi}) \circ m^* \in Hom_k(\omega_G, k) \tag{7}$$

且

$$[D_{\bar{\phi}}, D_{\bar{\phi}'}] = D_{[\bar{\phi}, \bar{\phi}']} \in Lie(G) \tag{8}$$

若 G 是交换李群, 则有 $(\bar{\phi} \otimes \bar{\phi}') \circ m^* = (\bar{\phi}' \otimes \bar{\phi}) \circ m^*$, 故 $D_{\bar{\phi}} \circ D_{\bar{\phi}'} = D_{\bar{\phi}'} \circ D_{\bar{\phi}}$. 由此得

推论 1   设 G 为交换李群, 则 $Diff(G/k)$ 为交换 k-代数, 而 $Lie(G)$ 为交换李代数.

设 $f : G \to G'$ 为李群同态, 其中 G' 的单位元为 e', 则易见对任意 $r \geqslant 0$, $f^* : O_{G', e'} \to O_{G, e}$ 诱导典范 k-线性同态 $f^* : M_{G'}^r \to M_G^r$, 故由定理 2.1 得到典范 k-线性同态 $f_* : Diff^r(G/k) \to Diff^r(G'/k)$, 它们合起来给出典范 k-线性同态 $f_* : Diff(G/k) \to Diff(G'/k)$. 对任意 $\bar{\phi}, \bar{\phi}' \in Hom_k(M_G^r, k)$ 有

$$
\begin{aligned}
(f_*(\bar{\phi}) \otimes f_*(\bar{\phi}')) \circ m_{G'}^* &= ((\bar{\phi} \circ f^*) \otimes (\bar{\phi}' \circ f^*)) \circ m_{G'}^* \\
&= (\bar{\phi} \otimes \bar{\phi}') \circ (f^* \otimes f^*) \circ m_{G'}^* \\
&= (\bar{\phi} \otimes \bar{\phi}') \circ m_G^* \circ f^* \\
&= f_*((\bar{\phi} \otimes \bar{\phi}') \circ m_G^*)
\end{aligned}
\tag{9}
$$

故由命题 1 得

$$f_*(D_{\bar{\phi}}) \circ f_*(D_{\bar{\phi}'}) = f_*(D_{\bar{\phi}} \circ D_{\bar{\phi}'}) \tag{10}$$

这说明 $f_* : Diff(G/k) \to Diff(G'/k)$ 是 k-代数同态.

由此可见 $f^* : \omega_{G'} \to \omega_G$ 诱导李代数同态 $f_* : Lie(G) \to Lie(G')$. 令 $H = \ker(f)$, 注意 $f^* : \omega_{G'} \to \omega_G$ 等价于 $f_* : T_{G,e} \to T_{G',e'}$. 若 f 是满同态, 则 f 是光滑的, 由习题 IV.3 可见下面的诱导线性映射列

$$0 \to T_{H,e} \to T_{G,e} \to T_{G',e'} \tag{11}$$

是正合的. 在一般情形 f 经过 G/H, 而 $G/H \to G'$ 是单同态, 它诱导的切空间同态都是单同态, 特别地对 G/H 的单位元 $\bar{e}$, 诱导同态 $T_{G/H,\bar{e}} \to T_{G',e'}$ 是单同态, 而 $\ker(T_{G,e} \to T_{G/H,\bar{e}}) = T_{H,e}$, 故 (11) 仍是正合的. 这样由命题 1 有李代数同态的正合列

$$0 \to Lie(H) \to Lie(G) \to Lie(G') \tag{12}$$

换言之 $Lie(H) = \ker(f_* : Lie(G) \to Lie(G'))$, 因此 $Lie(H)$ 为 $Lie(G)$ 的理想.

由命题 VI.3.1 可知, 任意正规李子群 $H \lhd G$ 是投射 $G \to G/H$ 的核, 故由上所述 $Lie(H)$ 是 $Lie(G)$ 的理想. 总之有

推论 2　设 $f : G \to G'$ 为李群的同态.

i) f 诱导典范 k-代数同态 $f_* : Diff(G/k) \to Diff(G'/k)$, 使得对任意 $r \geqslant 0$ 有 $f_*(Diff^r(G/k)) \subset Diff^r(G'/k)$, 且其在 e 点的纤维与 f^* 诱导的典范 k-线性同态 $M_{G'}^r \to M_G^r$ 一致.

ii) f 诱导典范李代数同态 $f_* : Lie(G) \to Lie(G')$, 其在 e 点的纤维与 $f_* : T_{G,e} \to T_{G',e'}$ 一致, 且有正合列 (12), 其中 $H = \ker(f)$. 故 $Lie(H) = \ker(f_* : Lie(G) \to Lie(G'))$ 为 $Lie(G)$ 的理想, 且 $f_* Lie(G) \cong Lie(G)/Lie(H)$.

iii) 对任意正规李子群 $H \lhd G$, $Lie(H)$ 是 $Lie(G)$ 的理想, 且 $Lie(G/H) \cong Lie(G)/Lie(H)$.

注 1　我们看到李群的李子群、正规李子群和商群分别对应于其李代数的子代数、理想和商代数, 但反过来不成立, 即李群的李代数的子代数不一定是一个李子群的李代数. 例如, 在注 VI.3.1 中, 易见投射 $p : \mathbb{C} \to T$ 诱导同构 $p_* : T_{\mathbb{C},0} \to T_{T,\bar{0}}$, 从而由推论 2 有 $Lie(\mathbb{C}) \cong Lie(T)$; 而 $p_* Lie(l) \subset Lie(\mathbb{C}) \cong \mathbb{C}$ 可以看作直线 l, 它不是 T 的实李子群的李代数, 尽管它是实李子代数.

另一个典型例子是复环面, 对任一维数为 $n > 1$ 的复环面 T, $Lie(T)$ 的任一维数 $< n$ 的非零复线性子空间都是理想, 但在一般情形 T 的复李子群除本身外只有 0 维的 (这方面的细节较为深入, 参看例 XI.1.1).

例 1　对 $PGL_n(k)$, 由推论 2 可知它的李代数同构于 $Lie(GL_n(k))$ 模理想 $\{\lambda I | \lambda \in k\}$ 所得的商代数, 易见它同构于 $Lie(SL_n(k))$, 事实上同态 $SL_n(k) \to PGL_n(k)$ 诱导李代数的同构.

命题 2　对任意 k-李群 G, $Diff(G/k)$ 为 $Lie(G)$ 的泛包络代数.

证　令 V 为 $Lie(G)$ 的泛包络代数, 并令 $V_r \subset V$ 为次数 $\leqslant r$ 的元素的集合 ($\forall r \in \mathbb{N}$). 则 $\mathrm{id}_{Lie(G)}$ 诱导典范环同态 $\phi : V \to Diff(G/k)$ 使得 $\phi(V_r) \subset Diff^r(G/k)$ ($\forall$).

令 $n = \dim(G)$, 且令 $m_e \subset O_{G,e}$ 为极大理想. 由于 G 是光滑的, 存在 m_e 的一组生成元 $x_1, \cdots, x_n$, 使得在 e 点附近 $x_1, \cdots, x_n$ 为一组局部坐标. 由定理 2.1 可取 $\theta_1, \cdots, \theta_n \in Lie(G)$ 使得

$$\theta_i(x_j)|_e = \delta_{ij} \quad (\forall i, j \leqslant n) \tag{13}$$

因此在 e 点附近有

$$\theta_i - \frac{\partial}{\partial x_i} \in m_e Der_k(O_{G,e}, O_{G,e}) \quad (\forall i) \tag{14}$$

由 (14) 用归纳法不难得到, 对任意 $i_1, \cdots, i_n \geqslant 0$ 使得 $i_1 + \cdots + i_n = r > 0$, 在 e 点附近有

$$\theta_1^{i_1} \circ \cdots \circ \theta_n^{i_n} - \left(\frac{\partial}{\partial x_1}\right)^{i_1} \circ \cdots \circ \left(\frac{\partial}{\partial x_n}\right)^{i_n} \in m_e Diff_k^r(O_{G,e}, O_{G,e})$$
$$+ Diff_k^{r-1}(O_{G,e}, O_{G,e}) \tag{15}$$

这说明对于任意 $j_1, \cdots, j_n \geqslant 0$ 使得 $j_1 + \cdots + j_n = r$, 在 e 点处有

$$\theta_1^{i_1} \circ \cdots \circ \theta_n^{i_n}(x_1^{j_1} \cdots x_n^{j_n})|_e = \begin{cases} i_1! \cdots i_n!, & i_1 = j_1, \cdots, i_n = j_n \\ 0, & j_1 + \cdots + j_n \geqslant r \text{且有一个} j_s > i_s \end{cases} \tag{16}$$

由此可见 k-线性映射的合成 $V_r \to Diff^r(G/k) \to Hom_k(M_G^r, k)$ 是满射. 由定理 V.4.1 有 $\dim_k(V_r) = \binom{r+n}{n}$, 另一方面易见 $\dim_k(M_G^r) = \binom{r+n}{n}$, 故 $V_r \to Hom_k(M_G^r, k)$ 是 k-线性同构, 从而 $V_r \to Diff^r(G/k)$ 也是 k-线性同构. 由 r 的任意性可见 $\phi: V \to Diff(G/k)$ 是 k-线性同构, 从而是 k-代数同构. 证毕.

习　题　VII

1. 设 G, G' 为 k-李群, 证明 $Lie(G \times G') \cong Lie(G) \times Lie(G')$.

2. 一个 k-李群 G 称为可解的, 如果 G 中有 k-李子群组成的正规群列 $\{e\} = H_0 \lhd H_1 \lhd \cdots \lhd H_n = G$, 它的每个因子都是交换群. 证明: 若 G 是可解李群, 则 $Lie(G)$ 是可解李代数.

3. 设 $H \subset GL_n(k)$ 为 $GL_n(k)$ 中所有上三角阵组成的子群, 计算 $Lie(H)$.

4. 利用例 2.1 证明对 k 上的任意两个 $n \times n$ 矩阵 A, B 有 $\mathrm{tr}(AB) = \mathrm{tr}(BA)$.

5. 令 $D = t\dfrac{\mathrm{d}}{\mathrm{d}t} \in Lie(\mathbb{G}_{m/k})$ (见例 2.1). 对任意正整数 n 计算 D^n.

6. 写出命题 1.2 的完整证明.

7. 设 G 为 $SL_2(\mathbb{C})$ 中所有上三角阵组成的李子群.

i) 验证 G 是可解李群 (实际上 G 有一个交换李正规子群 H 使得 G/H 是交换李群).

ii) 验证 $Lie(G)$ 是可解的但不是幂零的.

iii) 设 $\mathfrak{L}$ 为 2 维复李代数, 证明 $\mathfrak{L}$ 或者是交换的, 或者同构于 $Lie(G)$ (特别地, 2 维复李代数都是可解的).

8. 计算 $\Gamma L(V)$ 和 $\Gamma O(V, \langle, \rangle)$ (见习题 VI.9) 的李代数.

第 VIII 章　李群的积分学

在本章中仍记 $k = \mathbb{R}$ 或 $\mathbb{C}$, 所涉及的李群均指 k-李群, 除非特别说明.

我们注意, 任一复李群也可以看作实李群, 且按这两种看法各点的切空间是一样的 (只是分别看作 $\mathbb{C}$ 和 $\mathbb{R}$ 上的线性空间), 故李代数也是一样的 (只是分别看作复的和实的李代数). 由此可见本章的一些内容虽是建立在实李群上的, 但稍加修改对复李群也同样成立.

第 1 节　指 数 映 射

设 G 为李群, $\theta \in \Theta_G$. 由 IV.4 节可见, 若在 $e \in G$ 的一个开邻域 $U \subset G$ 上有坐标函数 $x_1, \cdots, x_n$, 则 θ 给出一组带有初始条件的常微分方程

$$\frac{\mathrm{d}x_i(t)}{\mathrm{d}t} = (\theta x_i)(x_1(t), \cdots, x_n(t)), \quad x_i(0) = x_i \quad (1 \leqslant i \leqslant n) \tag{1}$$

且 U 上的任一解析函数 $f(x_1, \cdots, x_n)$ 满足带有初始条件的常微分方程

$$\frac{\mathrm{d}}{\mathrm{d}t} f(x_1(t), \cdots, x_n(t)) = (\theta f)(x_1(t), \cdots, x_n(t)),$$
$$f(x_1(0), \cdots, x_n(0)) = f(x_1, \cdots, x_n) \tag{2}$$

可取 e 的一个开邻域 $U_e \subset U$ 及正实数 a 使得当 $(x_1, \cdots, x_n) \in U_e$ 且 $|t| < a$ 时, 方程组 (1) 有唯一解, 且 $x_1(t), \cdots, x_n(t)$ 为 $t, x_1, \cdots, x_n$ 的解析函数; 从而对 U 上的任一解析函数 f, 方程 (2) 当 $(x_1, \cdots, x_n) \in U_e$ 且 $|t| < a$ 时有唯一解. 由

$$(t, x_1, \cdots, x_n) \mapsto (x_1(t), \cdots, x_n(t)) \tag{3}$$

给出一个解析映射

$$\Phi_e : (-a, a) \times U_e \to G \tag{4}$$

由于任一解析函数 f 满足方程 (2), 映射 Φ_e 与坐标函数的选取无关, 详言之, 令 P 为点 $(x_1, \cdots, x_n)$, $P(t)$ 为点 $(x_1(t), \cdots, x_n(t))$, 则方程 (2) 可改写为

$$\frac{\mathrm{d}}{\mathrm{d}t} f(P(t)) = (\theta f)(P(t)) \; (\forall f), \quad P(0) = P \tag{5}$$

而它的解可表达为

$$P(t) = \Phi_e(t, P) \quad (P \in U_e, |t| < a) \tag{6}$$

对任一 $g \in G$, T_g 为 G 的自同构. 令 $U_g = T_g(U_e)$, $\theta_g = T_{g*}(\theta)$,

$$\Phi_g = T_g \circ \Phi \circ (\mathrm{id} \times T_g^{-1}) : (-a, a) \times U_g \to G \tag{7}$$

则由上所述可见方程

$$\frac{\mathrm{d}}{\mathrm{d}t} f(P(t)) = (\theta_g f)(P(t)) \ (\forall f), \quad P(0) = P \tag{8}$$

有局部解

$$P(t) = \Phi_g(t, P) \quad (P \in U_g, |t| < a) \tag{9}$$

(也与局部坐标函数的选取无关).

　　若 $\theta \in Lie(G)$, 则对任一 $g \in G$ 有 $\theta_g = \theta$, 从而 (8) 与 (5) 一致. 注意 a 与 g 无关, 由定理 IV.4.1 可知所有 Φ_g 相互相容, 且可以扩张为一个解析映射

$$\Phi_\theta : \mathbb{R} \times G \to G \tag{10}$$

使得方程 (5) 有唯一解

$$P(t) = \Phi_\theta(t, P) \quad (\forall P \in G, t \in \mathbb{R}) \tag{11}$$

而方程 (5) 可改写为

$$\frac{\partial}{\partial t} \circ \Phi_\theta^* = \Phi_\theta^* \circ \theta, \quad \Phi_\theta(0, P) = P \tag{12}$$

此外, 若对任一 $t \in \mathbb{R}$ 令 $\phi_t(P) = \Phi_\theta(t, P)$, 则 ϕ_t 为 G 的解析自同构, 且有

$$\phi_{t_1} \circ \phi_{t_2} = \phi_{t_1 + t_2} \quad (\forall t_1, t_2 \in \mathbb{R}) \tag{13}$$

这说明 Φ_θ 是 $\mathbb{G}_{a/\mathbb{R}}$ 在 G 上的一个解析作用.

　　由上所述, 对任意 $g \in G$ 有

$$T_g \circ \Phi_\theta \circ (\mathrm{id} \times T_g^{-1}) = \Phi_\theta \tag{14}$$

换言之

$$\phi_t(gx) = g\phi_t(x) \quad (\forall t \in \mathbb{R}, \ g, x \in G) \tag{15}$$

特别地, 取 $x = e$ 得

$$\phi_t(g) = g\phi_t(e) \quad (\forall t \in \mathbb{R}, \ g \in G) \tag{16}$$

故 ϕ_t 由 $\phi_t(e)$ 唯一决定. 再由 (13) 得

$$\phi_{t_1+t_2}(e) = \phi_{t_2}(\phi_{t_1}(e)) = \phi_{t_1}(e)\phi_{t_2}(e) \tag{17}$$

即 $t \mapsto \phi_t(e)$ 给出一个李群同态 $\phi_\theta : \mathbb{G}_{a/\mathbb{R}} \to G$. 综上所述得

命题 1　设 G 为实或复李群, $\theta \in Lie(G)$, 则有 $\mathbb{G}_{a/\mathbb{R}}$ 在 G 上的唯一解析作用 $\Phi_\theta : \mathbb{G}_{a/\mathbb{R}} \times G \to G$ 满足 (12), 且有唯一实李群同态 $\phi_\theta : \mathbb{G}_{a/\mathbb{R}} \to G$ 使得

$$\phi_{\theta*}\left(\frac{\mathrm{d}}{\mathrm{d}t}\right) = \theta \tag{18}$$

以及

$$\Phi_\theta = m_G \circ (\mathrm{pr}_2 \times (\phi_\theta \circ \mathrm{pr}_1)) : \mathbb{G}_{a/\mathbb{R}} \times G \to G \tag{19}$$

换言之作用 Φ_θ 为同态 ϕ_θ 与右乘作用的合成.

注意 ϕ_θ 不一定是单射: 若 $\theta = 0$, 则 ϕ_θ 为零同态; 若 $\theta \neq 0$, 则存在 $a > 0$ 使得 $\phi_\theta|_{(-a,a)}$ 是单射, 但此时仍可能有 $b > 0$ 使得 $\phi_\theta(b) = e$, 例如对于 $G = \mathbb{G}_{m/\mathbb{C}} = \mathbb{C}^*$ (坐标为 z), $\theta = \sqrt{-1}z\dfrac{\mathrm{d}}{\mathrm{d}z}$ 的情形就是如此, 此时 ϕ_θ 的像为 1 维紧致实李群 (单位圆周) $\{z \in \mathbb{C}|\ |z| = 1\}$, 而 $\phi_\theta : \mathbb{R} \to \mathbb{C}^*$ 将 2π 映到 1.

注 1　在很多文献中称 ϕ_θ 的像为 "单参数子群", 但即使 ϕ_θ 为单射, ϕ_θ 的象也不一定是李子群, 即不一定是 G 的解析子空间 (参看注 VI.3.1). 为避免误解我们仅在 ϕ_θ 的象为李子群时使用这个术语.

由 (IV.4.21) 有

$$\Phi_\theta^* = \sum_{n=0}^\infty \frac{t^n}{n!}\theta^n = \exp(t\theta) \tag{20}$$

而由命题 1 可见 (20) 在 G 上整体成立. 此外, 当 G 为复李群时 (20) 对复变量 t 也有意义, 即存在 $\mathbb{G}_{a/\mathbb{C}}$ 在 G 上的唯一解析作用 $\Phi_\theta : \mathbb{G}_{a/\mathbb{C}} \times G \to G$ 满足 (12), 以及一个复李群同态 $\phi_\theta : \mathbb{G}_{a/\mathbb{C}} \to G$ 使得 $\Phi_\theta = m_G \circ (\mathrm{pr}_2 \times (\phi_\theta \circ \mathrm{pr}_1))$.

设 G 为 n 维 k-李群, 则由 $Lie(G) \cong k^n$ 可将 $Lie(G)$ 看作 n 维 k-解析流形, 且可看作交换的加法 k-李群. 由于命题 1 中的 $\theta \in Lie(G)$ 是任意的, 可以定义一个映射 $\Phi : \mathbb{G}_{a/k} \times Lie(G) \times G \to G$ 如下:

$$\Phi(t, \theta, g) = \Phi_\theta(t, g) = g\phi_\theta(t) \tag{21}$$

任取 $Lie(G)$ 的一组 k-基 $\theta_1,\cdots,\theta_n$, 则可将任一 $\theta \in Lie(G)$ 表示为 $\theta = a_1\theta_1 + \cdots + a_n\theta_n$, 其中 $a_1,\cdots,a_n$ 可以看作 θ 的参数. 这样由引理 I.1.1 就可见 Φ 是解析映射. 令 $\exp : Lie(G) \to G$ 为映射

$$\exp(\theta) = \Phi(1,\theta,e) = \phi_\theta(1) \tag{22}$$

称为 G 的指数映射. 按上面所理解的 $Lie(G)$ 的解析流形结构, $\exp$ 是解析映射.

　　一般说来 $\exp$ 既不一定是满射也不一定是单射, 上面的 1 维紧致实李群是 $\exp$ 非单射的例子, 因为此时 $\exp(2\pi\theta) = 1$; 而 $GL_n(\mathbb{R})$ 是 $\exp$ 非满射的例子, 因为 $GL_n(\mathbb{R})$ 不连通.

　　由 (20) 可见

$$\Phi(t,\theta,g) = \Phi(1,t\theta,g) \quad (\forall t \in k, \theta \in \mathrm{Lie}(G), g \in G) \tag{23}$$

故

$$\phi_\theta(t) = \phi_{t\theta}(1) = \exp(t\theta) \tag{24}$$

若 $t_1, t_2 \in \mathbb{R}$, $\theta \in Lie(G)$, 则由命题 1 和 (24) 有

$$\exp(t_1\theta + t_2\theta) = \exp(t_1\theta)\exp(t_2\theta) \tag{25}$$

但对一般的 $\theta_1, \theta_2 \in Lie(G)$, $\exp(\theta_1)\exp(\theta_2)$ 并不一定等于 $\exp(\theta_1 + \theta_2)$, 我们在下节将详细讨论这个较复杂的问题.

　　例 1　设 A 为 $n \times n$ 实矩阵, 则可以定义 $e^A = \sum\limits_{i=0}^{\infty} \dfrac{1}{i!} A^i$. 对任意 $t, u \in \mathbb{R}$ 有 $e^{(t+u)A} = e^{tA}e^{uA}$, 故 $t \mapsto e^{tA}$ 给出一个实李群同态 $f : \mathbb{G}_{a/\mathbb{R}} \to GL_n(\mathbb{R})$. 由定义易见 $f_* \dfrac{\mathrm{d}}{\mathrm{d}t} = A$. 故若将 A 看作 $Lie(GL_n(\mathbb{R}))$ 的元 (参看例 VII.2.1), 则 $f = \phi_A$ 且 $f(t) = \exp tA$, 这就是在一般情形下的记号 $\exp(t\theta)$ 的来源.

　　注 2　指数映射的概念可以推广到一般解析空间上的一般向量场. 设 X 为解析空间, $\theta \in \Theta_X$, 则由定理 IV.4.1 可知, 若 θ 满足适当的条件, 则有 $\mathbb{G}_{a/\mathbb{R}}$ 在 X 上的唯一解析作用 $\Phi_\theta : \mathbb{G}_{a/\mathbb{R}} \times X \to X$ 满足方程 $\dfrac{\partial}{\partial t} \circ \Phi_\theta^* = \Phi_\theta^* \circ \theta$ 及初始条件 $\Phi_\theta(0,P) = P$, 且有解公式 (20). 这个解析作用常称为 X 的一个 "单参数自同构群".

　　记 $Aut(X)$ 为 X 的所有解析自同构全体组成的群, 称为 X 的自同构群. 在很多情形 $Aut(X)$ 具有李群结构, 且其李代数自然地同构于 Θ_X, 关键在于需要 $\dim_k \Theta_X < \infty$ (因为无穷维李群甚至还没有一个很好的定义); 这当 X 是紧致复

解析空间时成立, 而在其他情形, 一般需要对向量场 (和自同构) 作一些约束以得到有限维李代数 (详见 [10]), 如可用一组线性偏微分方程 (即考虑 "调和" 向量场和 "调和" 自同构) 或用一个度量 (即考虑 "正交" 向量场和 "正交" 自同构).

若 $\mathcal{L} \subset \Theta_X$ 为有限维李子代数使得定理 IV.4.1 的条件对所有 $\theta \in \mathcal{L}$ 一致地成立, 则 $(t, \theta, x) \mapsto \Phi_\theta(t, x)$ 定义一个解析映射 $\Phi : \mathbb{G}_{a/k} \times \mathcal{L} \times X \to X$, 从而定义一个 "指数映射" $\exp : \mathcal{L} \to Aut(X)$, 将 $\theta \in \mathcal{L}$ 映到 X 的自同构 $x \mapsto \Phi(1, \theta, x)$.

由命题 1 立得

推论 1　设 $f : G \to G'$ 为实李群的同态, $\theta \in Lie(G)$, 则 $\exp(f_*\theta) = f \circ \exp\theta$. 换言之下图交换

$$
\begin{array}{ccc}
Lie(G) & \xrightarrow{\ f_*\ } & Lie(G') \\
\Big\downarrow{\exp} & & \Big\downarrow{\exp} \\
G & \xrightarrow{\ f\ } & G'
\end{array}
\tag{26}
$$

设 G 为 k-李群, $g \in G$, $\phi_g : G \to G$ 为内自同构 $g' \mapsto gg'g^{-1}$, 则 ϕ_g 诱导 $Lie(G)$ 的自同构 ϕ_{g*}. 设 $n = \dim_k Lie(G)$, 则 ϕ_{g*} 可以看作 $GL_n(k)$ 的元, 这样 $g \mapsto \phi_{g*}$ 就给出一个映射 $\phi : G \to GL_n(k)$, 它显然是群同态. 注意 ϕ 可以由解析映射

$$
\gamma : G \times G \to G, \quad (g, g') \mapsto gg'g^{-1}
\tag{27}
$$

诱导 (即将 γ 诱导的解析映射 $T_{G \times G} \to T_G$ 限制在 $(\{0\} \times G) \times T_{G,e}$ 上), 由此易见 ϕ 是解析映射, 从而是李群同态. 我们称 ϕ 为 G 在 $Lie(G)$ 上的共轭表示.

例 2　设 $G = GL_n(k)$, 对一个 $n \times n$ 可逆阵 A 我们可以这样计算 ϕ_{A*}: 考虑单参数子群 e^{tB}, 注意 $\phi_A(e^{tB}) = Ae^{tB}A^{-1} = \exp(tABA^{-1})$, 故由推论 1 有

$$
\phi_{A*}(B) = \frac{\mathrm{d}}{\mathrm{d}t}(\phi_A(e^{tB}))\Big|_{t=0} = ABA^{-1}
\tag{28}
$$

即 ϕ 为 G 在 $Lie(G) \cong M_n(k)$ 上的共轭表示.

我们来计算 ϕ_*. 对任意 $A \in Lie(G)$, 由 (28) 可见 $\phi(e^{tA})$ 在 $Lie(G)$ 上的作用为 $B \mapsto e^{tA}Be^{-tA}$, 故 $\frac{\mathrm{d}}{\mathrm{d}t}(\phi(e^{tA}))\Big|_{t=0}$ 在 $Lie(G)$ 上的作用为

$$
B \mapsto \frac{\mathrm{d}}{\mathrm{d}t}(e^{tA}Be^{-tA})\Big|_{t=0} = AB - BA = [A, B] = \mathrm{ad}A(B)
\tag{29}
$$

即 $\phi_*(A) = \mathrm{ad}A$.

例 2 的结果不难推广到一般的李群. 首先, 注意 G 在自身上的共轭作用 $G \times G \to G$ 诱导切丛的解析映射 $T_{G \times G} \to T_G$, 而 $G \times T_G$ 是 $T_G \times T_G \cong T_{G \times G}$ 的子

丛, 易见合成映射 $G \times T_G \to T_G$ 是 G 在 T_G 上的一个作用, 且任意 $g \in G$ 的作用由 g 在 G 上的共轭作用诱导, 从而将 $Lie(G)$ 映到 $Lie(G)$ (因为自同构保持李代数), 由此可见 G 在自身上的共轭作用诱导 G 在 $Lie(G)$ 上的一个 (解析) 作用 η. 注意 η 是一个线性作用, 故等价于一个同态 $\phi : G \to GL(Lie(G))$. 这诱导李代数同态 $\phi_* : Lie(G) \to End_k(Lie(G))$.

我们来重新看一下例 VII.2.1, 对于同构 $Lie(GL(V)) \cong End_k(V)$ 可以这样理解: 考虑典范作用 $\rho : GL(V) \times V \to V$. 对 V 上的任一线性泛函 f 及任意 $D \in T_{GL(V),I}$, 由 ρ 的线性可见 $(D \otimes_k \mathrm{id}) \circ m^*(f)$ 也是 V 上的线性泛函, 这就给出线性映射 $\rho_D^* : V^\vee \to V^\vee$, 从而给出 $\rho_{D*} : V \to V$, 这样 $(D, v) \mapsto \rho_{D*}(v)$ 就给出双线性映射 $T_{GL(V),I} \times V \to V$, 此即 $Lie(GL(V)) \to End_k(V)$.

这样我们就可以理解 ϕ_*, 即 $Lie(G)$ 在 $Lie(G)$ 上的线性作用了: 令 $\rho : G \times G \to G$ 为映射 $(g, g') \mapsto gg'g^{-1}$, 它可以分解为

$$G \times G \xrightarrow{\beta} G \times G \times G \xrightarrow{\gamma} G \times G \times G \xrightarrow{m_{123}} G \tag{30}$$

其中 $\beta(g, g') = (g, g', g)$, $\gamma(g_1, g_2, g_3) = (g_1, g_2, g_3^{-1})$. 设 $D, D' \in T_{G,e}$, 则对 $e \in G$ 附近的任意局部函数 f 有

$$(\phi_*(D)(D'))(f) = (D \otimes D')(\rho^*(f)) \tag{31}$$

对 $G \times G \times G$ 上的任意函数 $f_1 \otimes f_2 \otimes f_3$ 有 $\beta^*(f_1 \otimes f_2 \otimes f_3) = f_1 f_3 \otimes f_2$, 故

$$\begin{aligned}
(D \otimes D')(\beta^*(f_1 \otimes f_2 \otimes f_3)) &= (o^* f_1 D f_3 + o^* f_3 D f_1)(D' f_2) \\
&= (D \otimes D' \otimes o^* + o^* \otimes D' \otimes D)(f_1 \otimes f_2 \otimes f_3)
\end{aligned} \tag{32}$$

即 $(D \otimes D') \circ \beta^* = D \otimes D' \otimes o^* + o^* \otimes D' \otimes D$. 这样由分解 (30) 就有

$$\begin{aligned}
(D \otimes D') \circ \rho^* &= (D \otimes D' \otimes o^* + o^* \otimes D' \otimes D) \circ (\mathrm{id} \otimes \mathrm{id} \otimes \iota^*) \circ m_{123}^* \\
&= (D \otimes D') \circ m^* - (D' \otimes D) \circ m^*
\end{aligned} \tag{33}$$

由 (31) 及命题 VII.3.1, 这可以理解为 $\phi_*(\theta_D)(\theta_{D'}) = [\theta_D, \theta_{D'}]$, 故

$$\phi_*(\theta) = \mathrm{ad}\,\theta \quad (\forall \theta \in Lie(G)) \tag{34}$$

综上所述有

命题 2   设 G 为 k-李群, 则 G 在自身上的共轭作用诱导 G 在 $Lie(G)$ 上的一个线性表示 $\phi : G \to GL(Lie(G))$; 对任一 $g \in G$, $\phi(g)$ 是 $Lie(G)$ 作为 k-李代数的自同构; 而 $\phi_* = \mathrm{ad} : Lie(G) \to End_k(Lie(G))$.

若将 $Lie(G)$ 看作流形 $Lie(G)$ 在点 $0 \in Lie(G)$ 处的切空间 $T_{Lie(G),0}$, 则由命题 1 可见 $\exp_* : T_{Lie(G),0} \to T_{G,e}$ 将 $\theta \in Lie(G)$ 映到 $\theta|_e$, 故为切空间的同构. 由此可见存在 $0 \in Lie(G)$ 的一个开邻域 $U \subset Lie(G)$ 使得 $\exp$ 给出 U 与 G 的一个开子流形 U' 的解析同构. 不妨将 $\exp : U \to U'$ 的逆映射记为 $\ln$ (注意 $\ln$ 一般不能定义在整个 G 上). 例如当 $G = GL_k(n)$ 时, 对于 $A \in U'$ 有

$$\ln(A) = \sum_{i=1}^{\infty} \frac{(-1)^{i-1}}{i}(A - I)^i \tag{35}$$

右边至少当 A 的特征值减 1 的绝对值都小于 1 时收敛 (参看习题 6), 由此可见可取 U' 包含 G 中所有这样的方阵.

特别地, 若 $G \subset GL_n(k)$ 为所有对角元为 1 的上三角阵组成的李子群, 则 $Lie(G)$ 由所有对角元为 0 的上三角阵组成, 而任一 $A \in G$ 的特征值只有 1, 故 $\ln$ 在整个 G 上有定义, 这样 $\ln : G \to Lie(G)$ 就是 $\exp : Lie(G) \to G$ 的逆映射, 故 $\exp$ 给出 $Lie(G)$ 与 G 作为解析流形的同构.

推论 2 设 $G \subset GL_n(k)$ 为所有对角元为 1 的上三角阵组成的李子群. 则对 $Lie(G)$ 的任一李子代数 $\mathfrak{H}$, 存在唯一连通李子群 $H \subset G$ 使得 $Lie(H) = \mathfrak{H}$, 且 $\exp : Lie(H) \to H$ 是解析流形的同构.

证 记 $\mathfrak{L} = Lie(G)$. 则 $\mathfrak{L} \subset Lie(GL_n(k)) = M_n(k)$ 由所有对角元为 0 的上三角阵组成, 它具有一个 (无单位元的) 结合环结构. 对任意正整数 $i, j \leqslant n$ 令 $E_{ij} \in M_n(k)$ 为 i-j 元为 1 而其他元为 0 的矩阵. 易见 $\mathfrak{L}$ 有一个分次环结构

$$\mathfrak{L} = \bigoplus_{i=1}^{n-1} L_i \tag{36}$$

其中 L_i 为所有 $E_{j(j+i)}$ $(1 \leqslant j \leqslant n-i)$ 生成的线性子空间. 对任一正整数 $i < n$, 易见

$$\mathfrak{L}_i = \bigoplus_{j=i}^{n-1} L_j \tag{37}$$

是 $\mathfrak{L}$ 作为结合代数的理想, 也是 $\mathfrak{L}$ 作为李代数的理想. 令 $\mathfrak{H}_i = \mathfrak{L}_i \cap \mathfrak{H}$ $(1 \leqslant i < n)$. 我们用逆向归纳法证明, 对每个 i 存在唯一连通李子群 $H_i \subset G$ 使得 $Lie(H_i) = \mathfrak{H}_i$ (这样 $H = H_1$ 就是满足要求的唯一连通李子群).

首先注意 $\mathfrak{H}_{n-1}$ 是交换李代数, 而 $\exp$ 是解析同构, 故 $\exp(\mathfrak{H}_{n-1})$ 为 G 的李子群, 且与 $\mathfrak{H}_{n-1}$ 的加法李群结构同构 (参看习题 3).

设 $i > 1$. 由归纳法假设存在唯一连通李子群 $H_i \subset G$ 使得 $Lie(H_i) = \mathfrak{H}_i$, 也存在唯一连通李子群 $G_i \subset G$ 使得 $Lie(G_i) = \mathfrak{L}_i$. 由于 $\mathfrak{L}_i$ 是 $\mathfrak{L}$ 的理想, 由例

2 或命题 2 可见 G 在自身上的共轭作用诱导 G 在 $\mathfrak{L}_i$ 上的一个线性作用, 它等价于一个李群同态 $f : G \to GL(\mathfrak{L}_i)$. 令 $\tilde{G} \subset GL(\mathfrak{L}_i)$ 为所有保持 $\mathfrak{H}_i \subset \mathfrak{L}_i$ 的元组成的李子群, $G' \subset G$ 为 $f^{-1}(\tilde{G})$ 的包含单位元的连通分支. 则由命题 2 可见 $[Lie(G'), \mathfrak{H}_i] \subset \mathfrak{H}_i$, 即

$$Lie(G') \subset N(\mathfrak{H}_i) = \{\theta \in \mathfrak{L} | \mathrm{ad}\theta(\mathfrak{H}_i) \subset \mathfrak{H}_i\} \tag{38}$$

(参看习题 V.9). 反之, 若 $\theta \in N(\mathfrak{H}_i)$, 则由例 2 可见对任意 $\theta' \in \mathfrak{H}_i, t \in k$ 有

$$\exp(t\theta)\theta'\exp(-t\theta) = \exp(t\mathrm{ad}\theta)(\theta') = \sum_{i=0}^{n-1} \frac{t^i}{i!}(\mathrm{ad}\theta)^i(\theta') \in \mathfrak{H}_i \tag{39}$$

故 $\exp(t\theta) \in G'$, 从而 $Lie(G') = N(\mathfrak{H}_i)$. 再由 G' 的连通性有

$$G' = \exp(N(\mathfrak{H}_i)) \tag{40}$$

且 $H_i \lhd G'$. 令 $\bar{G} = G'/H_i$, 则由推论 VII.3.2 有

$$Lie(\bar{G}) \cong N(\mathfrak{H}_i)/\mathfrak{H}_i \tag{41}$$

注意 $\mathfrak{H}_{i-1} \subset N(\mathfrak{H}_i)$ 且 $\bar{\mathfrak{H}}_{i-1} = \mathfrak{H}_{i-1}/\mathfrak{H}_i$ 是交换李代数, 而 $\exp$ 诱导一个解析同构 $\phi : N(\mathfrak{H}_i)/\mathfrak{H}_i \to \bar{G}$, 故 $\bar{H}_{i-1} = \phi(\bar{\mathfrak{H}}_{i-1})$ 是 $\bar{G}$ 的李子群 (参看习题 3). 令 $H_{i-1} \subset G'$ 为 $\bar{H}_{i-1}$ 对于投射 $G' \to \bar{G}$ 的原像, 则易见 $Lie(H_{i-1}) = \mathfrak{H}_{i-1}$, 且易见 H_{i-1} 的唯一性. 证毕.

第 2 节　Baker-Campbell-Hausdorff 公式

设 $\mathfrak{L}$ 为一个 k-李代数, $S \subset \mathfrak{L}$ 为子集, 则易见 $\mathfrak{L}$ 中所有包含 S 的李子代数的交是包含 S 的 (唯一) 最小李子代数, 称为 S 生成的李子代数.

设 k-线性空间 V 有基 $X_1, \cdots, X_n$, 则由引理 II.5.3 可见 $A = T_k(V)$ 可看作 $X_1, \cdots, X_n$ 生成的自由 k-代数, 且有分次结构

$$A = \bigoplus_{i=0}^{\infty} A_i \tag{1}$$

其中 A_i 是 i 次齐次部分. 易见在 A 中 $X_1, \cdots, X_n$ 生成的理想为

$$I = (X_1, \cdots, X_n) = \bigoplus_{i=1}^{\infty} A_i \tag{2}$$

引理 1 设 $\mathfrak{L} \subset A$ 为 $X_1, \cdots, X_n$ 生成的 k-李子代数. 则 $\mathfrak{L}$ 有一个诱导的分次结构

$$\mathfrak{L} = \bigoplus_{i=1}^{\infty} \mathfrak{L}_i \tag{3}$$

其中 $\mathfrak{L}_i = \mathfrak{L} \cap A_i \ (\forall i \geqslant 1)$.

i) 李代数 $\mathfrak{L}$ 具有如下泛性:

(∗) 对任一 k-李代数 $\mathfrak{L}'$ 及任意 $\theta_1, \cdots, \theta_n \in \mathfrak{L}'$, 存在唯一李代数同态 $f : \mathfrak{L} \to \mathfrak{L}'$ 使得 $f(X_i) = \theta_i \ (1 \leqslant i \leqslant n)$.

ii) 作为 A 的 k-线性子空间, $\mathfrak{L}$ 由下列元素

$$\{\mathrm{ad}X_{i_1}\mathrm{ad}X_{i_2} \cdots \mathrm{ad}X_{i_m}(X_i) | m \geqslant 0, 1 \leqslant i_1, \cdots, i_m, i \leqslant n\} \tag{4}$$

生成. 因此, 对任一 k-李代数 $\mathfrak{L}'$, 任一子集 $S' \subset \mathfrak{L}'$ 所生成的李子代数作为 k-线性子空间由

$$\{\mathrm{ad}\theta_1\mathrm{ad}\theta_2 \cdots \mathrm{ad}\theta_m(\theta) | m \geqslant 0, \theta_1, \cdots, \theta_m, \theta \in S'\} \tag{5}$$

生成.

证 由齐次元的李积也是齐次元及 $\mathcal{L}$ 由齐次元生成立见 (3) 成立.

i) 令 A' 为 $\mathfrak{L}'$ 的泛包络代数 (见 V.4 节), 则由 A 的泛性可知存在唯一 k-代数同态 $F : A \to A'$ 使得 $F(X_i) = \theta_i \ (1 \leqslant i \leqslant n)$. 显然 $F(\mathfrak{L}) = \mathfrak{L}'$, 从而诱导一个 k-线性映射 $f : \mathfrak{L} \to \mathfrak{L}'$. 易见 f 是李代数同态. 而 f 的唯一性是显然的.

ii) 显然 (4) 中的元都属于 $S = \{X_1, \cdots, X_n\}$ 生成的李子代数, 故只需证明 (4) 所生成的 k-线性子空间是李子代数即可, 而为此只需证明 (4) 中任两个元的李积可表为 (4) 中的元的 k-线性组合.

对 (4) 中的两个元 $\theta' = \mathrm{ad}\theta_1\mathrm{ad}\theta_2 \cdots \mathrm{ad}\theta_l(\theta)$ 和 $\eta' = \mathrm{ad}\eta_1\mathrm{ad}\eta_2 \cdots \mathrm{ad}\eta_m(\eta)$ $(\theta_1, \cdots, \theta_l, \theta, \eta_1, \cdots, \eta_m, \eta \in S, l \leqslant m)$, 若 $l = 0$, 则 $[\theta', \eta'] = \mathrm{ad}\theta(\eta')$ 也在 (4) 中. 对 l 用归纳法. 若 $l > 0$, 令 $\theta_0 = \mathrm{ad}\theta_2 \cdots \mathrm{ad}\theta_l(\theta)$, 则 $\theta' = [\theta_1, \theta_0]$. 由雅可比恒等式有

$$[\theta', \eta'] = [[\theta_1, \theta_0], \eta'] = [\theta_1, [\theta_0, \eta']] + [\theta_0, [\theta_1, \eta']] \tag{6}$$

注意 $[\theta_1, \eta']$ 在 (4) 中. 由归纳法假设可知 $[\theta_0, \eta']$ 和 $[\theta_0, [\theta_1, \eta']]$ 都是 (4) 中的元的线性组合, 从而 $[\theta_1, [\theta_0, \eta']]$ 也是 (4) 中的元的线性组合. 故由 (6) 可见 $[\theta', \eta']$ 是 (4) 中的元的线性组合.

由此及 i) 可见对任一 k-李代数 $\mathfrak{L}'$ 及任一子集 $S' \subset \mathfrak{L}'$, 所有形如 (5) 的元所生成的线性子空间为 $\mathfrak{L}'$ 的一个李子代数, 故为 S' 生成的李子代数. 证毕.

不过 (4) 中的元并不是线性无关的, 例如有下面的关系:

$$[X_1, [X_2, [X_1, X_2]]] = [X_2, [X_1, [X_1, X_2]]] \tag{7}$$

(习题 7). 但可取 (4) 中的一些元组成 $\mathfrak{L}$ 的一组基. 对于 $n = 2$ 的情形, 易见 $\mathfrak{L}_1$ 有基 X_1, X_2, $\mathfrak{L}_2$ 有基 $[X_1, X_2]$, $\mathfrak{L}_3$ 有基 $[X_1, [X_1, X_2]]$, $[X_2, [X_1, X_2]]$, $\mathfrak{L}_4$ 有基 $[X_1, [X_1, [X_1, X_2]]]$, $[X_1, [X_2, [X_1, X_2]]]$, $[X_2, [X_2, [X_1, X_2]]]$. 以下假设对于每个 $\mathfrak{L}_i$ 都已取定这样的一组基 Y_{ij} $(j = 1, 2, \cdots)$.

对任一 $m > 0$, 令 $q_m : A \to \sum\limits_{i=0}^{m} A_i$ 为 A 到直加项 $\sum\limits_{i=0}^{m} A_i$ 的投射, 则易见有

$$q_m(fg) = q_m(q_m(f)q_m(g)) \quad (\forall f, g \in A) \tag{8}$$

令

$$\hat{A} = \varprojlim_{m} \sum_{i=0}^{m} A_i \tag{9}$$

则由 (8) 可见 $\hat{A}$ 有诱导的 k-代数结构. 注意 $\hat{A}$ 的元可以表示为 (无限) 形式和 $f_0 + f_1 + \cdots$, 其中 $f_i \in A_i$. 易见 $\hat{I}$ (见 (2)) 为 $\hat{A}$ 的理想, 由所有 0 次项为零的元组成. 由此易见对任意 $Y \in \hat{I}$ 及任意形式幂级数 $F(X) = \sum\limits_{i=0}^{\infty} c_i X^i$ $(c_i \in k \ \forall i)$ 可以定义

$$F(Y) = \sum_{i=0}^{\infty} c_i Y^i \in \hat{A} \tag{10}$$

特别地可以定义 $\exp(Y)$ 和 $\ln(1 + Y)$, 且在 $\hat{A}$ 中有

$$\ln(\exp(Y)) = Y , \quad \exp(\ln(1 + Y)) = 1 + Y \tag{11}$$

引理 2　设 A 为 X_1, X_2 生成的自由 k-代数, 如 (1) 分解为齐次部分的直和; $\mathfrak{L} \subset A$ 为 X_1, X_2 生成的 k-李子代数, 如 (2) 分解为齐次部分的直和; Y_{ij} $(\forall j)$ 为如上选取的 $\mathfrak{L}_i$ 的 k-基. 则存在有理数 r_{ij} $(\forall i \geqslant 2, j)$ 使得在 $\hat{A}$ 中有形式恒等式

$$\exp(X_1)\exp(X_2) = \exp\left(X_1 + X_2 + \sum_{i=2}^{\infty}\sum_{j} r_{ij} Y_{ij}\right) \tag{12}$$

它可以理解为: 对任意 $m > 0$,

$$\left(\sum_{i=0}^{m} \frac{1}{i!} X_1^i\right)\left(\sum_{i=0}^{m} \frac{1}{i!} X_2^i\right) - \sum_{i=0}^{m} \frac{1}{i!}\left(X_1 + X_2 + \sum_{i=2}^{m}\sum_{j} r_{ij} Y_{ij}\right)^i \in \bigoplus_{i=m+1}^{\infty} A_i \tag{13}$$

(即没有次数 $\leqslant m$ 的项).

证　我们先对每个 $m \geqslant 1$ 给出一个元 $Y_m \in A_m$ 使得

$$\left(\sum_{i=0}^{m} \frac{1}{i!} X_1^i\right)\left(\sum_{i=0}^{m} \frac{1}{i!} X_2^i\right) - \sum_{i=0}^{m} \frac{1}{i!}\left(\sum_{i=1}^{m} Y_i\right)^i \tag{14}$$

中没有次数 $\leqslant m$ 的项. 对 m 用归纳法, 易见 $Y_1 = X_1 + X_2$ 是唯一满足条件的取法. 若所有 Y_i $(i \leqslant m)$ 已给定, 则

$$\left(\sum_{i=0}^{m+1} \frac{1}{i!} X_1^i\right)\left(\sum_{i=0}^{m+1} \frac{1}{i!} X_2^i\right) - \sum_{i=0}^{m+1} \frac{1}{i!}\left(\sum_{i=1}^{m} Y_i\right)^i \tag{15}$$

中没有次数 $\leqslant m$ 的项. 令 Y_{m+1} 为 (15) 中次数为 $m+1$ 的项, 则在

$$\left(\sum_{i=0}^{m+1} \frac{1}{i!} X_1^i\right)\left(\sum_{i=0}^{m+1} \frac{1}{i!} X_2^i\right) - \sum_{i=0}^{m+1} \frac{1}{i!}\left(\sum_{i=1}^{m+1} Y_i\right)^i \tag{16}$$

中次数为 $m+1$ 的项也被消去, 从而没有次数 $\leqslant m+1$ 的项. 由此还可见各 Y_m 的取法都是唯一的. 由 (11) 可见

$$\sum_{i=1}^{\infty} Y_i = \ln(\exp(X_1)\exp(X_2)) \in \hat{A} \tag{17}$$

下面来证明每个 $Y_i \in \mathfrak{L}_i$, 为此我们利用推论 1.2 所给出的表示.

令 $G \subset GL_n(k)$ 为所有对角元为 1 的上三角阵组成的李子群. 仍记 $E_{ij} \in M_n(k)$ 为 i-j 元为 1 而其他元为 0 的矩阵. 令 $A' \subset M_n(k)$ 为所有 $E_{i(i+1)}$ $(1 \leqslant i \leqslant n-1)$ 生成的 k-子代数, 则易见 A' 有分次结构

$$A' = \bigoplus_{i=0}^{n-1} A_i' \tag{18}$$

其中 A_0' 为单位方阵生成的 1 维线性子空间, A_i' $(i > 0)$ 为所有 $E_{j(j+i)}$ $(1 \leqslant j \leqslant n-i)$ 生成的线性子空间. 而 $Lie(G) = \bigoplus_{i=1}^{n-1} A_i'$. 任取

$$E_1 = \sum_{i=0}^{n-1} a_{1i} E_{i(i+1)}, \quad E_2 = \sum_{i=0}^{n-1} a_{2i} E_{i(i+1)} \in A_1' \tag{19}$$

则由 A 的泛性 (见引理 I.5.3), 存在唯一 k-代数同态 $\phi : A \to A'$ 使得 $\phi(X_1) = E_1$, $\phi(X_2) = E_2$, 且 ϕ 为分次同态. 易见

$$E_{ij} E_{rs} = \begin{cases} E_{is}, & j = r \\ 0, & j \neq r \end{cases} \quad (\forall i, j, r, s \leqslant n) \tag{20}$$

对任一单项式 $X_{i_1} \cdots X_{i_m} \in A_m$, 由 (20) 不难计算得到

$$\phi_n(X_{i_1} \cdots X_{i_m}) = E_{i_1} \cdots E_{i_m} = \sum_{j=1}^{n-m} a_{i_1 j} a_{i_2(j+1)} \cdots a_{i_m(j+m-1)} E_{j(j+m)} \qquad (21)$$

由此可见, 若 E_1, E_2 足够一般且 $n \gg m$, 所有长度 $\leqslant m$ 的不同单项式 $X_{i_1} \cdots X_{i_m}$ 在 ϕ 下的像线性无关, 从而 ϕ 在 $\bigoplus_{i=0}^{m} A_i$ 上的限制是单射. 注意对 $i \geqslant n$ 有 $\phi(A_i) = 0$. 取 $m = n - 1$ 对 (15) 应用 ϕ 得

$$\left(\sum_{i=0}^{n-1} \frac{1}{i!} E_1^i \right) \left(\sum_{i=0}^{n-1} \frac{1}{i!} E_2^i \right) = \sum_{i=0}^{n-1} \frac{1}{i!} \left(\sum_{i=1}^{n-1} \phi(Y_i) \right)^i \in A' \qquad (22)$$

令 $\mathfrak{H} \subset Lie(G)$ 为 E_1, E_2 生成的李子代数. 则由推论 1.2 可知有连通李子群 $H \subset G$ 使得 $Lie(H) = \mathfrak{H}$, 且 $\exp : \mathfrak{H} \to H$ 为解析流形的同构, 其逆映射为 $\ln : H \to \mathfrak{H}$. 由 $\exp(E_1), \exp(E_2) \in H$ 有 $\exp(E_1)\exp(E_2) \in H$, 故 $\theta = \ln(\exp(E_1)\exp(E_2)) \in \mathfrak{H}$ 满足

$$\exp(E_1)\exp(E_2) = \left(\sum_{i=0}^{n-1} \frac{1}{i!} E_1^i \right) \left(\sum_{i=0}^{n-1} \frac{1}{i!} E_2^i \right) = \exp(\theta) = \sum_{i=0}^{n-1} \frac{1}{i!} \theta^i \in A' \qquad (23)$$

比较 (22) 和 (23) 得

$$\sum_{i=1}^{n-1} \phi(Y_i) = \theta \in \mathfrak{H} \qquad (24)$$

由于 ϕ 在 $\bigoplus_{i=0}^{m} A_i$ 上的限制当 E_1, E_2 足够一般且 $n \gg m$ 时是单射, 由 (24) 即得 $\sum_{i=1}^{m} Y_i \in \mathfrak{L}$. 再由 m 的任意性即可见每个 $Y_i \in \mathfrak{L}_i$.

取 $r_{ij} \in k$ 使得 $Y_i = \sum_{j} r_{ij} Y_{ij}$ $(1 \leqslant i \leqslant m)$, 代入 (24) 即得 (12). 我们对 i 用归纳法证明所有 $r_{ij} \in \mathbb{Q}$. 首先 $r_{11} = r_{12} = 1$. 设 $i > 2$, 注意 A_i 有一组 k-基 $S = \{ X_{j_1} \cdots X_{j_i} | j_1, \cdots, j_i = 1, 2 \}$, 而每个 Y_{ij} 都是 S 的元素的整系数线性组合. 比较 (12) 中两边的 i 次齐次部分可见, 左边作为 S 的线性组合的系数都是有理数, 而右边由归纳法可见除了 $\sum_{j} r_{ij} Y_{ij}$ 外各项的系数都是有理数, 故 $\sum_{j} r_{ij} Y_{ij}$ 也可表示为 S 的元素的有理系数线性组合. 但所有 Y_{ij} 线性无关, 故所有 $r_{ij} \in \mathbb{Q}$ (习题 8). 证毕.

若取 $Y_{21} = [X_1, X_2]$, $Y_{31} = [X_1, [X_1, X_2]]$, $Y_{32} = [X_2, [X_1, X_2]]$, 则由直接计算不难得到

$$r_{21} = \frac{1}{2}, \quad r_{31} = \frac{1}{12}, \quad r_{32} = -\frac{1}{12} \qquad (25)$$

若 G 是交换李群, 则易见对任意 $\theta_1, \theta_2 \in Lie(G)$ 有 $\exp(\theta_1 + \theta_2) = \exp(\theta_1) \cdot \exp(\theta_2)$ (习题 3). 但对非交换李群这不一定成立. 在一般情形有下列公式.

定理 1 (Baker-Campbell-Hausdorff 公式, 简称 BCH 公式)　记 $A, X_1, X_2,$ $\mathfrak{L}$ 和 Y_{ij}, r_{ij} $(\forall i, j)$ 同引理 2. 设 G 为李群, $\theta_1, \theta_2 \in Lie(G)$, 令 $f : \mathfrak{L} \to Lie(G)$ 为引理 1($*$) 所给出的李代数同态, $\theta_{ij} = f(Y_{ij})$ $(\forall i \geqslant 2, j)$. 则存在 $\varepsilon > 0$ 使得当 $|t| < \varepsilon$ 时有

$$\exp(t\theta_1)\exp(t\theta_2) = \exp\left(t\theta_1 + t\theta_2 + \sum_{i=2}^{\infty}\sum_{j} r_{ij} t^i \theta_{ij}\right) \tag{26}$$

其中右边的级数 $\sum\limits_{i=2}^{\infty}\sum\limits_{j} r_{ij} t^i \theta_{ij}$ 在 $Lie(G)$ 中收敛.

证　由上节可取 0 的开邻域 $U \subset Lie(G)$ 使得 $\exp$ 给出 U 与 G 的一个开子流形 U' 之间的解析同构. 取 $\varepsilon > 0$ 使得当 $|t| < \varepsilon$ 时有 $\exp(t\theta_1)\exp(t\theta_2) \in U'$. 这样就存在唯一 $\theta(t) \in U$ 使得

$$\exp(t\theta_1)\exp(t\theta_2) = \exp(\theta(t)) \tag{27}$$

注意 $\theta(t)$ 对于 t 是解析的且 $\theta(0) = 0$, 故可表达为

$$\theta(t) = \sum_{i=1}^{\infty} t^i \eta_i \quad (\eta_i \in \mathfrak{H}_i \forall i) \tag{28}$$

由引理 2 可知, 对任一 $m > 0$, $\exp(t\theta_1)\exp(t\theta_2)$ 按 t 的展开式的前 m 项与 $\exp\left(t\theta_1 + t\theta_2 + \sum\limits_{i=2}^{m} t^i \sum\limits_{j} r_{ij}\theta_{ij}\right)$ 按 t 的展开式的前 m 项相等, 而由 (28) 可见它 也与 $\exp\left(\sum\limits_{i=1}^{m} t^i \eta_i\right)$ 按 t 的展开式的前 m 项相等, 故对 $i \geqslant 2$ 有 $\eta_i = \sum\limits_{j} r_{ij}\theta_{ij}$ $(\forall i)$. 将此代入 (28) 再将 (28) 代入 (27) 即得 (26). 证毕.

由定理 1 和 (25) 可见, 对任意 $\theta_1, \theta_2 \in Lie(G)$ 及充分小的 t 有

$$\exp(t\theta_1)\exp(t\theta_2) = \exp\left(t\theta_1 + t\theta_2 + \frac{t^2}{2}[\theta_1, \theta_2] + \frac{t^3}{12}[\theta_1, [\theta_1, \theta_2]] - \frac{t^3}{12}[\theta_2, [\theta_1, \theta_2]] + \cdots\right) \tag{29}$$

这是很多文献中常见的表达式.

由定理 1 的证明可得

推论 1　设 G 为李群, $\mathfrak{H}$ 为 $Lie(G)$ 的李子代数, $U \subset Lie(G)$ 为包含 0 的开子集使得 $\exp$ 给出 U 与 G 的一个开子集 U' 的解析同构. 则存在 $\mathfrak{H}$ 中包含 0 的开集 $U_0 \subset U \cap \mathfrak{H}$, 使得 $\iota_*(U_0) = U_0$ 且 $m(\exp(U_0) \times \exp(U_0)) \subset \exp(U \cap \mathfrak{H})$.

这个推论可以直观地理解为 G 的群运算在 $\exp(U)$ 中局部存在, 故在有些文献中将李子代数在指数映射下的像称为 "局部李群". 注意 $\exp(U)$ 未必是一个李子群的开子集 (参看注 VI.3.1).

第 3 节　拓扑群与不变测度

不难将定义 VI.1 推广到其他 "范畴" 上去: 若将定义 VI.1 中的 "解析空间" 改为其他类型的几何对象如 "C^r-流形" 或 "拓扑空间", 则得到相应范畴中的群. 在拓扑空间的情形称为拓扑群, 即一个拓扑空间具有群结构, 其群运算是连续的.

例 1　设 p 为素数. 对加法群 $G = \mathbb{Z}$ 赋予如下拓扑: 不难验证所有 $p^r\mathbb{Z}$ $(r \in \mathbb{N})$ 的所有陪集 $a + p^r\mathbb{Z}$ $(a \in \mathbb{Z})$ 组成一个拓扑基, 这样就给出 G 的一个拓扑, 称为 "p-进拓扑". 不难验证这个拓扑是 Hausdorff 的, 而 G 的群运算在这个拓扑下连续, 这就给出 G 的一个拓扑群结构.

如果连通拓扑群 G 局部同胚于实 n 维球 B_n, 则可以证明 G 具有实李群结构, 这是庞特里亚金的工作, 这里不详细介绍了 (可参看 [8]). 由此还可得到实李群的闭子群必为李子群.

如果群 G 是 C^1-流形且群运算是微分映射, 则不难证明 G 具有李群结构: 仿照 VII.2 节可以定义左不变向量场, 从而给出李代数 $Lie(G)$, 它作为实线性空间是有限维的, 故可以看作实解析流形. 进而可以仿照上节定义指数映射 $\exp : Lie(G) \to G$, 它在 $0 \in Lie(G)$ 附近为微分同胚, 即可取 $0 \in Lie(G)$ 的开邻域 U' 使得 $U = \exp(U')$ 与 U' 微分同胚, 定义 U 的解析流形结构为由 $\exp$ 诱导的实解析流形结构. 对任意 $g \in G$, T_g 诱导 gU 的一个实解析流形结构, 而由 $Lie(G)$ 的左不变性可见在 $U \cap gU$ 上, U 的实解析流形结构的限制与 gU 的实解析流形结构的限制一致 (因为它们的解析函数都是由 $Lie(G)$ 的坐标的解析函数在同胚 $\exp$ 下给出的). 这样就可以给出 G 的一个实解析流形结构, 使得 $\exp$ 为解析映射, 从而给出 G 的一个李群结构.

设 G 为拓扑群, 其拓扑为 Hausdorff 的且满足第二可数性公理, 则在 G 上有一个 "不变测度", 即一个非零测度 μ 使得对任意可测集 S 及任意 $g \in G$, gS 是可测集且 $\mu(gS) = \mu(S)$; 而且不变测度本质上是唯一的, 即若 μ' 是另一个不变测度, 则有常数 $c > 0$ 使得 $\mu' = c\mu$ (详见 [8]), 这个测度称为 "Haar 测度".

因此, 每个李群都有左不变测度即 Haar 测度, 对此可以这样理解: 一个 n 维 C^∞-流形 X 上的一个 C^∞-测度等价于 $\Omega^n_X(X)$ 的一个元, 其中 $\Omega^n_X = \wedge^n_{O_X} \Omega^1_X$. 因此对于一个 n 维实李群 G, 只要给出一个非零 n 阶左不变外微分 $\omega \in \Omega^n_G(G)$, 即

可给出一个 Haar 测度, 而它本质上就是唯一的左不变测度. 由于 $\Omega^1_G \cong O^n_G$, 而 $Lie(G)$ 是所有左不变向量场组成的线性空间, 可见其对偶 $Lie(G)^\vee$ 为所有左不变整体微分组成的线性空间. 因此 $\wedge^n_{\mathbb{R}} Lie(G)^\vee \cong (\wedge^n_{\mathbb{R}} Lie(G))^\vee$ 的非零元就给出一个 Haar 测度.

还可以更直接地得到左不变整体微分: 由命题 VII.1.1 用定理 VII.2.1 的讨论方法, 注意

$$\alpha^* : \Omega^1_G \xrightarrow{\simeq} O_G \otimes_k \omega_G \tag{1}$$

是左 O_G-模同构, 不难验证一个整体微分 $\omega \in \Omega^1_G(G)$ 为左不变的当且仅当它在 (1) 下对应于 $1 \otimes_k \omega_G$ 的元, 换言之存在 $\eta \in \omega_G$ 使得 $\omega = \alpha^{-1*}(1 \otimes_k \eta)$.

对于一个 n 维复李群 G, 需要取 $\wedge^{2n}_{\mathbb{R}} Lie(G)^\vee$ 的非零元给出 Haar 测度. 设 $z_1, \cdots, z_n$ 为 G 在 $e \in G$ 附近的局部坐标, 其中 $z_i = x_i + \sqrt{-1}y_i$ $(1 \leqslant i \leqslant n)$, x_i, y_i 分别为 z_i 的实部和虚部 (均为实变量), 则有 $dz_i = dx_i + \sqrt{-1}dy_i$. 由此可见若 $\omega_1, \cdots, \omega_n$ 为 $Lie(G)^\vee$ 作为复线性空间的一组基, 令 ω'_i 和 ω''_i 分别为 ω_i 的实部和虚部 $(1 \leqslant i \leqslant n)$, 则 $\omega'_1, \cdots, \omega'_n, \omega''_1, \cdots, \omega''_n$ 为 $Lie(G)^\vee$ 作为实线性空间的一组基, 故 $\omega'_1 \wedge \cdots \wedge \omega'_n \wedge \omega''_1 \wedge \cdots \wedge \omega''_n$ 给出 G 的 Haar 测度. 我们还可以换一种方式给出 Haar 测度: 记 $\bar{\omega}_i$ 为 ω_i 的复共轭 (即 $\omega'_i - \sqrt{-1}\omega''_i$), 则易见

$$\omega_i \wedge \bar{\omega}_i = 2\sqrt{-1}\omega'_i \wedge \omega''_i \quad (1 \leqslant i \leqslant n) \tag{2}$$

因此 G 的 Haar 测度由

$$(-\sqrt{-1}/2)^n \omega'_1 \wedge \bar{\omega}'_1 \wedge \cdots \wedge \omega'_n \wedge \omega''_n \tag{3}$$

给出. 由上所述可取 (3) 的一个正实数倍作为 G 的 Haar 测度, 我们可以在 (3) 中将 $(-\sqrt{-1}/2)^n$ 换为 $(-\sqrt{-1})^n$.

例 2　我们来给出 $G = GL_n(k)$ 的 Haar 测度.

先考虑 $k = \mathbb{R}$ 的情形. 由例 VII.2.1 可知, $Lie(G)$ 有一组基

$$\theta_{ij} = \sum_{k=1}^n x_{ki} \frac{\partial}{\partial x_{kj}} \quad (1 \leqslant i, j \leqslant n) \tag{4}$$

我们将 θ_{ij} 和 $\dfrac{\partial}{\partial x_{ij}}$ 都按次序 $11, 21, \cdots, n1, 12, \cdots, nn$ 排列, 则不难得到

$$\begin{pmatrix} \theta_{11} \\ \theta_{21} \\ \vdots \\ \theta_{nn} \end{pmatrix} = A \begin{pmatrix} \dfrac{\partial}{\partial x_{11}} \\ \dfrac{\partial}{\partial x_{21}} \\ \vdots \\ \dfrac{\partial}{\partial x_{nn}} \end{pmatrix} \tag{5}$$

其中 $A = \mathrm{diag}(^t(x_{ij}), \cdots, {}^t(x_{ij}))$. 由此得

$$\theta_{11} \wedge \theta_{21} \wedge \cdots \wedge \theta_{nn} = \det(x_{ij})^n \frac{\partial}{\partial x_{11}} \wedge \frac{\partial}{\partial x_{21}} \wedge \cdots \wedge \frac{\partial}{\partial x_{nn}} \tag{6}$$

由此取对偶得 Haar 测度为

$$(\theta_{11} \wedge \theta_{21} \wedge \cdots \wedge \theta_{nn})^{\vee} = \det(x_{ij})^{-n} dx_{11} \wedge dx_{21} \wedge \cdots \wedge dx_{nn} \tag{7}$$

也可以如上所说直接计算左不变整体微分, 注意

$$\alpha^{-1*}(I \otimes_k (x_{ij})) = (x_{ij})^{-1} \otimes_k (x_{ij}) \tag{8}$$

令 $(x_{ij})^{-1} = (\tilde{x}_{ij})$, 则 (8) 给出

$$\alpha^{-1*}(1 \otimes_k x_{ij}) = \sum_{k=1}^{n} \tilde{x}_{ik} \otimes_k x_{kj} \quad (1 \leqslant i, j \leqslant n) \tag{9}$$

记 $\phi : O_{G,e} \to \omega_G$ 为投射, 则由 (9) 得

$$\alpha^{-1*}(1 \otimes_k \phi(x_{ij})) = \sum_{k=1}^{n} \tilde{x}_{ik} dx_{kj} \quad (1 \leqslant i, j \leqslant n) \tag{10}$$

将 $\phi(x_{ij})$ 和 dx_{ij} 都按次序 $11, 21, \cdots, n1, 12, \cdots, nn$ 排列, 则不难得到

$$\alpha^{-1*} \begin{pmatrix} 1 \otimes_k \phi(x_{11}) \\ 1 \otimes_k \phi(x_{21}) \\ \vdots \\ 1 \otimes_k \phi(x_{nn}) \end{pmatrix} = B \begin{pmatrix} dx_{11} \\ dx_{21} \\ \vdots \\ dx_{nn} \end{pmatrix} \tag{11}$$

其中 $B = \mathrm{diag}((\tilde{x}_{ij}), \cdots, (\tilde{x}_{ij}))$. 令 $\omega_{ij} = \alpha^{-1*}(1 \otimes_k \phi(x_{ij}))$ $(1 \leqslant i, j \leqslant n)$, 则得 Haar 测度为

$$\begin{aligned} \omega_{11} \wedge \omega_{21} \wedge \cdots \wedge \omega_{nn} &= \det(B) dx_{11} \wedge dx_{21} \wedge \cdots \wedge dx_{nn} \\ &= \det(x_{ij})^{-n} dx_{11} \wedge dx_{21} \wedge \cdots \wedge dx_{nn} \end{aligned} \tag{12}$$

　　下面来考虑 $k = \mathbb{C}$ 的情形. 由上所述可取 $Lie(G)^\vee$ 的 $\mathbb{R}$-基为 $\omega_{11}, \omega_{21}, \cdots,$ $\omega_{nn}, \bar{\omega}_{11}, \bar{\omega}_{21}, \cdots, \bar{\omega}_{nn}$ ($\bar{\omega}_{ij}$ 为 ω_{ij} 的复共轭), 仍按这样的次序, 易见 (11) 仍成立, 即

$$\begin{pmatrix} \omega_{11} \\ \omega_{21} \\ \vdots \\ \omega_{nn} \end{pmatrix} = B \begin{pmatrix} dx_{11} \\ dx_{21} \\ \vdots \\ dx_{nn} \end{pmatrix} \tag{13}$$

对 (13) 取复共轭得

$$\begin{pmatrix} \bar{\omega}_{11} \\ \bar{\omega}_{21} \\ \vdots \\ \bar{\omega}_{nn} \end{pmatrix} = \bar{B} \begin{pmatrix} d\bar{x}_{11} \\ d\bar{x}_{21} \\ \vdots \\ d\bar{x}_{nn} \end{pmatrix} \tag{14}$$

($\bar{x}_{ij}$ 为 x_{ij} 的复共轭), 故由上所述得 G 的 Haar 测度为

$$(-\sqrt{-1})^n |\det(x_{ij})|^{-2n} dx_{11} \wedge dx_{21} \wedge \cdots \wedge dx_{nn} \wedge d\bar{x}_{11} \wedge d\bar{x}_{21} \wedge \cdots \wedge d\bar{x}_{nn} \tag{15}$$

习　题　VIII

　　1. 设 A 为 $n \times n$ 实对称阵. 证明对任意 $t \in \mathbb{R}$, $\exp tA$ 是正定实对称阵.

　　2. 设 A 为 $n \times n$ 实矩阵. 证明若 $\operatorname{tr}(A) = 0$ 则 $\det(e^A) = 1$.

　　3. 设 G 是交换李群. 证明对任意 $\theta_1, \theta_2 \in Lie(G)$ 有 $\exp(\theta_1 + \theta_2) = \exp(\theta_1)\exp(\theta_2)$.

　　4. 设 $\theta \in \mathfrak{gl}_2(\mathbb{C})$, 计算 $\exp t\theta$ 给出的单参数子群, 并验证它或者同构于 $\mathbb{G}_{a/\mathbb{C}}$, 或者同构于 $\mathbb{G}_{m/\mathbb{C}}$. (提示: 先化为若尔当标准形.)

　　5. 设 $\theta = \begin{pmatrix} 0 & 1 \\ -1 & 0 \end{pmatrix} \in \mathfrak{gl}_2(\mathbb{R})$, 计算 $\exp t\theta$ 给出的单参数子群.

　　6. 设复变元 z 的幂级数 $f(z) = \sum\limits_{i=0}^{\infty} a_i z^i$ 的收敛半径为 R (可能为 ∞), n 阶复方阵 T 的特征值的绝对值都小于 R. 证明下列断言.

　　i) 矩阵幂级数

$$f(T) = \sum_{i=0}^{\infty} a_i T^i$$

收敛.

　　ii) 若正实数 $r < R$ 使得 T 的特征值的绝对值都小于 r, 则

$$f(T) = \frac{1}{2\pi\sqrt{-1}} \oint_{|z|=r} f(z)(zI - T)^{-1} dz$$

iii) 令 $T = (t_{ij})$, 其中的 t_{ij} $(1 \leqslant i, j \leqslant n)$ 视为自由变量. 证明 $f(T)$ 的元为 t_{ij} $(1 \leqslant i, j \leqslant n)$ 的解析函数.

7. 证明 (2.7), 并试给出 (2.4) 中的元的其他线性关系.

8. 设 n 维 k-线性空间 V 有基 $v_1, \cdots, v_n$, 向量 $w_1, \cdots, w_m, w \in V$ 都是 $v_1, \cdots, v_n$ 的有理系数线性组合. 已知 $w_1, \cdots, w_m$ 线性无关而 w 与 $w_1, \cdots, w_m$ 线性相关. 证明 w 是 $w_1, \cdots, w_m$ 的有理系数线性组合.

9. 计算 $\mathbb{G}_{a/k}$ 和 $\mathbb{G}_{m/k}$ 的 Haar 测度, 注意 k 可以是 $\mathbb{R}$ 或 $\mathbb{C}$.

10. 计算 $PGL_2(k)$ 的不变测度.

11. 令 $SO_2(\mathbb{R}) = \{T \in GL_2(\mathbb{R}) | T^t T = I, \det(T) = 1\}$ (即特殊正交群). 证明:

i) 作为群, $SO_2(\mathbb{R}) \cong \mathbb{R}/\mathbb{Z}$; 作为拓扑空间, $SO_2(\mathbb{R})$ 与圆周同胚.

ii) 任一 1 维连通实李群或者同构于 $\mathbb{G}_{a/\mathbb{R}}$, 或者同构于 $SO_2(\mathbb{R})$.

iii) 任一交换连通实李群同构于若干个 $\mathbb{G}_{a/\mathbb{R}}$ 和 $SO_2(\mathbb{R})$ 的拷贝的直积.

12. 设 $\mathfrak{L}$ 为 $k = \mathbb{R}$ 或 $\mathbb{C}$ 上的李代数, $T \in M(\mathfrak{L})$ 满足

$$T([\theta_1, \theta_2]) = [T(\theta_1), \theta_2] + [\theta_1, T(\theta_2)] \quad (\forall \theta_1, \theta_2 \in \mathfrak{L})$$

证明 $\exp(T) \in GL(\mathfrak{L})$ 为李代数自同构.

第 IX 章　线性李群与李代数

仍记 k 为 $\mathbb{R}$ 或 $\mathbb{C}$. 在本章中若无特别说明, 所涉及的李代数都是有限维的.

第 1 节　线 性 李 群

一个 k-李群 G 称为线性的, 如果它同构于某个 $GL_n(k)$ 的一个李子群. 我们在例 VI.1.1 中已经看到很多线性李群的例子, 现在来系统地整理一下.

引理 1　对于 $G = GL_n(\mathbb{C})$, $\exp : Lie(G) \to G$ 是满射.

证　令 $H_n \subset GL_n(\mathbb{C})$ 为所有对角元都是 1 的上三角阵组成的李子群, 则 $Lie(H_n)$ 由所有对角元均为 0 的上三角阵组成, 而 $\exp : Lie(H_n) \to H_n$ 有逆映射 $\ln : H_n \to Lie(H_n)$ (参看引理 VIII.2.2 的证明), 故为满射.

设 $T \in GL_n(\mathbb{C})$. 取 $P \in GL_n(\mathbb{C})$ 使得 PTP^{-1} 为若尔当标准形, 即

$$PTP^{-1} = \mathrm{diag}(J_1, \cdots, J_r) \tag{1}$$

其中 J_i 为 n_i 阶方阵 $(1 \leqslant i \leqslant r,\ n_1 + \cdots + n_r = n)$, 且 $J_i = \lambda_i I_{n_i} + U_i$, 其中 $\lambda_i \neq 0$ 为 T 的特征值, U_i 为上三角阵且对角元为 0 $(1 \leqslant i \leqslant r)$. 令 $H_i \subset GL_{n_i}(\mathbb{C})$ 为所有对角元都是 1 的上三角阵组成的李子群, 则由上所述存在 $B_i \in Lie(H_i)$ 使得 $\exp(B_i) = I_{n_i} + \lambda_i^{-1} U_i$. 取 $\mu_i \in \mathbb{C}$ 使得 $e^{\mu_i} = \lambda_i$. 由于 $[\mu_i I_{n_i}, B_i] = 0$, 由定理 VIII.2.1 有

$$\exp(\mu_i I_{n_i} + B_i) = \exp(\mu_i I_{n_i}) \exp(B_i) = \lambda_i I_{n_i}(I_{n_i} + \lambda_i^{-1} U_i) = \lambda_i I_{n_i} + U_i = J_i \tag{2}$$

令 $A = \mathrm{diag}(\mu_1 I_{n_1} + B_1, \cdots, \mu_r I_{n_r} + B_r) \in Lie(G)$, 则由 (2) 有

$$\exp(A) = \mathrm{diag}(J_1, \cdots, J_r) = PTP^{-1} \tag{3}$$

故 $\exp(P^{-1}AP) = T$. 证毕.

引理 2　下面是 k-线性李群的几个特殊情形.

i) $\mathbb{G}_{a/k}$ 和 $\mathbb{G}_{m/k}$ 是线性的.

ii) 线性李群的直积是线性的.

iii) 任一有限 (离散) 群是线性李群.

证　i) 在 $GL_2(k)$ 中所有对角元为 1 的上三角阵组成一个李子群 H, 易见 $H \cong \mathbb{G}_{a/k}$, 故 $\mathbb{G}_{a/k}$ 是线性的. 而 $\mathbb{G}_{m/k} = GL_1(k)$.

ii) 设 $G \subset GL_n(k)$, $G' \subset GL_{n'}(k)$ 为李子群. 注意 $GL_n(k) \times GL_{n'}(k)$ 可以嵌入 $GL_{n+n'}(k)$ 作为一个李子群, 故 $G \times G'$ 也是线性的.

iii) 设 $G = \{g_1, \cdots, g_n\}$ 为有限 (离散) 群. 令 V 为以 $g_1, \cdots, g_n$ 为基的 k-线性空间, 则 G 在 V 上有一个显然的忠实作用 $\left(g, \sum\limits_{i=1}^{n} a_i g_i\right) \mapsto \sum\limits_{i=1}^{n} g g_i$, 它等价于一个单同态 $f : G \to GL(V) \cong GL_n(k)$. 注意 $GL_n(k)$ 的有限子集都是离散的闭子集, 可见 G 作为李群同构于 $f(G)$. 证毕.

典型李群是一些线性李群的总称. 前面已看到的 $GL_n(k)$, $SL_n(k)$, $PGL_n(k)$ 和 $PSL_n(k)$ ($k = \mathbb{R}$ 或 $\mathbb{C}$) 都是典型李群, 其他典型李群都是由二次型定义的线性子群.

设 σ 为 k 的一个自同构, 若 $k = \mathbb{R}$ 则 $\sigma = \mathrm{id}_k$; 若 $k = \mathbb{C}$, 我们只关心两种情形: $\sigma = \mathrm{id}_k$ 或 σ 为复共轭 ($a \in \mathbb{C}$ 的复共轭记为 $\bar{a}$). 设 V 为有限维 k-线性空间, 记 $V^\vee = Hom_k(V, k)$ (即 V 的 "对偶空间"). V 上的一个对射变换是指一个 σ-半线性映射 $\phi : V \to V^\vee$ (即 ϕ 满足 $\phi(v + v') = \phi(v) + \phi(v')$ ($\forall v, v' \in V$) 及 $\phi(av) = \sigma(a)\phi(v)$ ($\forall v \in V$, $a \in k$)). 可以将 ϕ 解释为一个二次型 $\langle, \rangle : V \times V \to k$ ($\langle v, v' \rangle = \phi(v')(v)$), 则 $\langle, \rangle$ 满足条件 $\langle v_1 + v_2, v \rangle = \langle v_1, v \rangle + \langle v_2, v \rangle$, $\langle v, v_1 + v_2 \rangle = \langle v, v_1 \rangle + \langle v, v_2 \rangle$, $\langle a v_1, v_2 \rangle = a \langle v_1, v_2 \rangle$, $\langle v_1, a v_2 \rangle = \sigma(a)\langle v_1, v_2 \rangle$ ($\forall v, v_1, v_2 \in V$, $a \in k$), 这样的二次型称为半双线性的. 我们假定 $\langle, \rangle$ 是 "自反的", 即 $\langle v, v' \rangle = 0$ 当且仅当 $\langle v', v \rangle = 0$. 我们只关心 "非退化的" 二次型, 即对任意 $v \neq 0 \in V$ 都存在 $v' \in V$ 使得 $\langle v, v' \rangle \neq 0$, 这可以解释为 ϕ 是一一映射. 由二次型的分类可知 (参看 [3]), 在取适当的基并乘以适当的常数后, 非退化自反半双线性型只有四类: 对称的 (即 $\langle v', v \rangle = \langle v, v' \rangle$)、埃尔米特的 ($k = \mathbb{C}$ 且 $\langle v', v \rangle = \overline{\langle v, v' \rangle}$)、反对称的 (即 $\langle v', v \rangle = -\langle v, v' \rangle$)、反埃尔米特的 ($k = \mathbb{C}$ 且 $\langle v', v \rangle = -\overline{\langle v, v' \rangle}$). 在典型李群中用到的都是这几类二次型 (但非全部).

给定一个这样的二次型 $\langle, \rangle$ 就可以定义 $GL(V)$ 的一个子群

$$GL(V, \langle, \rangle) = \{g \in GL(V) | \langle gv, gv' \rangle = \langle v, v' \rangle \ \forall v, v' \in V\} \tag{4}$$

若 $\langle, \rangle$ 为对称的或反对称的, 则显然 $GL(V, \langle, \rangle)$ 为 $GL(V)$ 的李子群; 而若 $\langle, \rangle$ 为埃尔米特的或反埃尔米特的 (此时 $k = \mathbb{C}$), 则 $GL(V, \langle, \rangle)$ 为 $GL(V)$ (作为实李群的) 的**实李子群**.

以下我们分别定义各类典型李群, 并计算它们的李代数.

i) 设 $\langle,\rangle$ 是对称的, $n = \dim_k V \geqslant 2$, $k = \mathbb{C}$ 或 $k = \mathbb{R}$ 且 $\langle,\rangle$ 是正定的, 此时可取基使得二次型 $\langle,\rangle$ 表为单位矩阵, 从而有

$$GL(V,\langle,\rangle) \cong \{T \in GL_n(k) | T^t T = I\} \tag{5}$$

称为 k 上的 n 维正交群, 记为 $O_n(k)$. 其中行列式为 1 的矩阵组成一个指数为 2 的连通正规子群, 称为 k 上的 n 维旋转群, 记为 $SO_n(k)$. 注意 $SO_n(k) = O_n(k) \cap SL_n(k)$.

注意若 $k = \mathbb{R}$ 而 $T = (a_{ij})$, 则 $T^t T = I$ 给出 $a_{i1}^2 + \cdots + a_{in}^2 = 1$ $(1 \leqslant i \leqslant n)$, 这说明 (5) 式右边是有界闭集, 即 $O_n(\mathbb{R})$ 为紧致李群.

我们来计算 $O_n(k)$ 的李代数. 任取 $A \in \mathfrak{gl}_n(k)$ (见例 VII.2.1), 它可以看作一个 $n \times n$ 矩阵, 而

$$\exp(tA) = \sum_{i=0}^{\infty} \frac{1}{i!} A^i \tag{6}$$

(见例 VIII.1.1). 显然 $\exp(t\,^tA) = {}^t(\exp(tA))$, 故若 $\exp(tA) \subset O_n(k)$, 则有

$$
\begin{aligned}
0 = \frac{\mathrm{d}}{\mathrm{d}t} I \Big|_{t=0} &= \frac{\mathrm{d}}{\mathrm{d}t} \exp(tA) \exp(t\,^tA) \Big|_{t=0} \\
&= (A \exp(tA) \exp(t\,^tA) + \exp(tA) \exp(t\,^tA)\,^tA)|_{t=0} = A + {}^tA
\end{aligned}
\tag{7}
$$

反之, 若 $A + {}^tA = 0$ (即 A 为反对称阵), 则由 (7) 可见 $\exp(tA) \subset O_n(k)$. 由此可知 $Lie(O_n(k))$ 同构于 $\mathfrak{gl}_n(k)$ 中所有反对称阵组成的李子代数, 记为 $\mathfrak{o}_n(k)$. 特别地, $\dim_k \mathfrak{o}_n(k) = \frac{1}{2} n(n-1)$, 故 $\dim(O_n(k)) = \frac{1}{2} n(n-1)$. 由于 $SO_n(k)$ 为 $O_n(k)$ 中的开子群, 我们有 $Lie(SO_n(k)) \cong \mathfrak{o}_n(k)$.

ii) 设 $\langle,\rangle$ 是反对称的, 此时 $\dim_k V$ 必为偶数 (否则反对称二次型退化, 参看习题 9), 记 $2n = \dim_k V$. 可取 V 的基使得二次型 $\langle,\rangle$ 表示为矩阵 $S = \begin{pmatrix} 0 & I \\ -I & 0 \end{pmatrix}$ (I 为 n 阶单位方阵), 从而有

$$GL(V,\langle,\rangle) \cong \{T \in GL_{2n}(k) | TS^t T = S\} \tag{8}$$

称为 k 上的一个辛群, 记为 $Sp_n(k)$. 若将 T 表为 $\begin{pmatrix} A & B \\ C & D \end{pmatrix}$ (其中 A, B, C, D 为 n 阶方阵), 则 $TS^t T = S$ 表为

$$A^t B = B\,^tA, \quad C\,^tD = D\,^tC, \quad A\,^tD - B\,^tC = I \tag{9}$$

与 i) 类似地可以计算 $Sp_n(k)$ 的李代数. 对任意 $P \in \mathfrak{gl}_{2n}(k)$, 易见 $\exp(tP) \subset Sp_n(k)$ 当且仅当 $PS + S^t P = 0$, 若 $P = \begin{pmatrix} A & B \\ C & D \end{pmatrix}$, 则这相当于

$$B = {}^t B, \quad C = {}^t C, \quad A = - {}^t D \tag{10}$$

记 $Lie(Sp_n(k)) = \mathfrak{sp}_n(k)$, 由 (10) 可得 $\dim Sp_n(k) = \dim_k \mathfrak{sp}_n(k) = 2n^2 + n$.

iii) 设 $\langle , \rangle$ 是埃尔米特的 $(k = \mathbb{C})$, $\dim_k V = n$. 可取 V 的基使得二次型 $\langle , \rangle$ 表示为单位矩阵, 从而有

$$GL(V, \langle , \rangle) \cong \{T \in GL_n(\mathbb{C}) | T {}^t \bar{T} = I\} \tag{11}$$

称为 n 维酉群, 记为 U_n. 与 i) 类似地计算 U_n 的李代数, 对任意 $A \in \mathfrak{gl}_n(\mathbb{C})$, 易见 $\exp(tA) \subset U_n$ 当且仅当 $A + {}^t \bar{A} = 0$, 由此可见 U_n 作为实李群的维数为 $\dim_{\mathbb{R}} Lie(U_n) = n^2$.

与 $O_n(\mathbb{R})$ 类似, U_n 也是紧致李群.

记 $SU_n = SL_n(\mathbb{C}) \cap U_n$, 称为特殊酉群. 注意 U_n 中的元的行列式是绝对值为 1 的任意复数, 故 SU_n 作为实李群的维数为 $n^2 - 1$. 记 $Sp_n = Sp_n(\mathbb{C}) \cap U_{2n}$. 易见 SU_n 和 Sp_n 也是紧致李群.

iv) 上述各典型群在相应的射影线性群中的像也称为典型群, 其名称分别为在原名称前加 "射影", 而记号分别为在原记号前加 P, 如 PSU_n. 它们的维数也都不难确定 (习题 1). 可以证明, 当 $n \geqslant 2$ 时 $PSL_n(k)$, $PSp_n(k)$ 和 PSU_n 都是单群, 而当 $n \geqslant 3$ 时 $PSO_n(k)$ 也是单群 (参看 [3]).

我们注意上述 $GL(V)$ 的子群都是 "代数子群", 即都是由一组 (有限多个) 多项式方程定义的子集, 这样的李群称为线性代数群.

第 2 节 可解与幂零李代数

我们在 V.2 节中给出李代数的线性表示、可解李代数等概念; 在 VII.2 节已看到 $Lie(GL_n(k)) \cong M_n(k)$, 其中任两个元 $A, B \in M_n(k)$ 的李积由 $[A, B] = AB - BA$ 给出. 下面进一步研究李代数的线性表示.

定义 1 设 ρ 为 k-李代数 $\mathfrak{L}$ 在 k-线性空间 V 上的一个线性表示, 若所有 $\rho(\theta)$ $(\theta \in \mathfrak{L})$ 有一个公共特征向量 v, 则易见存在 $\mathfrak{L}$ 上的一个 k-线性函数 λ 使得

$$\theta v = \lambda(\theta) v \quad (\forall \theta \in \mathfrak{L}) \tag{1}$$

这样一个 λ 称为 ρ 的一个权, 而 v 称为权为 λ 的权向量, 且此时记

$$V_{\rho,\lambda} = \{v \in V | \exists n \ (\rho(\theta) - \lambda(\theta)\mathrm{id}_V)^n(v) = 0 \ (\forall \theta \in \mathfrak{L})\} \tag{2}$$

称为权 λ 的权空间.

我们下面讨论的一般是 $d = \dim_k V < \infty$ 的情形, 此时由线性代数可知, 条件 "存在 n 使得 $(\rho(\theta) - \lambda(\theta)\mathrm{id}_V)^n(v) = 0$" 等价于 $(\rho(\theta) - \lambda(\theta)\mathrm{id}_V)^d(v) = 0$, 也等价于 $(\rho(\theta) - \lambda(\theta)\mathrm{id}_V)^n(v) = 0$ 对任意 $n \gg 0$ 成立.

引理 1 (S. Lie)　设 $\mathfrak{L}$ 为可解复李代数, V 为有限维非零复线性空间, $\rho: \mathfrak{L} \to M(V)$ 为线性表示, 则 ρ 有一个权.

证　对 $\dim_{\mathbb{C}} \mathfrak{L}$ 用归纳法. 由于 $\mathfrak{L}$ 是可解的, 由上所述可见 $[\mathfrak{L}, \mathfrak{L}] \neq \mathfrak{L}$, 故可取理想 $\mathfrak{H} \supset [\mathfrak{L}, \mathfrak{L}]$ 使得 $\mathfrak{L}/\mathfrak{H}$ 为 1 维的 (只需在交换李代数 $\mathfrak{L}/[\mathfrak{L}, \mathfrak{L}]$ 中任取一个余维数为 1 的线性子空间, 并令其在 $\mathfrak{L}$ 中的原象为 $\mathfrak{H}$ 即可). 任取 $\theta_0 \in \mathfrak{L}$ 使得 $\mathfrak{L}$ 由 $\{\theta_0, \mathfrak{H}\}$ 生成. 由归纳法假设 $\rho|_{\mathfrak{H}}$ 有一个权 λ. 设 $v \neq 0 \in V$ 为权 λ 的一个权向量, 即

$$\theta v = \lambda(\theta)v \quad (\forall \theta \in \mathfrak{H}) \tag{3}$$

令 $v_i = \theta_0^i v$ $(i = 0, 1, \cdots, v_0 = v)$. 我们用归纳法来证明对任意 i 及任意 $\theta \in \mathfrak{H}$, $\theta v_i - \lambda(\theta)v_i$ 在 $v_0, \cdots, v_{i-1}$ 生成的线性子空间中. 对 $i = 0$ 有

$$\theta v_0 - \lambda(\theta)v_0 = 0 \tag{4}$$

对 $i > 0$, 由线性表示的定义有

$$\theta v_i = \theta(\theta_0 v_{i-1}) = [\theta, \theta_0]v_{i-1} + \theta_0(\theta v_{i-1}) \tag{5}$$

由归纳法假设, 右边第二项与 $\lambda(\theta)v_i$ 的差在 $v_0, \cdots, v_{i-1}$ 生成的线性子空间中; 而由于 $[\theta, \theta_0] \in [\mathfrak{L}, \mathfrak{L}] \subset \mathfrak{H}$, 由归纳法假设可见右边第一项也在 $v_0, \cdots, v_{i-1}$ 生成的线性子空间中.

令 $W \subset V$ 为所有 v_i 生成的线性子空间, 则 $\rho(\theta)$ 和 $\rho(\theta_0)$ 都给出 W 到自身的线性映射, 且 $\rho(\theta)$ 在 W 上只有一个特征值 $\lambda(\theta)$. 注意 $[\theta, \theta_0] \in \mathfrak{H}$, 而 $\rho([\theta, \theta_0]) = [\rho(\theta), \rho(\theta_0)]$ 在 W 上的迹为 0, 故 $\lambda([\theta, \theta_0]) = 0$. 这样由 (5) (对 $i = 1$) 及 (4) 得

$$\theta(\theta_0 v) = \lambda(\theta)\theta_0 v \quad (\forall \theta \in \mathfrak{H}) \tag{6}$$

令 $W' = \{w \in V | \theta w = \lambda(\theta)w \ \forall \theta \in \mathfrak{H}\}$, 则由 (6) 可见 $\theta_0(W') \subset W'$. 故 θ_0 在 W' 上有一个特征向量, 它就是所有 $\rho(\theta)$ $(\theta \in \mathfrak{L})$ 的公共特征向量. 证毕.

设 $v \in V$ 为所有 $\rho(\theta)$ $(\theta \in \mathfrak{L})$ 的一个公共特征向量, 则 $\mathbb{C}v$ 为所有 $\rho(\theta)$ 的公共不变子空间, 故 ρ 诱导 $\mathfrak{L}$ 在 $V_1 = V/\mathbb{C}v$ 上的线性作用, 即 $\mathfrak{L}$ 在 V_1 上的线性表示. 用 V_1 代替 V 并重复应用引理 1, 由归纳法我们得到

推论 1　在引理 1 的假设下, 可取 V 的一组基使得所有 $\rho(\theta)$ 都表为上三角阵.

设 $\mathfrak{L}$ 为 k-李代数. 归纳地记 $\mathfrak{L}_1 = \mathfrak{L}$, $\mathfrak{L}_{i+1} = [\mathfrak{L}_i, \mathfrak{L}]$ (由习题 V.7 可见每个 $\mathfrak{L}_i$ 都是 $\mathfrak{L}$ 的理想). 若某个 $\mathfrak{L}_i = 0$, 则称 $\mathfrak{L}$ 为幂零的, 显然此时 $\mathfrak{L}$ 是可解的 (因为显然 $\mathfrak{L}_i \supset \mathfrak{L}^{(i)}$). 注意 $\mathfrak{L}_i = 0$ 当且仅当对任意 $\theta_1, \cdots, \theta_{i-1} \in \mathfrak{L}$, $\mathrm{ad}\theta_1 \circ \cdots \circ \mathrm{ad}\theta_{i-1} = 0$.

推论 2　一个 k-李代数为可解的当且仅当 $[\mathfrak{L}, \mathfrak{L}]$ 为幂零的.

证　充分性是显然的, 下面证明必要性. 注意一个实李代数 $\mathfrak{L}$ 为可解 (或幂零) 当且仅当复李代数 $\mathfrak{L} \otimes_{\mathbb{R}} \mathbb{C}$ 为可解 (或幂零), 故不妨设 $k = \mathbb{C}$. 令 $n = \dim_{\mathbb{C}} \mathfrak{L}$. 将推论 1 应用于 $\mathfrak{L}$ 在自身上的伴随表示, 可取 $\mathfrak{L}$ 在 $\mathbb{C}$ 上的一组基使得每个 $\mathrm{ad}\theta$ $(\theta \in \mathfrak{L})$ 都表示为上三角形. 这样对任意 $\theta, \theta' \in \mathfrak{L}$, $[\mathrm{ad}\theta, \mathrm{ad}\theta']$ 的对角线上都是 0, 从而 $\mathfrak{L}$ 上任意 n 个形如 $[\mathrm{ad}\theta, \mathrm{ad}\theta']$ 的线性映射的合成等于 0. 注意 $[\mathrm{ad}\theta, \mathrm{ad}\theta'] = \mathrm{ad}[\theta, \theta']$ 而所有 $[\theta, \theta']$ 生成 $[\mathfrak{L}, \mathfrak{L}]$, 这就说明对任意 $\theta_1, \cdots, \theta_n \in [\mathfrak{L}, \mathfrak{L}]$, $\mathrm{ad}\theta_1 \circ \cdots \circ \mathrm{ad}\theta_n = 0$, 故由上所述可得 $[\mathfrak{L}, \mathfrak{L}]$ 幂零. 证毕.

引理 2　设 $\mathfrak{L}$ 为幂零复李代数, V 为有限维复线性空间, $\rho : \mathfrak{L} \to M(V)$ 为线性表示, 则 V 可以分解为 ρ 的权空间的直和.

证　我们回忆线性代数中关于特征根的事实: 若 T 是复线性空间 V 到自身的线性映射, 其特征多项式 $\chi_T(x) = (x - \lambda_1)^{n_1} \cdots (x - \lambda_r)^{n_r}$ $(\lambda_1, \cdots, \lambda_r$ 为互不相同的特征根$)$, 则 T 的对应于特征根 λ_i 的根空间为 $V_{T,\lambda_i} = \prod_{j \neq i} (T - \lambda_j \mathrm{id}_V)^{n_j} V$, 而一个向量 $v \in V$ 在 V_{T,λ_i} 中当且仅当 $(T - \lambda_i \mathrm{id}_V)^n(v) = 0$ 对某个 n 成立. 设 $S : V \to V$ 为线性映射, 我们来说明: S 保持每个 V_{T,λ_i} 当且仅当 $(\mathrm{ad}T)^n(S) = 0$ 对某个 n 成立. 注意对任意 $c \in \mathbb{C}$, $[T - c\mathrm{id}_V, S] = [T, S]$. 若 S 保持每个 V_{T,λ_i}, 则易见在每个 V_{T,λ_i} 上有 $(\mathrm{ad}(T - \lambda_i \mathrm{id}_V))^{2n_i - 1}(S) = 0$, 从而对 $n = 2\dim_{\mathbb{C}} V - 1$ 有 $(\mathrm{ad}T)^n(S) = 0$; 反之, 若对充分大的 n 有 $(\mathrm{ad}T)^n(S) = 0$, 则对任意 i 及任意 $v \in V_{T,\lambda_i}$ 有 $(\mathrm{ad}(T - \lambda_i \mathrm{id}_V))^n(S)(v) = 0$, 展开得

$$\sum_{j=0}^{n_i - 1} (-1)^j \binom{n}{j} (T - \lambda_i \mathrm{id}_V)^{n-j} S (T - \lambda_i \mathrm{id}_V)^j(v) = 0 \qquad (7)$$

注意 (7) 对任意充分大的 n 成立, 记为 (7_n), 则 $(T - \lambda_i \mathrm{id}_V)(7_n) - (7_{n+1})$ 给出

$$\sum_{j=0}^{n_i - 2} (-1)^j \binom{n}{j} (T - \lambda_i \mathrm{id}_V)^{n-j} S (T - \lambda_i \mathrm{id}_V)^{j+1}(v) = 0 \qquad (8)$$

如此归纳地做下去, 对任意 $0 < m \leqslant n_i$ 可得到

$$\sum_{j=0}^{n_i-m} (-1)^j \binom{n}{j} (T - \lambda_i \mathrm{id}_V)^{n-j} S (T - \lambda_i \mathrm{id}_V)^{j+m-1}(v) = 0 \qquad (9)$$

特别地, 对 $m = n_i$ 得到 $(T - \lambda_i \mathrm{id}_V)^n S (T - \lambda_i \mathrm{id}_V)^{n_i-1}(v) = 0$, 再对 (9) 用归纳法即得对任意 $m < n_i$ 及充分大的 n 有 $(T - \lambda_i \mathrm{id}_V)^n S (T - \lambda_i \mathrm{id}_V)^m(v) = 0$, 特别地 $(T - \lambda_i \mathrm{id}_V)^n S(v) = 0$, 从而 $S(v) \in V_{T,\lambda_i}$, 这说明 S 保持 V_{T,λ_i}.

现在来看表示 ρ. 任取 $\theta_1 \neq 0 \in \mathfrak{L}$, 则可将 V 分解为 $\rho(\theta_1)$ 的根空间的直和. 若 $\theta_2 \notin \mathbb{C}\theta_1$, 则对充分大的 n 有 $(\mathrm{ad}\theta_1)^n(\theta_2) = 0$, 从而 $(\mathrm{ad}\rho(\theta_1))^n(\rho(\theta_2)) = 0$, 故由上所述 $\rho(\theta_2)$ 保持 $\rho(\theta_1)$ 的每个根空间. 将 $\rho(\theta_1)$ 的每个根空间分解为 $\rho(\theta_2)$ 的根空间的直和, 则由 $(\mathrm{ad}\rho(\theta_2))^n(\rho(\theta_1)) = 0$ (n 充分大) 可见 $\rho(\theta_1)$ 保持 $\rho(\theta_2)$ 的每个根空间, 故这些根空间为 $\rho(\theta_1)$ 和 $\rho(\theta_2)$ 的公共不变子空间. 如此归纳地做下去, 最终可将 V 分解成一个直和, 其中每个直加项在任一 $\theta \in \mathfrak{L}$ 的作用下不变, 且每个 θ 在每个直加项上只有一个特征根, 从而每个直加项给出一个权, 而由上述构造过程可见不同的直加项给出不同的权, 所以每个直加项为一个权空间. 证毕.

引理 3 (Engel)　一个 k-李代数 $\mathfrak{L}$ 为幂零的当且仅当对任意 $\theta \in \mathfrak{L}$ 及任意充分大的 n 有 $(\mathrm{ad}\theta)^n = 0$ (即 $\mathrm{ad}\theta$ 是幂零的).

证　只需证明充分性. 先考虑 $k = \mathbb{C}$ 的情形. 对任意 $n \leqslant \dim_k \mathfrak{L}$, 我们用归纳法构造 $\mathfrak{L}$ 的一个 n 维幂零李子代数 $\mathfrak{H}_n$ 如下. 任取非零元 $\theta \in \mathfrak{L}$ 并令 $\mathfrak{H}_1 = k\theta$. 若已构造了 $\mathfrak{H}_n$ 且 $\mathfrak{H}_n \neq \mathfrak{L}$, 考虑 $\mathfrak{H}_n$ 在 $\mathfrak{L}$ 上的伴随表示, 它将 $\mathfrak{H}_n$ 映入 $\mathfrak{H}_n$, 故诱导 $\mathfrak{H}_n$ 在 $V = \mathfrak{L}/\mathfrak{H}_n$ 上的一个线性表示 ρ. 由于 $\mathfrak{H}_n$ 幂零, 由引理 2 可知 ρ 有一个权向量 $v \in V$. 令 $\theta_0 \in \mathfrak{L}$ 为 v 的一个提升. 对任意 $\theta \in \mathfrak{H}_n$, 由所设 $\mathrm{ad}\theta$ 幂零, 故 $\rho(\theta)$ 幂零, 从而 $\rho(\theta)$ 的特征根只有 0, 故 $\rho(\theta)(v) = 0$, 换言之 $\mathrm{ad}\theta(\theta_0) \in \mathfrak{H}_n$. 这说明 $[\theta_0, \mathfrak{H}_n] \subset \mathfrak{H}_n$, 从而 θ_0 和 $\mathfrak{H}_n$ 生成一个 $n+1$ 维可解李子代数 $\mathfrak{H}_{n+1}$. 由推论 1, 可取 $\mathfrak{H}_{n+1}$ 的一组基使得对任意 $\theta \in \mathfrak{H}_{n+1}$, $\mathrm{ad}\theta$ 都表示为上三角阵; 而由所设 $\mathrm{ad}\theta$ 幂零, 故其矩阵对角线上都是 0. 由此可见 $\mathfrak{H}_{n+1}$ 幂零.

现在考虑 $k = \mathbb{R}$ 的情形. 令 $\mathfrak{L}' = \mathfrak{L} \otimes_{\mathbb{R}} \mathbb{C}$, 我们只需验证 $\mathfrak{L}'$ 也满足引理的条件 (即所有 $\mathrm{ad}\theta$ 幂零) 即可. 任取 $\mathfrak{L}$ 的一组基 $\theta_1, \cdots, \theta_n$ ($n = \dim_k \mathfrak{L}$). 对任意 $\theta = a_1\theta_1 + \cdots + a_n\theta_n \in \mathfrak{L}$, 易见 $\mathrm{ad}\theta$ 的特征多项式

$$\chi_{\mathrm{ad}\theta}(x) = \det(x\mathrm{id}_{\mathfrak{L}} - \mathrm{ad}\theta) = \sum_{i=0}^{n} (-1)^{n-i} p_i(a_1, \cdots, a_n) x^i \qquad (10)$$

其中每个 p_i 为系数在 k 中的 n 元 $n-i$ 次齐次多项式. 由于 $\mathrm{ad}\theta$ 幂零, 其特征多

项式为 x^n, 即

$$p_i(a_1, \cdots, a_n) = 0 \quad (0 \leqslant i < n) \tag{11}$$

由于 θ 是任意的, 这说明 $p_i(a_1, \cdots, a_n) = 0$ 对任意实数 $a_1, \cdots, a_n$ 成立, 故 p_i 为零多项式, 从而 (10) 对任意复数 $a_1, \cdots, a_n$ 也成立, 这说明对任意 $\theta' \in \mathcal{L}'$, $\mathrm{ad}\theta'$ 也是幂零的. 证毕.

注 1　只要 $\mathrm{ad}\theta$ 对一个非空开子集 $U \subset \mathcal{L}$ 中的所有 θ 幂零, 由 (10) 就可见所有 $p_i = 0$, 从而所有 $\mathrm{ad}\theta$ $(\theta \in \mathcal{L})$ 都幂零.

第 3 节　嘉当子代数

设 $\mathcal{L}$ 为 k-李代数. 对一个李子代数 $\mathfrak{H} \subset \mathcal{L}$, 由习题 V.9 可知子集

$$N(\mathfrak{H}) = \{\theta \in \mathcal{L} | [\theta, \mathfrak{H}] \subset \mathfrak{H}\} \tag{1}$$

是一个 (包含 $\mathfrak{H}$ 的) 李子代数, 称为 $\mathfrak{H}$ 的正规化子. 若 $\mathfrak{H}$ 幂零且 $N(\mathfrak{H}) = \mathfrak{H}$, 则称 $\mathfrak{H}$ 为 $\mathcal{L}$ 的一个嘉当子代数. 易见嘉当子代数是极大可解李子代数, 即不是任何可解李子代数的真子代数 (习题 5).

令 $n = \dim_k \mathcal{L}$. 任取 $\mathcal{L}$ 的一组 k-基 $\theta_1, \cdots, \theta_n$, 由引理 IX.2.3 的证明可知存在系数在 k 中的 n 元 $n - i$ 次齐次多项式 p_i $(0 \leqslant i \leqslant n)$, 使得对任意 $\theta = a_1\theta_1 + \cdots + a_n\theta_n \in \mathcal{L}$, (2.10) 式成立. 令 $\mathrm{rk}(\mathcal{L})$ 为使 $p_i \neq 0$ 的最小的 i, 称为 $\mathcal{L}$ 的秩. 若 $p_{\mathrm{rk}(\mathcal{L})}(a_1, \cdots, a_n) \neq 0$, 则称 θ 为 $\mathcal{L}$ 的正则元. 注意 $\mathrm{ad}\theta$ 至少有一个零向量 θ, 故 0 为 $\mathrm{ad}\theta$ 的特征根, 由此可见 $p_0 = 0$, 即 $\mathrm{rk}(\mathcal{L}) > 0$.

命题 1　对任意 $\theta \in \mathcal{L}$, 令

$$\mathfrak{H}_\theta = \{\theta' \in \mathcal{L} | \exists m \; (\mathrm{ad}\theta)^m(\theta') = 0\} \tag{2}$$

则 $\mathfrak{H}_\theta$ 为 $\mathcal{L}$ 的李子代数. 设 $\mathfrak{H}$ 为 $\mathcal{L}$ 的李子代数, 则 $\mathfrak{H}$ 为嘉当子代数当且仅当存在正则元 θ 使得 $\mathfrak{H} = \mathfrak{H}_\theta$, 且此时 $\dim_k \mathfrak{H} = \mathrm{rk}(\mathcal{L})$.

证　若 $\theta' \in \mathfrak{H}_\theta$, 则由伴随表示可见存在 m 使得

$$[\mathrm{ad}\theta, [\mathrm{ad}\theta, [\cdots [\mathrm{ad}\theta, \mathrm{ad}\theta'] \overset{m}{\cdots}] = 0 \tag{3}$$

注意 $\mathfrak{H}_\theta$ 是 $\mathrm{ad}\theta$ 的相应于特征根 0 的根空间. 由引理 2.2 的证明可见 $\mathrm{ad}\theta'$ 保持 $\mathrm{ad}\theta$ 的所有根空间不变, 从而保持 $\mathfrak{H}_\theta$ 不变, 即 $[\theta', \mathfrak{H}_\theta] \subset \mathfrak{H}_\theta$, 这说明 $\mathfrak{H}_\theta$ 是 $\mathcal{L}$ 的李子代数. 此外, 令 V 为 $\mathrm{ad}\theta$ 的相应于非零特征根的根空间的直和, 则 $\mathcal{L} = \mathfrak{H}_\theta \oplus V$ 且 $\mathrm{ad}\theta'$ 也保持 V 不变.

设 θ 为正则元. 记 $\chi = \chi_{\mathrm{ad}\theta}$, $r = \mathrm{rk}(\mathfrak{L})$, 则由定义有 $\chi(x) = f(x)x^r$, 其中 f 的常数项非零. 故有 $\dim_k \mathfrak{H}_\theta = r$. 任取 $\mathfrak{H}_\theta$ 的一组 k-基 $\theta_1, \cdots, \theta_r$, 则存在多项式 $p(x_1, \cdots, x_r)$ 使得对任意 $\theta' = a_1\theta_1 + \cdots + a_r\theta_r \in \mathfrak{H}_\theta$ 有 $\det(\mathrm{ad}\theta'|_V) = p(a_1, \cdots, a_r)$. 由于 $\det(\mathrm{ad}\theta|_V) \neq 0$, p 是非零多项式, 故 $U = \{\theta' = a_1\theta_1 + \cdots + a_r\theta_r | p(a_1, \cdots, a_r) \neq 0\}$ 为 $\mathfrak{H}_\theta$ 的稠密开子集. 若 $\theta' \in U$, 则 $\mathrm{ad}\theta'|_V$ 可逆, 故 $\mathrm{ad}\theta'$ 的相应于特征根 0 的根空间含于 $\mathfrak{H}_\theta$ 中, 换言之 $\mathfrak{H}_{\theta'} \subset \mathfrak{H}_\theta$; 但由 $\mathrm{rk}(\mathfrak{L})$ 的定义有 $\dim_k \mathfrak{H}_{\theta'} \geqslant r$, 故 $\mathfrak{H}_{\theta'} = \mathfrak{H}_\theta$. 这说明 $\mathrm{ad}\theta'|_{\mathfrak{H}_\theta}$ 幂零, 从而由引理 2.3 和注 2.1 可知 $\mathfrak{H}_\theta$ 为幂零李代数. 此外, 若 $\theta' \in N(\mathfrak{H}_\theta)$, 即 $[\theta, \theta'] \in \mathfrak{H}_\theta$, 则由定义有 $\theta' \in \mathfrak{H}_\theta$, 故 $N(\mathfrak{H}_\theta) = \mathfrak{H}_\theta$, 这说明 $\mathfrak{H}_\theta$ 为嘉当子代数.

反之, 设 $\mathfrak{H}$ 为嘉当子代数, 令 $V = \mathfrak{L}/\mathfrak{H}$, 则 $\mathfrak{H}$ 在 $\mathfrak{L}$ 上的伴随表示诱导 $\mathfrak{H}$ 在 V 上的线性表示, 记为 ρ. 我们来说明存在 $\theta \in \mathfrak{H}$ 使得 $\rho(\theta)$ 是可逆的, 因若不然, 由引理 2.2 可见所有 $\rho(\theta)$ 有一个公共的零向量 $v \in V$, 任取 v 在 $\mathfrak{L}$ 中的一个原像 θ', 则 $\theta' \notin \mathfrak{H}$ 且 $[\theta', \mathfrak{H}] \subset \mathfrak{H}$, 与 $N(\mathfrak{H}) = \mathfrak{H}$ 的假设矛盾. 由于 $\mathfrak{H}_\theta$ 是 $\mathrm{ad}\theta$ 的相应于特征根 0 的根空间, 由 $\rho(\theta)$ 可逆可见 $\mathfrak{H}_\theta \subset \mathfrak{H}$, 而由 $\mathfrak{H}$ 幂零可见 $\mathrm{ad}\theta|_{\mathfrak{H}}$ 幂零, 从而 $\mathfrak{H} \subset \mathfrak{H}_\theta$, 故 $\mathfrak{H} = \mathfrak{H}_\theta$. 证毕.

命题 2 (Chevalley)　设 $\mathfrak{L}$ 为复李代数. 令 $G \subset GL(\mathfrak{L})$ 为所有 $\exp(\mathrm{ad}\theta)$ ($\theta \in \mathfrak{L}$) 生成的子群. 则对任意两个嘉当子代数 $\mathfrak{H}$, $\mathfrak{H}'$, 存在 $g \in G$ 使得 $g(\mathfrak{H}) = \mathfrak{H}'$ (即 G 可迁地作用在所有嘉当子代数的集合上).

证　由命题 VIII.1.2 可见任一 $g \in G$ 是李代数 $\mathfrak{L}$ 的自同构, 故 g 将正则元映到正则元, 将嘉当子代数映到嘉当子代数. 记 $\rho: G \times \mathfrak{L} \to \mathfrak{L}$ 为 G 在 $\mathfrak{L}$ 上的作用. 对 $0 \in \mathfrak{L}$ 的任一开邻域 U 记 $E_U = \{\exp(\mathrm{ad}\theta') | \theta' \in U\}$, 则可取 U 充分小使得 $\eta = \rho|_{E_U \times \mathfrak{L}} : E_U \times \mathfrak{L} \to \mathfrak{L}$ 为解析映射. 我们来证明对任意正则元 $\theta \in \mathfrak{L}$, $\eta(E_U \times \mathfrak{H}_\theta)$ 包含 θ 在 $\mathfrak{L}$ 中的一个开邻域. 对任意 $\theta' \in U$, 将 $\mathrm{ad}\theta'$ 看作 $GL(\mathfrak{L})$ 的李代数 $M(\mathfrak{L})$ 中的元. 由定义 (见 VII.2 节) 我们知道 $\dfrac{\mathrm{d}}{\mathrm{d}t} \in Lie(\mathbb{G}_{a/\mathbb{R}})$ 在同态 $\exp(t\mathrm{ad}\theta')_* : Lie(\mathbb{G}_{a/\mathbb{R}}) \to M(\mathfrak{L})$ 下的像为 $\mathrm{ad}\theta'$, 它将 θ 映到 $[\theta', \theta]$. 记

$$\eta_\theta = \eta|_{E_U \times \mathfrak{H}_\theta} : E_U \times \mathfrak{H}_\theta \to \mathfrak{L} \tag{4}$$

则 $\eta_\theta(\mathrm{id}_\mathfrak{L}, \theta) = \theta$. 将 $\mathfrak{H}_\theta$ 看作 $\mathfrak{H}_\theta$ 在 $\theta \in \mathfrak{H}_\theta$ 处的切空间, 则

$$T_{E_U \times \mathfrak{H}_\theta, (\mathrm{id}_\mathfrak{L}, \theta)} \cong T_{E_U, \mathrm{id}_\mathfrak{L}} \oplus \mathfrak{H}_\theta \cong \mathfrak{L} \oplus \mathfrak{H}_\theta \tag{5}$$

由上所述有

$$\eta_{\theta*}(\mathfrak{L} \oplus 0) = [\mathfrak{L}, \theta] \tag{6}$$

而 $\eta_{\theta*}(0 \oplus \mathfrak{H}_\theta) = \mathfrak{H}_\theta$, 故

$$\eta_{\theta*}(T_{E_U \times \mathfrak{H}_\theta, (\mathrm{id}_{\mathfrak{L}}, \theta)}) \supset [\mathfrak{L}, \theta] + \mathfrak{H}_\theta \tag{7}$$

由于 θ 是正则元, $\mathrm{ad}\theta$ 在 $\mathfrak{L}/\mathfrak{H}_\theta$ 上的作用是可逆的 (见命题 1 的证明, 也可以理解为在分解 $\mathfrak{L} = \mathfrak{H}_\theta \oplus V$ 下有 $[\mathfrak{L}, \theta] \supset V$), 这样由 (7) 可见 $\eta_{\theta*}$ 在 $(\mathrm{id}_{\mathfrak{L}}, \theta)$ 处是满射. 故由推论 IV.3.2 可知 $\mathrm{im}(\eta_\theta)$ 包含 θ 在 $\mathfrak{L}$ 中的一个开邻域 U_θ.

对任意 $\theta' \in U_\theta$, 存在 $g \in E_U$ 及 $\theta'' \in \mathfrak{H}_\theta$ 使得 $g(\theta'') = \theta'$, 而 θ' 是正则的当且仅当 θ'' 是正则的 (因为 g 是李代数同构), 故此时由命题 1 有

$$\mathfrak{H}_{\theta'} = g(\mathfrak{H}_{\theta''}) = g(\mathfrak{H}_\theta) \tag{8}$$

任取 $\mathfrak{L}$ 的一组基 $\theta_1, \cdots, \theta_n$, 则存在非零多项式 $p(x_1, \cdots, x_n)$ 使得对任意 $\theta = a_1\theta_1 + \cdots + a_n\theta_n \in \mathfrak{L}$, $p(a_1, \cdots, a_n) \neq 0$ 当且仅当 θ 为正则元, 换言之 $U' = \{\theta = a_1\theta_1 + \cdots + a_n\theta_n | p(a_1, \cdots, a_n) \neq 0\}$ 为 $\mathfrak{L}$ 中所有正则元的集合, 它是道路连通集 (习题 4). 对任意 $\theta_1, \theta_2 \in U'$, 取一条连续曲线 $C \subset U'$ 连结 θ_1, θ_2, 即取一个连续映射 $\lambda : [0,1] \to U'$ 使得 $\lambda(0) = \theta_1$, $\lambda(1) = \theta_2$ $(C = \mathrm{im}(\lambda))$. 由于 C 是紧致子集, 可取有限多个 U_θ $(\theta \in C$ 为正则元) 将 C 覆盖. 这样就可取有限多个实数 $0 = t_1 < t_2 < \cdots < t_m = 1$ 使得 $\lambda(t_{i+1}) \in U_{\lambda(t_i)}$ $(\forall i < m)$. 由上所述就有 $g_i \in E_U$ 使得 $g_i(\mathfrak{H}_{\lambda(t_i)}) = \mathfrak{H}_{\lambda(t_{i+1})}$ $(\forall i < m)$, 从而 $g = g_{m-1} \cdots g_1 \in G$ 就满足 $g(\mathfrak{H}_{\theta_1}) = \mathfrak{H}_{\theta_2}$. 由命题 1 可知任一嘉当子代数都等于某个 $\mathfrak{H}_\theta$ $(\theta$ 为正则元), 这就证明了 G 在所有嘉当子代数的集合上的作用是可迁的. 证毕.

注 1　命题 2 中的 G 不一定是 $GL(\mathfrak{L})$ 的李子群. 例如在李代数 $M_4(\mathbb{C})$ 中令

$$\theta_1 = \begin{pmatrix} 1 & 0 & 0 & 0 \\ 0 & 0 & 0 & 0 \\ 0 & 0 & \sqrt{2} & 0 \\ 0 & 0 & 0 & 0 \end{pmatrix}, \quad \theta_2 = \begin{pmatrix} 0 & 1 & 0 & 0 \\ 0 & 0 & 0 & 0 \\ 0 & 0 & 0 & 0 \\ 0 & 0 & 0 & 0 \end{pmatrix}, \quad \theta_3 = \begin{pmatrix} 0 & 0 & 0 & 0 \\ 0 & 0 & 0 & 0 \\ 0 & 0 & 0 & 1 \\ 0 & 0 & 0 & 0 \end{pmatrix} \tag{9}$$

则有 $[\theta_1, \theta_2] = \theta_2$, $[\theta_1, \theta_3] = \sqrt{2}\theta_3$, $[\theta_2, \theta_3] = 0$, 故 $\theta_1, \theta_2, \theta_3$ 生成 $M_4(\mathbb{C})$ 的一个 3 维李子代数, 记为 $\mathfrak{L}$. 伴随表示由

$$\mathrm{ad}\theta_1 = \begin{pmatrix} 0 & 0 & 0 \\ 0 & 1 & 0 \\ 0 & 0 & \sqrt{2} \end{pmatrix}, \quad \mathrm{ad}\theta_2 = \begin{pmatrix} 0 & -1 & 0 \\ 0 & 0 & 0 \\ 0 & 0 & 0 \end{pmatrix}, \quad \mathrm{ad}\theta_3 = \begin{pmatrix} 0 & 0 & -\sqrt{2} \\ 0 & 0 & 0 \\ 0 & 0 & 0 \end{pmatrix} \tag{10}$$

给出. 由此可见 G 中任一元的对角线形如 $(1, \exp(z), \exp(\sqrt{2}z))$ $(z \in \mathbb{C})$. 对任意 $r, r' \in \mathbb{R}$, 可取整数 m, m' 使得 $r' + m - m'\sqrt{2}$ 任意接近 $r\sqrt{2}$, 从而 $s =$

$(r' + m)/\sqrt{2} - m'$ 任意接近 r, 这样 $\exp(2\pi(s + m')\sqrt{-1}\mathrm{ad}\theta_1)$ 可以任意接近 $\mathrm{diag}(0, \exp(2\pi r\sqrt{-1}), \exp(2\pi r'\sqrt{-1}))$. 令 $\bar{G}$ 为 G 在 $GL(\mathfrak{L})$ 中的闭包, 则 $\mathrm{diag}(0, \exp(2\pi r\sqrt{-1}), \exp(2\pi r'\sqrt{-1})) \in \bar{G}$. 这就说明 G 不是 $GL(\mathfrak{L})$ 的李子群, 否则会有 $G = \bar{G}$, 从而 $\mathrm{diag}(1, \exp(2\pi r\sqrt{-1}), 1) \in G$, 矛盾 (参看注 VI.3.1).

由命题 2 可见下面的定义是合理的 (即在同构之下与 $\mathfrak{H}$ 的选取无关).

定义 1　设 $\mathfrak{L}$ 为复李代数, $\mathfrak{H} \subset \mathfrak{L}$ 为嘉当子代数, ρ 为 $\mathfrak{H}$ 在 $\mathfrak{L}$ 上的伴随表示. 对 ρ 的一个权 λ, 记 V_λ 为相应的权空间. 记 Δ 为 ρ 的所有非零权的集合, 称为 $\mathfrak{L}$ 的根系. 任一 $\lambda \in \Delta$ 称为 $\mathfrak{L}$ 的一个根, 相应的权空间 V_λ 称为根空间. 记 $\Delta^+ = \Delta \cup \{0\}$, 即 ρ 的所有权的集合.

注意由命题 1 可见 0 为 ρ 的权且 $V_0 = \mathfrak{H}$. 为方便起见, 对 $\mathfrak{H}$ 上的任一线性函数 λ, 若 $\lambda \notin \Delta^+$ 则记 $V_\lambda = 0$.

我们来验证对任意 $\lambda, \lambda' \in \Delta^+$ 有

$$[V_\lambda, V_{\lambda'}] \subset V_{\lambda + \lambda'} \tag{11}$$

简记 $I = \mathrm{id}_{\mathfrak{L}}$. 对任意 $\theta_0 \in \mathfrak{H}$, $\theta \in V_\lambda$ 和 $\theta' \in V_{\lambda'}$, 易见

$$(\mathrm{ad}\theta_0 - (\lambda(\theta_0) + \lambda'(\theta_0))I)[\theta, \theta'] = [(\mathrm{ad}\theta_0 - \lambda(\theta_0)I)\theta, \theta'] + [\theta, (\mathrm{ad}\theta_0 - \lambda'(\theta_0)I)\theta'] \tag{12}$$

注意 $(\mathrm{ad}\theta_0 - \lambda(\theta_0)I)\theta \in V_\lambda$, $(\mathrm{ad}\theta_0 - \lambda'(\theta_0)I)\theta' \in V_{\lambda'}$, 用它们分别代替 θ, θ' 再重复使用 (12), 由归纳法就得到对充分大的 m 有 $(\mathrm{ad}\theta_0 - (\lambda(\theta_0) + \lambda'(\theta_0))I)^m[\theta, \theta'] = 0$, 故若 $[\theta, \theta'] \neq 0$ 则 $\lambda + \lambda' \in \Delta^+$ 且 $[\theta, \theta'] \in V_{\lambda + \lambda'}$, 从而 (11) 成立.

定义 2　设 $\mathfrak{L}$ 为 k-李代数. 对任意 $\theta, \theta' \in \mathfrak{L}$, 令

$$\langle \theta, \theta' \rangle_{\mathfrak{L}} = \mathrm{tr}(\mathrm{ad}\theta \mathrm{ad}\theta') \tag{13}$$

易见这给出 $\mathfrak{L}$ 上的一个对称二次型 $\langle , \rangle_{\mathfrak{L}}$, 称为 $\mathfrak{L}$ 上的 Killing 型 (在没有疑问时可简记为 $\langle , \rangle$).

引理 1　Killing 型具有下列性质.

i) 对任意 $\theta, \theta_1, \theta_2 \in \mathfrak{L}$ 有

$$\langle \mathrm{ad}\theta(\theta_1), \theta_2 \rangle + \langle \theta_1, \mathrm{ad}\theta(\theta_2) \rangle = 0 \tag{14}$$

ii) 若 $\mathfrak{H} \subset \mathfrak{L}$ 为理想, 则

$$\mathfrak{H}^\perp = \{\theta \in \mathfrak{L} | \langle \theta, \theta' \rangle = 0 \ \forall \theta' \in \mathfrak{H}\} \tag{15}$$

也是一个理想.

iii) 若 $\mathfrak{H} \subset \mathfrak{L}$ 为理想而 $\theta, \theta' \in \mathfrak{H}$, 则 $\langle \theta, \theta' \rangle_{\mathfrak{L}} = \langle \theta, \theta' \rangle_{\mathfrak{H}}$.

iv) 若 $\mathfrak{L}$ 为复李代数, $\mathfrak{H} \subset \mathfrak{L}$ 为嘉当子代数, 则对任意 $\theta, \theta' \in \mathfrak{H}$ 有

$$\langle \theta, \theta' \rangle = \sum_{\lambda \in \Delta} (\dim_{\mathbb{C}} V_\lambda) \lambda(\theta) \lambda(\theta') \tag{16}$$

其中 Δ 为 $\mathfrak{L}$ 的根系, V_λ 为根 λ 的根空间.

v) 设 $\mathfrak{L}$ 为复李代数, $\lambda_1, \lambda_2 \in \Delta^+$, 若 $\lambda_1 + \lambda_2 \neq 0$, 则 $\langle V_{\lambda_1}, V_{\lambda_2} \rangle = 0$.

证　i) 由例 V.2.2 有 $\mathrm{ad}(\mathrm{ad}\theta(\theta_1)) = \mathrm{ad}\theta\mathrm{ad}\theta_1 - \mathrm{ad}\theta_1\mathrm{ad}\theta$ 等等, 故 (14) 的左边可展开为

$$\mathrm{tr}(\mathrm{ad}\theta\mathrm{ad}\theta_1\mathrm{ad}\theta_2 - \mathrm{ad}\theta_1\mathrm{ad}\theta\mathrm{ad}\theta_2 + \mathrm{ad}\theta_1\mathrm{ad}\theta\mathrm{ad}\theta_2 - \mathrm{ad}\theta_1\mathrm{ad}\theta_2\mathrm{ad}\theta) = 0 \tag{17}$$

ii) 显然 $\mathfrak{H}^\perp$ 是 $\mathfrak{L}$ 的线性子空间. 对任意 $\theta \in \mathfrak{H}^\perp$ 及任意 $\theta' \in \mathfrak{H}$, $\theta'' \in \mathfrak{L}$, 由 (14) 及 $[\theta'', \theta'] \in \mathfrak{H}$ 有

$$\langle [\theta'', \theta], \theta' \rangle = -\langle \theta, [\theta'', \theta'] \rangle = 0 \tag{18}$$

故 $[\theta'', \theta] \in \mathfrak{H}^\perp$, 这说明 $\mathfrak{H}^\perp$ 是理想.

iii) 任取 $\mathfrak{H}$ 的一组 k-基 $v_1, \cdots, v_r$ 并将其扩充为 $\mathfrak{L}$ 的一组基 $v_1, \cdots, v_n$, 则对任意 $\theta \in \mathfrak{H}$, $\mathrm{ad}\theta$ 对应于一个右边 $n - r$ 列为 0 的矩阵, 其左上角的 $r \times r$ 子矩阵为 $\mathrm{ad}\theta|_{\mathfrak{H}}$ 所对应的矩阵, 由此立得结论.

iv) 任取一个嘉当子代数 $\mathfrak{H}$, 令 ρ 为 $\mathfrak{H}$ 在 $\mathfrak{L}$ 上的伴随表示. 对 ρ 应用引理 2.2 可将 $\mathfrak{L}$ 分解为 ρ 的权空间的直和, 再对每个直加项应用推论 2.1, 即对 $\mathfrak{L}$ 选取适当的基使得所有 $\mathrm{ad}\theta$ ($\theta \in \mathfrak{H}$) 表为上三角阵, 然后由相应于 $\mathrm{ad}\theta$ 和 $\mathrm{ad}\theta'$ 的矩阵直接计算立得.

v) 设 $\mathfrak{H} \subset \mathfrak{L}$ 为嘉当子代数, 对每个 $\lambda \in \Delta^+$ 选取 V_λ 的一组基, 它们合起来组成 $\mathfrak{L}$ 的一组基. 对任意 $\lambda \in \Delta^+$ 及任意 $\theta_1 \in V_{\lambda_1}$, $\theta_2 \in V_{\lambda_2}$, 由 (11) 有 $\mathrm{ad}\theta_1\mathrm{ad}\theta_2 V_\lambda \subset V_{\lambda + \lambda_1 + \lambda_2}$, 故 $\mathrm{ad}\theta_1\mathrm{ad}\theta_2$ 在这组基下的矩阵的对角线上全为 0, 从而 $\langle \theta_1, \theta_2 \rangle = \mathrm{tr}(\mathrm{ad}\theta_1\mathrm{ad}\theta_2) = 0$. 这说明 $\langle V_{\lambda_1}, V_{\lambda_2} \rangle = 0$. 证毕.

命题 3 (李代数可解性的嘉当判别准则)　一个 k-李代数 $\mathfrak{L}$ 可解当且仅当 $\langle \theta, \theta \rangle = 0$ 对任意 $\theta \in [\mathfrak{L}, \mathfrak{L}]$ 成立.

证　注意 $\langle \theta, \theta \rangle = 0$ ($\forall \theta \in [\mathfrak{L}, \mathfrak{L}]$) 等价于 $\langle \theta, \theta' \rangle = 0$ ($\forall \theta, \theta' \in [\mathfrak{L}, \mathfrak{L}]$), 若 $k = \mathbb{R}$, 这一条件在 $\otimes_{\mathbb{R}} \mathbb{C}$ 后不变, 故不妨设 $k = \mathbb{C}$.

若 $\mathfrak{L}$ 可解, 则由推论 2.2 可知 $[\mathfrak{L}, \mathfrak{L}]$ 幂零, 因而对任意 $\theta \in [\mathfrak{L}, \mathfrak{L}]$, $\mathrm{ad}\theta$ 是幂零的, 故 $(\mathrm{ad}\theta)^2$ 是幂零的, 从而 $\langle \theta, \theta \rangle = \mathrm{tr}((\mathrm{ad}\theta)^2) = 0$.

反之, 设 $\langle\theta,\theta\rangle = 0$ $(\forall\theta\in[\mathfrak{L},\mathfrak{L}])$, 注意 $(\mathrm{ad}\theta)^2$ 将 $\mathfrak{L}$ 映入 $[\mathfrak{L},\mathfrak{L}]$, 可见 $\mathrm{tr}(\mathrm{ad}\theta)^2|_{[\mathfrak{L},\mathfrak{L}]} = \mathrm{tr}(\mathrm{ad}\theta)^2 = 0$. 由于我们只需证明 $[\mathfrak{L},\mathfrak{L}]$ 可解, 不妨用 $[\mathfrak{L},\mathfrak{L}]$ 代替 $\mathfrak{L}$, 故可设 $\langle\theta,\theta\rangle = 0$ 即 $\mathrm{tr}(\mathrm{ad}\theta)^2 = 0$ 对任意 $\theta\in\mathfrak{L}$ 成立. 由此可见我们只需证明 $[\mathfrak{L},\mathfrak{L}] \neq \mathfrak{L}$ (然后对 $\dim_{\mathbb{C}}\mathfrak{L}$ 用归纳法即可).

用反证法, 设 $[\mathfrak{L},\mathfrak{L}] = \mathfrak{L}$, 任取嘉当子代数 $\mathfrak{H}\subset\mathfrak{L}$, 我们只需证明 $\Delta^+ = \{0\}$ (从而 $\mathfrak{L} = \mathfrak{H}$, 矛盾). 由反证法假设和引理 2.2, $\mathfrak{H}$ 的任一元可表示为形如 $[\theta_1,\theta_2]$ 的元的 (非零项) 和, 其中 $\theta_1\in V_{\lambda_1}$, $\theta_2\in V_{\lambda_2}$, 而由 (11) 有 $\lambda_2 = -\lambda_1$. 我们只需证明对任意 $\lambda\in\Delta^+$ 有 $\lambda([\theta_1,\theta_2]) = 0$ 即可. 记 $\theta = [\theta_1,\theta_2]$. 令

$$V = \bigoplus_{m=-\infty}^{\infty} V_{\lambda+m\lambda_1} \subset \mathfrak{L} \tag{19}$$

(注意在直和中只有有限多个非零项). 由 (11) 可见 $\mathrm{ad}\theta_1$ 和 $\mathrm{ad}\theta_2$ 都保持 V 不变, 故 $\mathrm{tr}(\mathrm{ad}\theta|_V) = 0$. 由于 $\mathrm{ad}\theta$ 在 $V_{\lambda+m\lambda_1}$ 中的特征根都等于 $(\lambda+m\lambda_1)(\theta)$, 我们有

$$0 = \mathrm{tr}(\mathrm{ad}\theta|_V) = \sum_m (\dim_{\mathbb{C}} V_{\lambda+m\lambda_1})(\lambda(\theta)+m\lambda_1(\theta)) \tag{20}$$

由 (20) 得 $\left(\text{注意}\ \dim_{\mathbb{C}} V = \sum_m \dim_{\mathbb{C}} V_{\lambda+m\lambda_1} > 0\right)$

$$\lambda(\theta) = \frac{\sum_m m\dim_{\mathbb{C}} V_{\lambda+m\lambda_1}}{\dim_{\mathbb{C}} V}\lambda_1(\theta) \tag{21}$$

简言之 $\lambda(\theta) = r_\lambda\lambda_1(\theta)$, 其中 r_λ 为有理数. 由 (16) 有

$$0 = \langle\theta,\theta\rangle = \sum_{\lambda\in\Delta}(\dim_{\mathbb{C}} V_\lambda)\lambda(\theta)^2 = \left(\sum_{\lambda\in\Delta} r_\lambda^2\dim_{\mathbb{C}} V_\lambda\right)\lambda_1(\theta)^2 \tag{22}$$

故 $\lambda_1(\theta) = 0$, 从而对任意 $\lambda\in\Delta^+$ 有 $\lambda(\theta) = 0$. 证毕.

第 4 节　几类典型复李代数

典型李群的李代数称为典型李代数. 典型李群及其李代数在数学和其他一些领域有着重要的地位, 对于它们的结构和表示有很多深入的研究.

我们在第 1 节已经给出了各典型李群的李代数. 下面我们对其中几类复射影的给出嘉当子代数和权空间的生成元, 由此可以进一步理解它们的结构. 为此对每个典型李代数只需给出一个特殊的嘉当子代数, 因为所有嘉当子代数都是相互

等价的 (命题 3.2). 具体的计算都不难, 所以我们只列出结果, 读者可自行验证 (习题 7).

i) 对 $\mathfrak{sl}_{n+1}(\mathbb{C})$, 通常记为 A_n. 令 E_{ij} 为 i 行 j 列为 1 其他元为 0 的矩阵, H_{ij} ($i \neq j$) 为 i-i 元为 1, j-j 元为 -1, 其他元为 0 的矩阵, 显然所有 E_{ij} ($i \neq j$) 和 $H_{i(i+1)}$ 组成 $\mathfrak{sl}_{n+1}(\mathbb{C})$ 的一组基, 且有

$$
[E_{ij}, E_{kl}] = \begin{cases} H_{ij}, & i = l, j = k, \\ E_{il}, & j = k, i \neq l, \\ -E_{kj}, & i = l, j \neq k, \\ 0, & \text{其他情形}, \end{cases} \qquad [H_{ij}, E_{kl}] = \begin{cases} E_{kl}, & i = k, j \neq l \\ -E_{kl}, & i = l, j \neq k \\ 2E_{kl}, & i = k, j = l \\ -2E_{kl}, & i = l, j = k \\ 0, & \text{其他情形} \end{cases}
$$
$$(1)$$

由此易见所有对角元组成一个 (n 维) 嘉当子代数, 而每个 E_{ij} 生成一个根空间, 它们恰为所有的根空间.

ii) 对 $\mathfrak{o}_{2n+1}(\mathbb{C})$, 通常记为 B_n. 为方便起见我们将二次型 I_{2n+1} 换为对称阵

$$
J = \begin{pmatrix} 1 & 0 & 0 \\ 0 & 0 & I_n \\ 0 & I_n & 0 \end{pmatrix}, \text{即用线性复李代数} \{T \in M_{2n+1}(\mathbb{C}) | TJ + J^t T = 0\} \text{替换与}
$$

之同构的 $\mathfrak{o}_{2n+1}(\mathbb{C})$. 令

$$
E_{i,j} = \begin{pmatrix} 0 & 0 & 0 \\ 0 & 0 & E_{ij} - E_{ji} \\ 0 & 0 & 0 \end{pmatrix} \ (i < j), \quad E_i = \begin{pmatrix} 0 & 0 & e_i \\ -{}^t e_i & 0 & 0 \\ 0 & 0 & 0 \end{pmatrix}
$$
$$
E_{-i,-j} = \begin{pmatrix} 0 & 0 & 0 \\ 0 & 0 & 0 \\ 0 & E_{ji} - E_{ij} & 0 \end{pmatrix} \ (i < j), \quad E_{-i} = \begin{pmatrix} 0 & -e_i & 0 \\ 0 & 0 & 0 \\ {}^t e_i & 0 & 0 \end{pmatrix}
$$
$$(2)$$

其中 e_i 为第 i 元为 1 其余元为 0 的 n 元向量, 而令

$$
E_{i,-j} = \mathrm{diag}(0, E_{ij}, -E_{ji}), \quad H_{i,j} = \mathrm{diag}(0, E_{ii} + E_{jj}, -E_{ii} - E_{jj})
$$
$$
H_i = \mathrm{diag}(0, E_{ii}, -E_{ii}), \quad H_{i,-j} = \mathrm{diag}(0, E_{ii} - E_{jj}, E_{jj} - E_{ii})
$$
$$(3)$$

(当 $i > j$ 时可记 $E_{i,-j}$ 为 $E_{-j,i}$). 和 A_n 的情形类似地可以验证所有 H_i 生成一个 (n 维) 嘉当子代数, 而每个 $E_{\pm i, \pm j}$, E_i 生成一个根空间, 它们恰为所有的根空间.

iii) 对 $\mathfrak{sp}_n(\mathbb{C})$, 通常记为 C_n. 令

$$E'_{i,j} = \begin{pmatrix} 0 & E_{ij} + E_{ji} \\ 0 & 0 \end{pmatrix} \quad (i < j), \quad E'_i = \begin{pmatrix} 0 & E_{ii} \\ 0 & 0 \end{pmatrix}$$

$$E'_{-i,-j} = \begin{pmatrix} 0 & 0 \\ E_{ij} + E_{ji} & 0 \end{pmatrix} \quad (i < j), \quad E'_{-i} = \begin{pmatrix} 0 & 0 \\ E_{ii} & 0 \end{pmatrix} \tag{4}$$

而令

$$E'_{i,-j} = \mathrm{diag}(E_{ij}, -E_{ji}), \quad H'_{i,j} = \mathrm{diag}(E_{ii} + E_{jj}, -E_{ii} - E_{jj})$$

$$H'_i = \mathrm{diag}(E_{ii}, -E_{ii}), \quad H'_{i,-j} = \mathrm{diag}(E_{ii} - E_{jj}, E_{jj} - E_{ii}) \tag{5}$$

(当 $i > j$ 时可记 $E'_{i,-j}$ 为 $E'_{-j,i}$). 仍和 A_n 的情形类似地可以验证所有 H'_i 生成一个 (n 维) 嘉当子代数, 而每个 $E'_{\pm i, \pm j}$, E'_i 生成一个根空间, 它们恰为所有的根空间.

iv) 对 $\mathfrak{o}_{2n}(\mathbb{C})$, 通常记为 D_n. 令

$$E_{i,j} = \begin{pmatrix} 0 & E_{ij} - E_{ji} \\ 0 & 0 \end{pmatrix} \quad (i < j), \quad E_{i,-j} = E'_{i,-j}$$

$$E_{-i,-j} = \begin{pmatrix} 0 & 0 \\ E_{ji} - E_{ij} & 0 \end{pmatrix} \quad (i < j), \quad H_{i,\pm j} = H'_{i,\pm j} \tag{6}$$

(当 $i > j$ 时可记 $E_{i,-j}$ 为 $E_{-j,i}$). 仍和 A_n 的情形类似地可以验证所有 $H_{i,\pm j}$ 生成一个 (n 维) 嘉当子代数, 而每个 $E_{\pm i, \pm j}$ 生成一个根空间, 它们恰为所有的根空间.

观察上述几类李代数的结构, 可以看到它们有一些共同的特点, 总结如下.

引理 1　设 $\mathfrak{L}$ 为 D_n $(n \geqslant 3)$ 或 A_n, B_n, C_n 之一, $\mathfrak{H}$ 为 $\mathfrak{L}$ 的嘉当子代数, Δ 为 $\mathfrak{L}$ 的根系.

i) 若 $\alpha \in \Delta$ 则 $-\alpha \in \Delta$; 但对任意整数 $n \neq \pm 1$, $n\alpha \notin \Delta$.

ii) 对任一 $\alpha \in \Delta$, 根空间 V_α 的维数是 1, 其中有一个特殊的生成元 E_α, 而 $\mathfrak{H}$ 中有一个特殊的元 θ_α.

iii) 对每个 $\alpha \in \Delta$ 有 $\theta_\alpha = [E_\alpha, E_{-\alpha}]$, $[\theta_\alpha, E_\alpha] = E_\alpha$; $\mathfrak{H}$ 由所有 θ_α 生成; 且对任意 $\alpha, \beta \in \Delta$, 若 $\alpha + \beta \in \Delta$ 则 $[E_\alpha, E_\beta] = \pm E_{\alpha+\beta}$, 而若 $\alpha + \beta \notin \Delta$ 则 $[E_\alpha, E_\beta] = 0$.

iv) Δ 不能分解成两个非空子集 S_1, S_2 的并使得对任意 $\alpha \in S_1$, $\beta \in S_2$ 有 $\beta - \alpha \notin \Delta$.

这些性质都可以对各类李代数逐一验证 (习题 8), 我们在下一章将说明它们的意义.

习　题　IX

1. 确定 $PSU_n(\mathbb{C})$, $PSL_n(k)$, $PSp_n(k)$ 和 $PSO_n(k)$ 的维数.

2. 确定 $PSU_n(\mathbb{C})$, $PSL_n(k)$, $PSp_n(k)$ 和 $PSO_n(k)$ 的李代数.

3. 设 $G = GL_n(\mathbb{C})$ $(n > 1)$, $X = \mathbb{P}_{\mathbb{C}}^{n-1}$, $\rho : G \times X \to X$ 为 G 在 X 上的典范作用. 对任意 $\theta \neq 0 \in Lie(G) = \mathfrak{gl}_n(\mathbb{C})$, $\exp t\theta : \mathbb{R} \to G$ 与 ρ 的合成给出 $\mathbb{R} = \mathbb{G}_{a/\mathbb{R}}$ 在 X 上的一个作用 $\rho_\theta : \mathbb{G}_{a/\mathbb{R}} \times X \to X$ (可以看作 X 的单参数自同构群). 证明 ρ_θ 必有不动点, 换言之存在 $p \in X$ 使得 p 的 ρ_θ-轨迹只有一个点 p.

4. 设 p 为复系数 n 元非零多项式. 证明 $\{(a_1, \cdots, a_n) \in \mathbb{C}^n | p(a_1, \cdots, a_n) \neq 0\}$ 是道路连通集. (提示: 化为 $n = 1$ 的情形.)

5. 证明一个 (有限维) 李代数的任一嘉当子代数是极大可解李子代数, 即不是任何可解李子代数的真子代数. 是否极大可解李子代数都是嘉当子代数?

6*. 在习题 VIII.5 的单参数子群中, 哪些是代数子群?

7. 验证第 4 节中给出的 A_n, B_n, C_n, D_n 的结构.

8. 逐项验证引理 4.1 给出的性质.

9. 设 V 为 m 维 k-线性空间, $\langle , \rangle$ 是 V 上的反对称二次型. 证明若 m 为奇数则 $\langle , \rangle$ 是退化的 (即有一个非零向量 $v \in V$ 使得对任意 $w \in V$ 都有 $\langle v, w \rangle = 0$).

第 X 章　复半单李代数的结构

在本章中仍记 k 为 $\mathbb{R}$ 或 $\mathbb{C}$, 但主要讨论 $k = \mathbb{C}$ 的情形, 所涉及的李代数都是有限维的.

第 1 节　单李代数与半单李代数

设 $\mathcal{L}$ 为 k-李代数, 易见 $\mathcal{L}$ 的任两个理想 (作为线性子空间) 的和仍是一个理想. 由归纳法不难证明, 任意两个可解理想的和也是可解理想 (习题 1). 由此可见 $\mathcal{L}$ 有唯一极大可解理想, 称为 $\mathcal{L}$ 的根理想, 记为 $\mathrm{rad}(\mathcal{L})$. 若 $\mathrm{rad}(\mathcal{L}) = 0$, 则称 $\mathcal{L}$ 为半单的. 易见对任意 $\mathcal{L}$, $\mathcal{L}/\mathrm{rad}(\mathcal{L})$ 是半单的 (习题 2). 一个维数 > 1 的李代数 $\mathcal{L}$ 称为单的, 如果它除本身和 0 外没有其他理想, 此时易见有 $[\mathcal{L}, \mathcal{L}] = \mathcal{L}$ (习题 3).

引理 1　设 G 为连通非交换单李群, 则 $Lie(G)$ 为单李代数.

证　由所设可见 G 的维数 $n > 0$, 从而 $Lie(G) \neq 0$ 且非交换. 用反证法, 设 $Lie(G)$ 有一个非零真理想 $\mathfrak{H}$. 令 $H \subset G$ 为 $\exp(\mathfrak{H})$ 生成的子群, 则 $H \lhd G$, 这是因为对任意 $\theta \in \mathfrak{H}$, $\theta' \in Lie(G)$, 由定理 VIII.2.1 可见存在 $\theta'' \in \mathfrak{H}$ 使得

$$\exp \theta' \exp \theta (\exp \theta')^{-1} = \exp(\theta'') \in \exp(\mathfrak{H}) \tag{1}$$

而由引理 VI.2.2, G 由所有 $\exp \theta'$ $(\theta' \in Lie(G))$ 生成. 故由 G 的单性有 $H = G$.

令 $m = \dim_k(\mathfrak{H})$, 则 $0 < m < n$. 对 $0 \in Lie(G)$ 的任一开邻域 U, 易见 H 由 $\exp(\mathfrak{H} \cap U)$ 生成. 取 U 使得 U 的闭包 V 是紧致的. 令 $S = \exp(\mathfrak{H} \cap V)$, 且对任意 $n > 0$ 令 $S_n \subset G$ 为 n 个 S 的积, 则 S_n 为 G 的紧致闭子集, 而 $G = \bigcup_n S_n$. 注意乘法映射诱导的解析映射 $\mu_n : S^n \to G$ 的像为 S_n. 由 $\mathfrak{H}$ 是 $Lie(G)$ 的李子代数及 BCH 公式可见对任一 $s \in \mu_n((\exp(\mathfrak{H} \cap U))^n)$, 切空间 $T_{S_n, s} \subset T_{G, s}$ 是 m 维的. 由此可见对任一非空开子集 $U' \subset \exp(V)$, $U' - S_n$ 包含 $\exp(V)$ 的一个非空开子集 U_n. 可取 U_n $(n \in \mathbb{N})$ 使得每个 U_n 包含 U_{n+1} 的闭包. 由 $\exp(V)$ 的紧致性存在 $g \in \bigcap_n U_n$, 从而 $g \notin \bigcup_n S_n$, 与 $G = \bigcup_n S_n$ 矛盾. 证毕.

由于当 $n \geqslant 2$ 时 $PSL_n(\mathbb{C})$ 和 $PSp_n(\mathbb{C})$ 是单群, 而当 $n \geqslant 3$ 时 $PSO_n(\mathbb{C})$ 也是单群 (参看 IX.1 节), 由引理 1 就可见 D_n $(n \geqslant 3)$ 和 A_n, B_n, C_n 都是单李代数. 对于这个事实也可以利用引理 IX.4.1 证明如下.

命题 1　所有 D_n $(n \geqslant 3)$ 和 A_n, B_n, C_n 都是单李代数.

证　用 IX.4.1 节的记号, 并记 $\mathfrak{L}$ 为上述李代数之一而 $\mathfrak{H}$ 为按 IX.4.1 节所选的嘉当子代数. 设

$$T = H + \sum_{\alpha \in \Delta} c_\alpha E_\alpha \neq 0 \in \mathfrak{L} \tag{2}$$

其中 $H \in \mathfrak{H}$ (参看引理 IX.4.1). 我们来证明 T 生成的理想 $\mathfrak{N} = \mathfrak{L}$. 若所有 $c_\alpha = 0$ (即 $T = H$), 则可取 $\alpha \in \Delta$ 使得 $[H, E_\alpha] = cE_\alpha \neq 0$, 从而 $E_\alpha \in \mathfrak{N}$. 若 c_α 不全为 0, 取 $\theta \in \mathfrak{H}$ 使得所有 $\alpha(\theta)$ 互不相等, 则有

$$T_i = (\mathrm{ad}\theta)^i T = \sum_{\alpha \in \Delta} \alpha(\theta)^i c_\alpha E_\alpha \in \mathfrak{N} \quad (i = 1, 2, \cdots) \tag{3}$$

注意所有 $\alpha(\theta)$ 的范德蒙德行列式非零, 故每个 $c_\alpha E_\alpha$ 等于 T_i $(i = 1, 2, \cdots)$ 的线性组合, 从而在 $\mathfrak{N}$ 中, 这样仍有一个 $E_\alpha \in \mathfrak{N}$. 若 $E_\alpha \in \mathfrak{N}$ 而 $\beta \in \Delta$ 满足 $\beta - \alpha \in \Delta$, 则由引理 IX.4.1.iii) 有 $E_\beta = \pm[E_\alpha, E_{\beta-\alpha}] \in \mathfrak{N}$. 于是对所有 $\alpha \in \Delta$ 都有 $E_\alpha \in \mathfrak{N}$ (否则令 $S_1 = \{\alpha \in \Delta | E_\alpha \in \mathfrak{N}\}$ 而令 $S_2 = \Delta - S_1$, 则对任意 $\alpha \in S_1$, $\beta \in S_2$ 有 $\beta - \alpha \notin \Delta$, 与引理 IX.4.1.iv) 矛盾). 再由 $[E_\alpha, E_{-\alpha}] = \theta_\alpha \in \mathfrak{N}$ (参看引理 IX.4.1) 即可见 $\mathfrak{N} = \mathfrak{L}$. 证毕.

命题 2　设 $\mathfrak{L}$ 为复李代数, 则下列条件等价.

i) $\mathfrak{L}$ 是半单的;

ii) $\mathfrak{L}$ 的 Killing 型非退化;

iii) $\mathfrak{L}$ 同构于单李代数的直积 (参看习题 V.6).

且此时在 iii) 中出现的单李代数恰为 $\mathfrak{L}$ 的所有非零极小理想, 而其他理想都是若干个这种理想的直积.

证　i)⇒ii): 由引理 IX.3.4.ii) 可知 $\mathfrak{H} = \mathfrak{L}^\perp$ 为 $\mathfrak{L}$ 的理想, 故对任意 $\theta \in \mathfrak{H}$, 由引理 IX.3.1.iii) 有

$$0 = \langle \theta, \theta \rangle = \mathrm{tr}(\mathrm{ad}\theta)^2 = \mathrm{tr}(\mathrm{ad}\theta)^2|_{\mathfrak{H}} \tag{4}$$

由命题 IX.3.3 可见 $\mathfrak{H}$ 可解, 故由半单性的定义有 $\mathfrak{H} = 0$, 即 $\langle, \rangle$ 非退化.

ii)⇒i), iii): 先用反证法证明 i). 若 $\mathfrak{L}$ 非半单, 则它有一个非零交换理想 $\mathfrak{H}$. 对任意 $\theta \neq 0 \in \mathfrak{H}$ 和 $\theta_1, \theta_2 \in \mathfrak{L}$, 易见

$$[\theta, [\theta_1, [\theta, [\theta_1, \theta_2]]]] = 0 \tag{5}$$

即 $(\mathrm{ad}\theta \mathrm{ad}\theta_1)^2 = 0$, 从而 $\langle \theta, \theta_1 \rangle = 0$, 与 Killing 型非退化的假设矛盾.

任取非零极小理想 $\mathfrak{H} \subset L$, 则 $\mathfrak{H} \not\subset \mathfrak{H}^{\perp}$ (否则 (4) 对任意 $\theta \in \mathfrak{H}$ 成立, 从而 $\mathfrak{H}$ 可解, 矛盾). 这样 $\mathfrak{H} \cap \mathfrak{H}^{\perp}$ 为 $\mathfrak{H}$ 的真子理想, 故由 $\mathfrak{H}$ 的极小性有 $\mathfrak{H} \cap \mathfrak{H}^{\perp} = 0$, 从而 $[\mathfrak{H}, \mathfrak{H}^{\perp}] = 0$, 由此有李代数的直积分解 $\mathfrak{L} = \mathfrak{H} \times \mathfrak{H}^{\perp}$. 注意 $\mathfrak{H}$ 的理想都是 $\mathfrak{L}$ 的理想, 故由 $\mathfrak{H}$ 的极小性可知它除 0 和本身外没有其他理想, 即为单李代数.

由归纳法就得到 $\mathfrak{L}$ 为若干个非零极小理想的直积, 且这些极小理想都是单李代数.

iii)⇒i): 设 $\mathfrak{L} = \mathfrak{H}_1 \times \cdots \times \mathfrak{H}_r$, 其中 $\mathfrak{H}_1, \cdots, \mathfrak{H}_r$ 为单李代数. 令 $p_i : \mathfrak{L} \to \mathfrak{H}_i$ 为投射. 若 $\mathfrak{H} \subset \mathfrak{L}$ 为非零理想, 则 $p_i(\mathfrak{H})$ 为 $\mathfrak{H}_i$ 的理想, 且至少有一个 $p_i(\mathfrak{H}) \neq 0$, 从而由 $\mathfrak{H}_i$ 的单性有 $p_i(\mathfrak{H}) = \mathfrak{H}_i$. 由此可见 $\mathfrak{H}$ 不是可解李代数 (否则 $\mathfrak{H}_i$ 也是可解的), 这说明 $\mathfrak{L}$ 是半单的.

此外, 注意 $p_i([\mathfrak{H}, \mathfrak{H}_i]) = [p_i(\mathfrak{H}), p_i(\mathfrak{H}_i)] = \mathfrak{H}_i$ 而 $[\mathfrak{H}, \mathfrak{H}_i] \subset \mathfrak{H}_i$, 可见 $[\mathfrak{H}, \mathfrak{H}_i] = \mathfrak{H}_i$, 从而 $\mathfrak{H} \supset \mathfrak{H}_i$. 故 $\mathfrak{H}$ 为若干个 $\mathfrak{H}_i$ 的直积. 特别地, 若 $\mathfrak{H}$ 为非零极小理想, 则它等于某个 $\mathfrak{H}_i$. 证毕.

由命题 2 可见, 若要研究复半单李代数的结构, 只需研究复单李代数的结构即可.

第 2 节　复单李代数的根系

为了解复单李代数的结构, 一个基本的方法是用 Killing 型研究根系 (见定义 IX.3.2 和定义 IX.3.1).

设 $\mathfrak{L}$ 为复单李代数, 由命题 IX.3.2, $\mathfrak{L}$ 中的所有嘉当子代数在同构之下都等价, 故我们可以固定一个嘉当子代数 $\mathfrak{H}$, 并记 $n = \dim \mathfrak{H}$. 回忆下列已知事实 (见引理 IX.2.2 和 IX.3 节): 作为复线性空间, $\mathfrak{L}$ 可以分解为 $\mathfrak{H}$ 的权空间的直和

$$\mathfrak{L} = \mathfrak{H} \bigoplus_{\alpha \in \Delta} V_{\alpha} \tag{1}$$

(其中 $\mathfrak{H} = V_0$). 对任意 $\theta, \theta' \in \mathfrak{H}$ 有

$$\langle \theta, \theta' \rangle = \sum_{\alpha \in \Delta} (\dim V_{\alpha}) \alpha(\theta) \alpha(\theta') \tag{2}$$

(即 (IX.3.12)). 此外, 对任意 $\lambda, \lambda' \in \Delta^+$ 有

$$[V_{\lambda}, V_{\lambda'}] \subset V_{\lambda + \lambda'} \tag{3}$$

(即 (IX.3.7)), 从而当 $\lambda + \lambda' \neq 0$ 时有 $\langle V_{\lambda}, V_{\lambda'} \rangle = 0$ (引理 IX.3.1.v)). 特别地, 对任意 $\theta \in \mathfrak{H}$ 及任意 $\alpha \in \Delta$ 有 $\langle \theta, V_{\alpha} \rangle = 0$, 由于 $\langle , \rangle$ 非退化 (命题 1.2), 必有

$\langle\theta,\mathfrak{H}\rangle\neq 0$, 这说明 $\langle,\rangle$ 在 $\mathfrak{H}$ 上的限制非退化. 因此, 对任意 $\alpha\in\Delta$ 存在唯一 $\theta_\alpha\in\mathfrak{H}$ 使得

$$\alpha(\theta)=\langle\theta_\alpha,\theta\rangle\quad(\forall\theta\in\mathfrak{H})\tag{4}$$

我们来说明所有 θ_α 生成 $\mathfrak{H}$, 因若不然就存在 $\theta\neq 0\in\mathfrak{H}$ 使得 $\langle\theta_\alpha,\theta\rangle=0$ 对所有 $\alpha\in\Delta$ 成立, 从而由 (2) 和 (4) 可见 $\langle\theta,\theta'\rangle=0$ 对任意 $\theta'\in\mathfrak{H}$ 成立, 与 $\langle,\rangle$ 在 $\mathfrak{H}$ 上的限制非退化矛盾. 因此, 我们可以取一组 θ_α 作为 $\mathfrak{H}$ 的基 (后面将具体选择 "好的" 取法). 此外, 对任意 $\theta\in[\mathfrak{H},\mathfrak{H}]$, 由命题 IX.3.3 有 $\langle\theta,\theta\rangle=0$, 从而由 (2) 可见对任意 $\alpha\in\Delta$ 有 $\alpha(\theta)=0$, 故由 (4) 可见 $\theta=0$, 即 $[\mathfrak{H},\mathfrak{H}]=0$, 换言之 $\mathfrak{H}$ 为交换李代数. 总之有

命题 1　设 $\mathfrak{L}$ 为复单李代数, $\mathfrak{H}$ 为 $\mathfrak{L}$ 的嘉当子代数, 则 $\mathfrak{H}$ 为交换李代数, 且 $\mathfrak{L}$ 的 Killing 型在 $\mathfrak{H}$ 上的限制非退化. 对任意 $\alpha\in\Delta$ 存在唯一 $\theta_\alpha\in\mathfrak{H}$ 使得 (4) 成立, 而所有 θ_α 生成 $\mathfrak{H}$.

设 $v\neq 0\in V_\alpha\ (\alpha\in\Delta)$, 则对任一 $\lambda\neq-\alpha\in\Delta^+$, 由 (3) 可见对任意 $w\in V_\lambda$ 及任一 $\lambda'\in\Delta^+$ 有 $\mathrm{ad}v\mathrm{ad}wV_{\lambda'}\subset V_{\alpha+\lambda+\lambda'}$, 而 $\alpha+\lambda+\lambda'\neq\lambda'$, 故 $\langle v,w\rangle=0$. 这说明

$$\langle v,V_{-\alpha}\rangle\neq 0\tag{5}$$

因否则就有 $\langle v,\mathfrak{L}\rangle=0$, 与 $\langle,\rangle$ 的非退化性矛盾. 由此可见若 $\alpha\in\Delta$, 则 $-\alpha\in\Delta$. 设 $v\in V_\alpha$ 为权向量, $w\in V_{-\alpha}$, 则对任意 $\theta\in\mathfrak{H}$, 由引理 IX.3.1.i) 有

$$\begin{aligned}\langle[v,w],\theta\rangle&=-\langle w,[v,\theta]\rangle=\langle w,\alpha(\theta)v\rangle\\&=\alpha(\theta)\langle v,w\rangle=\langle v,w\rangle\langle\theta_\alpha,\theta\rangle\\&=\langle\langle v,w\rangle\theta_\alpha,\theta\rangle\end{aligned}\tag{6}$$

故由 $\langle,\rangle$ 在 $\mathfrak{H}$ 上的限制非退化 (命题 1) 有

$$[v,w]=\langle v,w\rangle\theta_\alpha\tag{7}$$

由 (5) 可取 w 使得 $[v,w]=\theta_\alpha$. 由命题 IX.3.3 的证明可知

$$\alpha(\theta_\alpha)\neq 0\tag{8}$$

因若不然, 由 (IX.3.17) 可见对任意 $\lambda\in\Delta$ 都有 $\lambda(\theta_\alpha)=0$, 从而由 (2) 有 $\langle\theta,\theta_\alpha\rangle=0\ (\forall\theta\in\mathfrak{H})$, 与命题 1 矛盾. 设 p 为任一正整数使得 $V_{-(p+1)\alpha}=0$, 令 $V=\mathbb{C}v\oplus\mathfrak{H}\oplus\bigoplus_{i=1}^{p}V_{-i\alpha}$, 则 V 在 $\mathrm{ad}v$ 和 $\mathrm{ad}w$ 的作用下不变, 故在 $\theta_\alpha=[v,w]$ 的作用下也不变, 从而

$$0 = \mathrm{tr}_V(\mathrm{ad}\theta_\alpha) = \alpha(\theta_\alpha) - \sum_{i=1}^{p} i\alpha(\theta_\alpha) \dim V_{-i\alpha}$$

$$= \alpha(\theta_\alpha)\left(1 - \sum_{i=1}^{p} i \dim V_{-i\alpha}\right) \tag{9}$$

故 $\sum_{i=1}^{p} i \dim V_{-i\alpha} = 1$, 从而 $\dim V_{-\alpha} = 1$, 且对 $i > 1$ 有 $\dim V_{-i\alpha} = 0$. 由于 α 是任意的, 可见对任意 $\alpha \in \Delta$ 都有 $\dim V_\alpha = 1$. 由此还可见

$$\mathrm{ad}\theta(v) = \alpha(\theta)v \quad (\forall v \in V_\alpha, \ \theta \in \mathfrak{H}) \tag{10}$$

综上所述有

命题 2　设 $\mathfrak{L}$ 为复单李代数, 则对任意 $\alpha \in \Delta$ 有 $\dim V_\alpha = 1$ 且 $-\alpha \in \Delta$, 而对任意 $i \neq \pm 1$ 有 $i\alpha \notin \Delta$. 此外 (10) 成立, 且 $[V_\alpha, V_{-\alpha}] = \mathbb{C}\theta_\alpha$, $\langle \theta_\alpha, \theta_\alpha \rangle = \alpha(\theta_\alpha) \neq 0$.

设 $\lambda, \alpha \in \Delta$, 其中 $\lambda \neq \pm\alpha$. 取 $v \in V_\alpha$, $w \in V_{-\alpha}$ 使得 $[v, w] = \theta_\alpha$. 设 p 为非负整数使得 $\mathrm{ad}w(V_{\lambda-p\alpha}) = 0$, q 为非负整数使得 $\mathrm{ad}v(V_{\lambda+q\alpha}) = 0$, 令 $V = \bigoplus_{i=-p}^{q} V_{\lambda+i\alpha}$, 则 $\mathrm{ad}v$ 和 $\mathrm{ad}w$ 保持 V 不变. 与 (9) 类似地有

$$0 = \mathrm{tr}_V([\mathrm{ad}v, \mathrm{ad}w]) = \mathrm{tr}_V(\mathrm{ad}\theta_\alpha) = \sum_{i=-p}^{q} (\lambda+i\alpha)(\theta_\alpha) \dim V_{\lambda+i\alpha} \tag{11}$$

若对所有整数 $i \in [-p, q]$ 有 $\lambda + i\alpha \in \Delta$, 则由命题 2 可见 (11) 的右边等于

$$(p+q+1)\lambda(\theta_\alpha) + \frac{(p+q+1)(q-p)}{2}\alpha(\theta_\alpha) \tag{12}$$

故有

$$p - q = 2\frac{\lambda(\theta_\alpha)}{\alpha(\theta_\alpha)} = 2\frac{\langle \theta_\lambda, \theta_\alpha \rangle}{\langle \theta_\alpha, \theta_\alpha \rangle} \tag{13}$$

注意右边与 p, q 的选取无关, 这说明对任意 $i > q$ 有 $\lambda + i\alpha \notin \Delta$, 因若不然, 在 (11) 中可取一个 $q' > q$ 代替 q, 将 (13) 代入就得到 $0 = \sum_{i=q+1}^{q'} \left(\frac{p-q}{2} + i\right) \alpha(\theta_\alpha) \dim V_{\lambda+i\alpha}$, 右边 $\alpha(\theta_\alpha)$ 的系数是正数, 矛盾. 同理对任意 $i < -p$ 也有 $\lambda + i\alpha \notin \Delta$. 由此可知

$$\{i \in \mathbb{Z} | \lambda + i\alpha \in \Delta\} = \mathbb{Z} \cap [-p, q] \tag{14}$$

且对任意整数 $i \in [-p, q]$ 有 $[V_{\lambda+i\alpha}, V_\alpha] = V_{\lambda+(i+1)\alpha}$. 此外, 若 $c \neq 0 \in \mathbb{C}$ 使得 $\beta = c\alpha \in \Delta$, 则由 (13) 可见 $2c \in \mathbb{Z}$, 再由 $\alpha = \frac{1}{c}\beta \in \Delta$ 可见 $\frac{2}{c} \in \Delta$, 若 $c \notin \mathbb{Z}$

则只能有 $c = \pm\dfrac{1}{2}$, 但这样就会有 $\alpha = \pm 2\beta \in \Delta$, 与命题 2 矛盾. 故由命题 2 有 $c = \pm 1$. 综上所述有

命题 3　设 $\mathfrak{L}$ 为复单李代数, $\lambda, \alpha \in \Delta$, 其中 $\lambda \neq \pm\alpha$. 则 λ 与 α 线性无关, 且 $[V_\lambda, V_\alpha] = V_{\lambda+\alpha}$. 令 p 为最小的非负整数使得 $V_{\lambda-(p+1)\alpha} = 0$, q 为最小的非负整数使得 $V_{\lambda+(q+1)\alpha} = 0$, 则对任意 $i \geqslant -p$ 有 $[V_{\lambda+i\alpha}, V_\alpha] = V_{\lambda+(i+1)\alpha}$, 且 (13) 和 (14) 成立. 特别地, $m = 2\dfrac{\langle\theta_\lambda, \theta_\alpha\rangle}{\langle\theta_\alpha, \theta_\alpha\rangle}$ 为整数, 且 (当 $m > 0$ 时) $\lambda - i\alpha \in \Delta$ 对任意整数 $i \in (0, m]$ 成立.

将命题 3 中的 p, q 分别记为 $p_{\lambda,\alpha}$, $q_{\lambda,\alpha}$, 且记 $p_{\alpha,\alpha} = q_{-\alpha,\alpha} = 2$, $p_{-\alpha,\alpha} = q_{\alpha,\alpha} = 0$. 由 (2), (13) 和命题 2 有

$$\langle\theta_\alpha, \theta_\alpha\rangle = \sum_{\lambda\in\Delta} \lambda(\theta_\alpha)^2 = \frac{1}{4}\sum_{\lambda\in\Delta}(q_{\lambda,\alpha} - p_{\lambda,\alpha})^2\langle\theta_\alpha, \theta_\alpha\rangle^2 \tag{15}$$

由 $\langle\theta_\alpha, \theta_\alpha\rangle \neq 0$ (见命题 2) 得

$$\langle\theta_\alpha, \theta_\alpha\rangle = \frac{4}{\displaystyle\sum_{\lambda\in\Delta}(q_{\lambda,\alpha} - p_{\lambda,\alpha})^2} \tag{16}$$

特别地 $\langle\theta_\alpha, \theta_\alpha\rangle$ 是正有理数, 再由 (13) 就可知对任一 $\lambda \in \Delta$, $\langle\theta_\lambda, \theta_\alpha\rangle$ 也是有理数.

令 $n = \dim_{\mathbb{C}} \mathfrak{H}$. 由命题 1 可取 $\alpha_1, \cdots, \alpha_n \in \Delta$ 使得 $\theta_{\alpha_1}, \cdots, \theta_{\alpha_n}$ 组成 $\mathfrak{H}$ 的一组基. 由命题 1.2, $\langle,\rangle$ 在 $\mathfrak{H}$ 上的限制非退化, 故任一 $\theta \in \mathfrak{H}$ 由 $\langle\theta, \theta_{\alpha_i}\rangle$ $(1 \leqslant i \leqslant n)$ 唯一决定. 令 $H \subset \mathfrak{H}$ 为所有 θ_{α_i} $(1 \leqslant i \leqslant n)$ 生成的**实**线性子空间, 则 $H \otimes_{\mathbb{R}} \mathbb{C} = \mathfrak{H}$. 由上所述对任一 $\alpha \in \Delta$ 有 $\langle\alpha, \theta_{\alpha_i}\rangle \in \mathbb{Q}$ $(1 \leqslant i \leqslant n)$, 故 $\alpha \in H$. 再由 (2) 可见 $\langle,\rangle$ 在 H 上的限制是正定的, 从而给出 H 一个欧几里得空间结构.

通过 $\langle,\rangle$ 可以将 H 与它的对偶等同起来, 这样就将 Δ 看作 H 的子集, 其中 α 等同于 $\theta_\alpha \in H$ (见命题 1). 由上所述, 对任意 $\alpha, \beta \in \Delta$, $\langle\alpha, \beta\rangle$ 为有理数, 特别地 α 的模的平方为有理数. 此外, 若记 α, β 间的夹角为 $\angle\alpha\beta$, 则有

$$4\cos^2\angle\alpha\beta = 4\frac{\langle\alpha, \beta\rangle^2}{\langle\alpha, \alpha\rangle\langle\beta, \beta\rangle} = 2\frac{\langle\alpha, \beta\rangle}{\langle\alpha, \alpha\rangle} \cdot 2\frac{\langle\alpha, \beta\rangle}{\langle\beta, \beta\rangle} \tag{17}$$

由命题 3 可见 $4\cos^2\angle\alpha\beta$ 为整数, 且当 $\alpha \neq \beta$ 时 $\cos^2\angle\alpha\beta < 1$, 从而 $4\cos^2\angle\alpha\beta = 0, 1, 2$ 或 3. 而由 (17), $4\cos^2\angle\alpha\beta$ 为两个整数 $2\dfrac{\langle\alpha, \beta\rangle}{\langle\alpha, \alpha\rangle}$ 和 $2\dfrac{\langle\alpha, \beta\rangle}{\langle\beta, \beta\rangle}$ 的积, 故这两个整数或者都是 0, 或者一个是 ± 1, 另一个是 $\pm 1, \pm 2$ 或 ± 3 (两数同号). 总之有

推论 1　设 $\mathfrak{L}$ 为复单李代数, $\alpha \in \Delta$. 对任一 $\lambda \in \Delta$ 记 $p_{\lambda,\alpha}$ 为最小的非负整数使得 $\lambda - (p_{\lambda,\alpha} + 1)\alpha \notin \Delta$, $q_{\lambda,\alpha}$ 为最小的非负整数使得 $\lambda + (q + 1)\alpha \notin \Delta$. 则

(16) 成立, 且对任一 $\beta \in \Delta$ 有 $\langle \alpha, \beta \rangle \in \mathbb{Q}$. 令 $H \subset \mathfrak{H}$ 为所有 θ_α 的实系数线性组合组成的实线性子空间, 则 $H \otimes_\mathbb{R} \mathbb{C} = \mathfrak{H}$ $(\dim_\mathbb{R} H = \dim_\mathbb{C} \mathfrak{H})$, 而 $\langle , \rangle$ 在 H 上的限制给出 H 一个欧几里得空间结构. 通过 $\langle , \rangle$ 可将 H 与它的对偶等同起来 (即将 Δ 看作 H 的子集, 其中 α 等同于 $\theta_\alpha \in H$), 则任意两个不同的根 $\alpha, \beta \in \Delta$ 间的夹角 $\angle \alpha\beta$ 满足 $4\cos^2 \angle\alpha\beta = 0, 1, 2$ 或 3, 且两个 (同正负的) 整数 $2\dfrac{\langle \alpha, \beta \rangle}{\langle \alpha, \alpha \rangle}$ 和 $2\dfrac{\langle \alpha, \beta \rangle}{\langle \beta, \beta \rangle}$ 或者都是 0, 或者一个是 ± 1, 另一个是 $\pm 1, \pm 2$ 或 ± 3.

第 3 节　基础根系与邓肯图

命题 1　可以在 Δ 中取一组 H 的基, 使得其他根作为这组基的线性组合的系数或者全是非负整数, 或者全是非正整数.

证　先任取一组基 $\alpha_1, \cdots, \alpha_n \in \Delta$, 由此给予 H 的元一个 "字典序", 即对两个向量 $v = a_1\alpha_1 + \cdots + a_n\alpha_n$ 和 $w = b_1\alpha_1 + \cdots + b_n\alpha_n$, 若 $a_1 = b_1, \cdots, a_j = b_j$ 而 $a_{j+1} > b_{j+1}$, 则 v 比 w 的序高, 记为 $v \succ w$. 特别地, 若 $v \succ 0$, 则称 v 为 "正的". 显然正向量的正系数线性组合是正的.

一个正根 $\alpha \in \Delta$ 称为 "素的", 如果它不能分解成两个正根的和. 令 Π 为所有素根的集合. 对任意 $\alpha, \beta \in \Pi$ 有 $\langle \alpha, \beta \rangle \leqslant 0$, 因若不然 $2\dfrac{\langle \alpha, \beta \rangle}{\langle \alpha, \alpha \rangle}$ 和 $2\dfrac{\langle \alpha, \beta \rangle}{\langle \beta, \beta \rangle}$ 为正整数, 故由命题 2.3 有 $\alpha - \beta, \beta - \alpha \in \Delta$, 而 $\alpha - \beta$ 和 $\beta - \alpha$ 中有一个是正的, 从而 α 或 β 能分解成正根的和, 矛盾.

我们来说明所有 Π 中的元线性无关, 为此只需证明: 若 $x_1, \cdots, x_r$ 为正向量且 $\langle x_i, x_j \rangle \leqslant 0$ $(\forall i < j)$, 则 $x_1, \cdots, x_r$ 线性无关. 用反证法, 设有一个非平凡的实系数线性组合 $c_1 x_1 + \cdots + c_r x_r = 0$, 将 $c_i = 0$ 的项去掉, $c_i < 0$ 的项移到右边, 就得到一个等式

$$v = b_1 x_{i_1} + \cdots + b_s x_{i_s} = b_{s+1} x_{i_{s+1}} + \cdots + b_t x_{i_t} \tag{1}$$

其中 $b_1, \cdots, b_t > 0$ 而 $i_1, \cdots, i_t$ 互不相同. 由此得

$$0 < \langle v, v \rangle = \sum_{j=1}^{s} \sum_{k=s+1}^{t} b_j b_k \langle x_{i_j}, x_{i_k} \rangle \leqslant 0 \tag{2}$$

矛盾.

现在只需证明 Δ 中的正根都等于 Π 中元的非负整系数线性组合. 对 $\succ$ 用归纳法, 若 $\alpha \in \Delta - \Pi$ 为正根, 则有正根 β, γ 使得 $\alpha = \beta + \gamma$, 显然 $\alpha \succ \beta, \alpha \succ \gamma$,

故由归纳法假设 β 和 γ 能表示为 Π 中元的非负整系数线性组合, 从而 α 亦然. 证毕.

命题 1 中的 Π 称为一个基础根系; 对选定的基础根系 Π, 称 Π 中的元为基础根. 我们注意, 若 $\beta \in \Delta - \Pi$ 为正根, 则存在 $\alpha \in \Pi$ 使得 $\langle \alpha, \beta \rangle > 0$, 因若不然, 由命题 1 的证明就可见 β 与 Π 中的元线性无关, 矛盾. 这样由命题 2.3 可知 $\beta - \alpha \in \Delta$, 而由命题 1 可知 $\beta - \alpha$ 为正根. 令 p 为使 $\beta - i\alpha \in \Delta$ 的最大整数 i, 则由命题 2.2 可知 $\beta - p\alpha$ 也是正根, 而由命题 2.3 有 $-2\dfrac{\langle \alpha, \beta - p\alpha \rangle}{\langle \alpha, \alpha \rangle} \geqslant p$, 故由 $\beta - p\alpha$ 通过内积的计算即可断定 $\beta \in \Delta$. 注意 $\beta \succ \beta - p\alpha$, 可见从 Π 出发通过内积的计算就可以 (按序 $\succ$) 归纳地决定 $\Delta \subset \mathfrak{H}$.

对 Π 的元按 $\succ$ 排序, 即令 $\Pi = \{\alpha_1, \cdots, \alpha_n\}$, 其中 $\alpha_1 \succ \cdots \succ \alpha_n$, 这样 $\succ$ 就与以 $\alpha_1, \cdots, \alpha_n$ 为基的字典序一致. 对每个基础根 α_i 任选 V_{α_i} 的一个生成元 v_{α_i}, 这样对所有正根可以用 $v_{\alpha+\beta} = [v_\alpha, v_\beta]$ $(\alpha \succ \beta)$ 按字典序归纳地确定所有 V_α 的生成元 v_α, 且可取 $v_{-\alpha} \in V_{-\alpha}$ 使得 $[v_\alpha, v_{-\alpha}] = \alpha$. 不难验证由此可按字典序归纳地确定所有 $[v_\alpha, v_\beta]$ $(\alpha, \beta \in \Delta)$. 由此得

推论 1　设 $\mathcal{L}, \mathcal{L}'$ 为复单李代数, Π, Π' 分别为它们的基础根系. 若存在一一对应 $\phi : \Pi \to \Pi'$ 使得对任意 $\alpha, \beta \in \Pi$ 有 $\langle \alpha, \beta \rangle = \langle \phi(\alpha), \phi(\beta) \rangle$, 则 $\mathcal{L} \cong \mathcal{L}'$. 简言之, $\mathcal{L}$ 在同构之下由 Π 的元之间的所有内积唯一决定.

为了说明 Π 的 (几何) 结构, 我们可以用一个图来直观地显示: 对 Π 中的每个根用一个点表示, 对其中每两个点 α, β 间连 $4\cos^2 \angle \alpha\beta$ 条线. 我们下面将看到基础根至多有两种不同的长度, 此时我们将短的根标为黑点, 长的根标为小圈 (若只有一种长度则都标为黑点), 这样的图称为邓肯图.

例 1　我们来看典型复单李代数的根系和邓肯图 (用 IX.4 节的记号).

i) 对 A_n, 可取基础根为 $\theta_i = H_{i(i+1)}$ $(1 \leqslant i \leqslant n)$, 则对 $i < j$, E_{ij} 对应的根为 $H_{ij} = \theta_i + \cdots + \theta_{j-1}$, 而 E_{ji} 对应的根为 $-H_{ij}$. 不难算出 $\langle \theta_i, \theta_i \rangle = \dfrac{1}{n+1}$, $\langle \theta_i, \theta_{i+1} \rangle = \dfrac{-1}{2(n+1)}$, 而对 $j \neq i, i \pm 1$ 有 $\langle \theta_i, \theta_j \rangle = 0$. 由此可见 A_n 的邓肯图为

ii) 对 B_n, 可取基础根为 $\theta_i = H_{i,-(i+1)}$ $(1 \leqslant i < n)$, $\theta_n = H_n$, 则 $E_{\pm i}$ 对应的根为 $\pm(\theta_i + \cdots + \theta_n)$, 而对 $i < j$, $E_{i,-j}$ 对应的根为 $H_{i,-j} = \theta_i + \cdots + \theta_{j-1}$, $E_{-i,j}$ 对应的根为 $-H_{i,-j}$, $E_{i,j}$ 对应的根为 $H_{i,j} = \theta_i + \cdots + \theta_{j-1} + 2\theta_j + \cdots + 2\theta_n$, $E_{-i,-j}$ 对应的根为 $-H_{i,j}$. 不难算出 B_n 的邓肯图为

iii) 对 C_n, 可取基础根为 $\theta_i = H'_{i,-(i+1)}$ $(1 \leqslant i < n)$, $\theta_n = H'_n$, 则 $E'_{\pm i}$ 对应的根为 $\pm(\theta_i + \cdots + \theta_n)$, 而对 $i < j$, $E'_{i,-j}$ 对应的根为 $H'_{i,-j} = \theta_i + \cdots + \theta_{j-1}$, $E'_{-i,j}$ 对应的根为 $-H'_{i,-j}$, $E'_{i,j}$ 对应的根为 $H'_{i,j} = \theta_i + \cdots + \theta_{j-1} + 2\theta_j + \cdots + 2\theta_n$, $E'_{-i,-j}$ 对应的根为 $-H'_{i,j}$. 不难算出 C_n 的邓肯图为

iv) 对 D_n $(n \geqslant 3)$, 可取基础根为 $\theta_i = H_{i,-(i+1)}$ $(1 \leqslant i < n)$ 和 $\theta_n = H_{n-1,n}$, 则对 $i < j$, $E_{i,-j}$ 对应的根为 $H_{i,-j} = \theta_i + \cdots + \theta_{j-1}$, $E_{-i,j}$ 对应的根为 $-H_{i,-j}$, $E_{i,j}$ 对应的根为 $H_{i,j} = \theta_i + \cdots + \theta_{j-1} + 2\theta_j + \cdots + 2\theta_{n-2} + \theta_{n-1} + \theta_n$, $E_{-i,-j}$ 对应的根为 $-H_{i,j}$. 不难算出 D_n 的邓肯图为

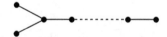

对这些邓肯图也分别记为 A_n, B_n, C_n, D_n.

我们下面来看邓肯图的分类, 这是复单李代数分类的关键的一步. 我们注意基础根系 Π 可以看作欧几里得空间中的一个有限的线性无关向量集, 满足以下条件:

A) Π 中任两个向量的内积为有理数.

B) 若 $\alpha \neq \beta \in \Pi$, 则 $2\dfrac{\langle \alpha, \beta \rangle}{\langle \alpha, \alpha \rangle}$ 是非正整数.

为方便起见, 我们把欧几里得空间中一个满足 A) 和 B) 的有限的线性无关向量集 Π 称为一个 "π 系". 对任一个 π 系都可以作一个邓肯图. 我们有下列关于 π 系的事实.

i) 若 Π 是单李代数的基础根系, 则 Π 的邓肯图是连通的.

因若不然, 就可以将 Π 分解为两个子集 S_1, S_2 的并, 其中 S_1 中的向量和 S_2 中的向量都正交. 由推论 1 的证明 (由 Π 按字典序归纳地确定 Δ 的过程) 就可看到, 任一根 $\alpha \in \Delta$ 或者是 S_1 中向量的线性组合, 或者是 S_2 中向量的线性组合. 令 $\Delta_1 \subset \Delta$ 为所有 S_1 中向量的线性组合组成的子集, 看作 $\mathfrak{H}$ 的子集, 则对任意 $\alpha \in \Delta_1$, $\beta \in \Delta - \Delta_1$ 有 $[V_\alpha, V_\beta] = 0$. 由此易见 $\displaystyle\sum_{\alpha \in \Delta_1} \mathbb{C}\alpha + \sum_{\alpha \in \Delta_1} V_\alpha$ 为 $\mathfrak{L}$ 的非平凡理想, 与 $\mathfrak{L}$ 的单性矛盾.

ii) π 系的邓肯图若是连通的且有三重连线, 则必为下图.

因若不然, 就可取 $\alpha_1, \alpha_2, \alpha_3 \in \Pi$ 使得 α_1, α_2 间有 3 条连线且 α_1, α_3 间有连线, 故 $\angle \alpha_1 \alpha_2 = \dfrac{5}{6}\pi$, $\angle \alpha_1 \alpha_3 \geqslant \dfrac{2}{3}\pi$, $\angle \alpha_2 \alpha_3 \geqslant \dfrac{1}{2}\pi$, 这是不可能的, 因为不共面的三个向量间的夹角的和小于 2π.

这个图记为 G_2.

iii) π 系的邓肯图中没有圈.

因若不然, 设 $\alpha_1, \cdots, \alpha_r \in \Pi$ 组成一个圈, 即其中每个 α_i 与 α_{i+1} 间有连线且 α_r 与 α_1 间有连线, 记 $v_i = \dfrac{\alpha_i}{||\alpha_i||}$ $(1 \leqslant i \leqslant r)$ 且记 $v_{r+1} = v_1$, 则对任意 $i \neq j$ 有 $\langle v_i, v_j \rangle \leqslant 0$ 且 $\langle v_i, v_{i+1} \rangle \leqslant -\dfrac{1}{2}$, 故

$$0 < \left\langle \sum_{i=1}^{r} v_i, \sum_{i=1}^{r} v_i \right\rangle \leqslant \sum_{i=1}^{r} \langle v_i, v_i \rangle + 2 \sum_{i=1}^{r} \langle v_i, v_{i+1} \rangle \leqslant r - r = 0 \qquad (3)$$

矛盾.

iv) π 系的邓肯图中任一点处的连线总数不能多于 3 条.

对任意 $\alpha \in \Pi$, 设 $\alpha_1, \cdots, \alpha_r \in \Pi$ 为所有与 α 有连线的点, 在 $\alpha, \alpha_1, \cdots, \alpha_r$ 张成的线性子空间中取与 $\alpha_1, \cdots, \alpha_r$ 都正交的非零向量 β, 则由勾股定理有

$$\cos^2 \angle \alpha \beta + \sum_{i=1}^{r} \cos^2 \angle \alpha \alpha_i = 1 \qquad (4)$$

注意 α 与 α_i 间的连线条数为 $4\cos^2 \angle \alpha \alpha_i$, 而 $\cos^2 \angle \alpha \beta \neq 0$, 故由 (4) 可见 α 点处的连线总条数 $4\sum_{i=1}^{r} \cos^2 \angle \alpha \alpha_i < 4$.

v) 设 $\alpha_1, \cdots, \alpha_r$ 为 π 系 Π 的一个链, 即每个 α_i 与 α_{i+1} 有 1 条连线 $(1 \leqslant i < r)$, 且每个 α_i $(1 < i < r)$ 与任意 $\beta \in \Pi - \{\alpha_1, \cdots, \alpha_r\}$ 没有连线, 则 $\Pi - \{\alpha_1, \cdots, \alpha_r\}$ 和 $\alpha = \alpha_1 + \cdots + \alpha_r$ 一起组成一个 π 系.

为说明这一点, 只需验证 B) 成立即可. 注意所有 $\langle \alpha_i, \alpha_i \rangle$ 都相等且等于 $-2\langle \alpha_i, \alpha_{i+1} \rangle$, 故由 iii) 有

$$\langle \alpha, \alpha \rangle = \sum_{i=1}^{r-1} (\langle \alpha_i, \alpha_i \rangle + 2\langle \alpha_i, \alpha_{i+1} \rangle) + \langle \alpha_r, \alpha_r \rangle = \langle \alpha_r, \alpha_r \rangle \qquad (5)$$

而对任意 $\beta \in \Pi - \{\alpha_1, \cdots, \alpha_r\}$, 由 iii) 可知 β 不能与 α_1, α_r 都有连线, 故或者 β 不与 $\alpha_2, \cdots, \alpha_r$ 相连, 此时 $\langle \beta, \alpha \rangle = \langle \beta, \alpha_1 \rangle$; 或者 β 不与 $\alpha_1, \cdots, \alpha_{r-1}$ 相连, 此时 $\langle \beta, \alpha \rangle = \langle \beta, \alpha_r \rangle$, 因此 B) 成立.

由 ii) 可知任一连通 π 系中的向量至多有两种不同的长度. 由 v) 可知, 若 π 系 Π 的邓肯图是连通的, 则其中不能有一条链的两个端点各连有 3 条线, 因若不然, 用 v) 的方法将这条链收缩为一点, 则所得的 π 系图中至少有一点处连有 4 条线, 与 iv) 矛盾. 这样由 iii)—v) 可见连通 π 系的邓肯图除 ii) 外只有三种可能: 或为一条链; 或为两条链 (长度可能为 0) 在一端由 2 条线相连; 或为三条 (长度非零的) 链有一个共同的端点. 对后两种情形还有下面的进一步限制. 我们注意, 若 $\alpha_1, \cdots, \alpha_r$ 为一条链, 其中的每个向量的长度平方为 a, 令 $v = \alpha_1 + 2\alpha_2 + \cdots + r\alpha_r$, 则有

$$\langle v, v \rangle = \sum_{i=1}^{r} i^2 \langle \alpha_i, \alpha_i \rangle + 2 \sum_{i=1}^{r-1} i(i+1) \langle \alpha_i, \alpha_{i+1} \rangle$$

$$= \sum_{i=1}^{r} i^2 a - \sum_{i=1}^{r-1} i(i+1)a = \frac{r(r+1)}{2}a \tag{6}$$

由此有下面两个推论.

vi) 若 π 系 Π 的邓肯图为两条长度非零的链在一端由 2 条线相连, 则这两条链的长度为 1, 换言之邓肯图为

注意两条链中的向量长度不同, 若短的向量的长度平方为 a, 则长的向量的长度平方为 $2a$. 设短向量链和长向量链分别为 $\alpha_1, \cdots, \alpha_p$, $\beta_1, \cdots, \beta_q$, 其中 α_p 和 β_q 间连有两条线. 令 $v = \sum_{i=1}^{p} i\alpha_i$, $w = \sum_{i=1}^{q} i\beta_i$, 则由 (6) 有 $\langle v, v \rangle = \frac{p(p+1)}{2}a$, $\langle w, w \rangle = q(q+1)a$, 而 $\langle v, w \rangle = pq \langle \alpha_p, \beta_q \rangle = -pqa$. 由施瓦茨不等式有 $\langle v, w \rangle^2 \leqslant \langle v, v \rangle \langle w, w \rangle$, 故 $p^2 q^2 \leqslant \frac{1}{2} pq(p+1)(q+1)$, 由此得 $(p-1)(q-1) < 2$, 故只能有 $p = q = 2$.

这个图记为 F_4.

vii) 若 π 系 Π 的邓肯图为三条链有一个共同的端点, 且有两条链的长度大于 1, 则必有一条链的长度等于 1, 一条链的长度等于 2, 而其余一条链的长度不超过 4. 换言之邓肯图只能是下列三者之一:

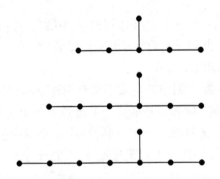

　　注意所有向量的长度相同, 记向量的长度平方为 $2a$. 设三个向量链分别为 $\alpha_1, \cdots, \alpha_p, \beta_1, \cdots, \beta_q$ 和 $\gamma_1, \cdots, \gamma_r$, 其中 $p \geqslant q \geqslant r$, 且 $\alpha_p = \beta_q = \gamma_r = \delta$. 令 $u = \sum_{i=1}^{p-1} i\alpha_i$, $v = \sum_{i=1}^{q-1} i\beta_i$, $w = \sum_{i=1}^{r-1} i\gamma_i$, 则由 (6) 有 $\langle u, u \rangle = p(p-1)a$, $\langle v, v \rangle = q(q-1)a$, $\langle w, w \rangle = r(r-1)a$, 而 $\langle u, \delta \rangle = -(p-1)a$, $\langle v, \delta \rangle = -(q-1)a$, $\langle w, \delta \rangle = -(r-1)a$. 因此 $\cos^2 \angle u\delta = \frac{1}{2}\left(1 - \frac{1}{p}\right)$, $\cos^2 \angle v\delta = \frac{1}{2}\left(1 - \frac{1}{q}\right)$, $\cos^2 \angle w\delta = \frac{1}{2}\left(1 - \frac{1}{r}\right)$, 注意 u, v, w 两两正交, 由 iv) 的方法即得 $\cos^2 \angle u\delta + \cos^2 \angle v\delta + \cos^2 \angle w\delta < 1$, 由此得 $\frac{1}{p} + \frac{1}{q} + \frac{1}{r} > 1$. 由 $p \geqslant q \geqslant r$ 得 $\frac{3}{r} > 1$, 故 $r = 2$, 从而 $\frac{1}{p} + \frac{1}{q} > \frac{1}{2}$, 由此又有 $\frac{2}{q} > \frac{1}{2}$, 故 $q = 3$, 从而 $\frac{1}{p} > \frac{1}{6}$, 故 $p \leqslant 5$.

　　这三个图依次记为 E_6, E_7, E_8.

第 4 节　复单李代数的分类

　　由上节的讨论可见, 除典型复单李代数的根系 A_n, B_n, C_n 和 D_n $(n > 2)$ 外, 至多只有 G_2, F_4, E_6, E_7, E_8 这 5 种连通 π 系, 我们来说明这些 π 系都是存在的. 对每个邓肯图记 n 为其中点的个数, 在欧几里得空间 $H = \mathbb{R}^n$ 中取一组标准正交基 $e_1, \cdots, e_n$. 对 G_2 可取 $\Pi = \{e_1, -\sqrt{3}e_1 + e_2\}$; 对 F_4 可取 $\Pi = \left\{e_1 - e_2, e_2 - e_3, e_3, \frac{1}{2}(e_4 - e_1 - e_2 - e_3)\right\}$; 对 E_8 可取 $\Pi = \left\{e_1 - e_2, e_2 - e_3, e_3 - e_4, e_4 - e_5, e_5 - e_6, e_6 - e_7, e_6 + e_7, \frac{1}{2}(e_8 - e_1 - \cdots - e_7)\right\}$; 对 E_6 和 E_7 可由 E_8 用上节 v) 的方法收缩而得.

　　对每个 π 系 Π 都可以给出相应的"根系", 即 H 中的一个非零向量集 $\Delta \supset \Pi$ (其中的向量称为"根"), 满足条件:

　　i) 每个根 $\alpha \in \Delta$ 是 Π 中向量的整系数线性组合, 且这些系数或者都是非负

的, 或者都是非正的;

ii) 若 $\alpha \in \Delta$ 则 $-\alpha \in \Delta$, 且对任一整数 $n \neq \pm 1$, $n\alpha \notin \Delta$;

iii) 对任意 $\alpha, \beta \in \Delta$ 使得 $\beta \neq \pm\alpha$, 存在整数 $p_{\beta,\alpha}, q_{\beta,\alpha} \geqslant 0$ 使得

$$p_{\beta,\alpha} - q_{\beta,\alpha} = 2\frac{\langle \beta, \alpha \rangle}{\langle \alpha, \alpha \rangle} \tag{1}$$

(特别地 (1) 的右边是整数), 且

$$\{i \in \mathbb{Z} \mid \beta + i\alpha \in \Delta\} = \mathbb{Z} \cap [-p_{\beta,\alpha}, q_{\beta,\alpha}] \tag{2}$$

任意取定 Π 的一个序, 就给出 H 的一个字典序 $\succ$. 由 Π 出发按上述三个条件, 就可以依照字典序归纳地决定 $\Delta \subset \mathfrak{H}$ (参看推论 3.1 的证明中所说的过程).

注意由邓肯图只是给出根的相对长度 (即长度的比) 和根之间夹角, 但这些已足以决定 Δ. 而根的长度按定义由

$$\langle \alpha, \alpha \rangle = \frac{4}{\sum\limits_{\beta \in \Delta} (q_{\beta,\alpha} - p_{\beta,\alpha})^2} \tag{3}$$

(即 (2.16)) 给出.

例 1　在下图中的向量是 G_2 中所有的根, 其中长根的长度平方为 $\frac{1}{4}$, 短根的长度平方为 $\frac{1}{12}$.

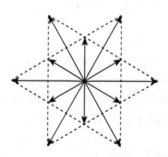

确定根系后, 令 $\mathfrak{H}$ 为以 Π 的元为基的复线性空间 (即 $\mathbb{C} \otimes_{\mathbb{R}} H$), 再令

$$\mathfrak{L} = \mathfrak{H} \oplus \bigoplus_{\alpha \in \Delta} V_\alpha \tag{4}$$

其中每个 $V_\alpha \cong \mathbb{C}$, 并取定一个生成元 $v_\alpha \in V_\alpha$. 在 $\mathfrak{L}$ 上定义一个双线性映射 $[,] : \mathfrak{L} \times \mathfrak{L} \to \mathfrak{L}$ 如下: $[,]$ 在 $\mathfrak{H} \times \mathfrak{H}$ 上的限制为 0; 对任意 $\alpha \in \Pi$, $\beta \in \Delta$,

$[\alpha, v_\beta] = \langle \alpha, \beta \rangle v_\beta$ (参看 (2.4)). 然后可按 Δ 的字典序如下归纳地确定 $[v_\alpha, v_\beta]$: 若 $\alpha, \beta, \alpha + \beta$ 为正根, $\alpha \succ \beta$, 则令 $[v_\alpha, v_\beta] = v_{\alpha+\beta}$; 若 $\alpha, \beta \in \Delta$ 而 $\alpha + \beta \notin \Delta$, 则令 $[v_\alpha, v_\beta] = 0$; 若 α 为正根, 则令 $[v_\alpha, v_{-\alpha}] = \alpha$. 其余的 $[v_\alpha, v_\beta]$ 可由雅可比恒等式确定, 详情从略.

由根系的性质, 可以归纳地验证 $[,]$ 给出 $\mathfrak{L}$ 一个复李代数结构. 再利用命题 1.1 的方法即可证明 $\mathfrak{L}$ 是单李代数. 由此可见 G_2, F_4, E_6, E_7, E_8 都是单李代数的邓肯图. 验证的过程比较复杂, 但并无实质性的困难. 总之有

定理 1   每个复单李代数同构于下列李代数之一: A_n, B_n, C_n 和 D_n $(n > 2)$, G_2, F_4, E_6, E_7, E_8. 每个复单李代数在同构之下由其邓肯图唯一决定.

其中的 G_2, F_4, E_6, E_7, E_8 称为 "例外李代数". 由于邓肯图 A_n, B_n, C_n 和 D_n $(n > 2)$ 都是已知单李代数的邓肯图, 定理 1 也可以通过具体给出例外李代数来证明, 但这也不很容易 (参看例如 [20, 第 12 章] 和 [18, Theorem 4.8.3]). 例外李代数 G_2, F_4, E_6, E_7, E_8 的维数分别为 14, 52, 98, 155, 248.

注 1   定理 1 中的复单李代数之间有同构关系 (见习题 6.iv) 和 6.v)) $A_1 \cong B_1 \cong C_1$, $B_2 \cong C_2$, $A_3 \cong D_3$, 由邓肯图易见这是仅有的同构关系 (因为同构的李代数有同构的邓肯图).

习 题 X

1. 证明在一个 k-李代数中, 任意两个可解理想的和也是可解理想.

2. 证明对任意 k-李代数 $\mathfrak{L}$, $\mathfrak{L}/\mathrm{rad}(\mathfrak{L})$ 是半单的.

3. 证明对任意 k-单李代数 $\mathfrak{L}$ 有 $[\mathfrak{L}, \mathfrak{L}] = \mathfrak{L}$.

4. 验证 D_1 和 D_2 不是单李代数.

5. 证明所有 3 维复单李代数相互同构, 特别地有 $A_1 \cong B_1 \cong C_1$.

6. 验证 $B_2 \cong C_2$, $A_3 \cong D_3$.

7. 举例说明维数相同的两个复单李代数不一定相互同构. (提示: A_n, B_n, C_n, D_n 的维数分别为 $n(n+2)$, $n(2n+1)$, $n(2n+1)$, $n(2n-1)$, 而 G_2, F_4, E_6, E_7, E_8 的维数分别为 14, 52, 98, 155, 248.)

8. 计算各复单李代数的各种根的长度.

9. 画出 A_2 和 B_2 的根系图.

10. 设 V 为 n 维欧几里得空间, $v_1, \cdots, v_m \in V$, 其中任两个向量的夹角大于直角. 证明 $m \leqslant n + 1$. (提示: 参看命题 3.1 的证明.)

第 XI 章　复环面初步

前面两章涉及的李群都是线性群, 而李群中有一类是高度非线性的, 即紧致连通复李群, 称为复环面.

第 1 节　格与复环面

引理 1 (刚性引理)　设 X, Y, Z 为连通复解析空间, 其中 X 是紧致的; $f: X \times Y \to Z$ 为解析映射. 若存在 $y_0 \in Y$ 使得 $f(X \times \{y_0\})$ 为一个点, 则存在解析映射 $g: Y \to Z$ 使得 $f = g \circ \mathrm{pr}_2$.

证　我们要用到点集拓扑中的如下事实: 一个豪斯多夫空间 X 是紧致的当且仅当对任意豪斯多夫空间 Y, $\mathrm{pr}_2: X \times Y \to Y$ 是闭映射 (即将闭集映为闭集).

设 $f(X \times \{y_0\}) = z$. 任取 z 的一个开邻域 $U \subset Z$ 使得在 U 上有局部坐标系 $\{z_1, \cdots, z_n\}$. 则 $V = X \times Y - f^{-1}(U)$ 为 $X \times Y$ 中的闭集, 故由上所述 $\mathrm{pr}_2(V)$ 为 Y 中的闭集, 从而 $U' = Y - \mathrm{pr}_2(V)$ 为 Y 中的开集. 由于 $X \times \{y_0\} \subset f^{-1}(U)$, 即 $(X \times \{y_0\}) \cap V = \emptyset$, 有 $y_0 \notin \mathrm{pr}_2(V)$, 即 $y_0 \in U'$. 注意 $\mathrm{pr}_2^{-1}(U') \cap V = \emptyset$, 即 $\mathrm{pr}_2^{-1}(U') \subset f^{-1}(U)$. 故对任意 $y \in U'$ 有 $f(X \times \{y\}) \subset U$. 注意 $X \times \{y\} \cong X$ 是紧致连通的, 而每个 $f^*(z_i)$ $(1 \leqslant i \leqslant n)$ 是 $X \times \{y\}$ 上的解析函数, 故为常数. 换言之在 $X \times U'$ 上每个函数 $f^*(z_i)$ 与 X 中的点无关.

任取 $x_0 \in X$ 并定义解析映射 $g: Y \to Z$ 为 $g(y) = f(x_0, y)$, 则由上所述有

$$f|_{X \times U'} = g|_{U'} \circ \mathrm{pr}_2 : X \times U' \to Z \tag{1}$$

注意上面的讨论说明对任意 $y_1 \in Y$, 若 $f(x, y_1) = g(y_1)$ 对任意 $x \in X$ 成立, 则存在 y_1 的一个开邻域 $U_1 \subset Y$ 使得 $f(x, y) = g(y)$ 对任意 $x \in X, y \in U_1$ 成立. 换言之, Y 的子集

$$U_0 = \{y \in Y | f(x, y) = g(y) \ \forall x \in X\} \tag{2}$$

是开集且 $y_0 \in U_0$. 令

$$W = \{(x, y) \in X \times Y | f(x, y) = g(y)\} \tag{3}$$

则 W 是 $X \times Y$ 的闭子集 (习题 III.2), 从而 $X \times Y - W$ 是 $X \times Y$ 的开子集. 注意 pr_2 是开映射, 故 $U'' = Y - \mathrm{pr}_2(X \times Y - W)$ 是 Y 的开子集. 注意 $y \in U''$ 当且仅当 $X \times \{y\} \not\subset W$, 即 $y \notin U_0$. 换言之 $U_0 = Y - U''$. 这说明 U_0 是闭集. 由于 Y 是连通的而 $U_0 \subset Y$ 是非空的既开又闭的子集, 必有 $U_0 = Y$, 换言之 $f(x,y) = g(y)$ 对任意 $(x,y) \in X \times Y$ 成立. 证毕.

推论 1　复环面为交换李群.

证　设 X 为复环面. 令 $f : X \times X \to X$ 为解析映射 $(x,y) \mapsto xyx^{-1}y^{-1}$, 则有 $f(X \times \{e\}) = e$. 故由引理 1 可见 $f(x,y)$ 由 y 决定, 从而 $f(x,y) = f(e,y) = e$. 这说明 X 为交换李群. 证毕.

由于这个原因, 我们通常将复环面看作加法群.

推论 2　设 X,Y 为复环面, $f : X \to Y$ 为解析映射, 则存在李群同态 $g : X \to Y$ 使得 $f(x) = f(0) + g(x)$ 对任意 $x \in X$ 成立. 换言之复环面间的任意解析映射都是同态与平移的合成.

证　令 $g(x) = f(x) - f(0)$, 则 $g(0) = 0$. 我们来证明 g 是同态. 定义 $h : X \times X \to Y$ 为 $h(x,x') = g(x+x') - g(x) - g(x')$, 则有 $h(x,0) = 0$, 故由引理 1 可见 $h(x,x')$ 由 x' 决定, 从而 $h(x,x') = h(0,x') = 0$. 这说明 $g(x+x') = g(x) + g(x')$ 对任意 $x,x' \in X$ 成立, 即 g 为同态. 证毕.

引理 2　设 T 为 m 维实线性空间, 看作加法李群, 而 $H \subset T$ 为离散子群. 则 H 为秩不超过 m 的自由阿贝尔群, 且 H 的秩为 m 当且仅当 T/H 是紧致的.

证　令 $V \subset T$ 为 H 的元张成的实线性子空间, $d = \dim_{\mathbb{R}}(V)$, 则可取 H 的元 $v_1, \cdots, v_d$ 组成 V 的一组基. 令 $S = \{c_1 v_1 + \cdots + c_d v_d | 0 \leqslant c_i \leqslant 1 \ \forall i\}$. 则对任意 $v \in V$, 存在 $n_1, \cdots, n_d \in \mathbb{Z}$ 使得 $v - n_1 v_1 - \cdots - n_d v_d \in S$ (注意 v 是 $v_1, \cdots, v_d$ 的实系数线性组合). 由于 H 是离散子群, 对任意 $s \in H \cap S$ 可取一个开邻域 $U_s \subset V$ 使得 $U_s \cap H = \{s\}$; 而对 $s \in S - H$ 可取一个开邻域 $U_s \subset V$ 使得 $U_s \cap H = \emptyset$. 这些开子集组成 S 的一个开覆盖, 而 S 是紧致的, 所以这个开覆盖有一个有限的子覆盖. 这说明 $S_0 = H \cap S$ 是有限集. 令 $H' \subset H$ 为 $v_1, \cdots, v_d$ 生成的子群, 则投射 $H \to H/H'$ 诱导的映射 $S_0 \to H/H'$ 是满射. 这说明 H/H' 是有限群. 注意 H 是无挠的, 可见 H 是秩为 $d \leqslant m$ 的自由阿贝尔群.

取 $v_1, \cdots, v_d$ 为 H 的一组自由生成元, 则它们也是 V 的一组基. 若 $d = m$, 则有

$$T/H \cong \mathbb{R}^m / \mathbb{Z}^m \cong (\mathbb{R}/\mathbb{Z})^m \tag{4}$$

而每个因子 $\mathbb{R}/\mathbb{Z}$ 的拓扑结构同胚于圆周, 是紧致的, 故 T/H 是紧致的. 反之, 若

$d < m$, 则有

$$T/H \cong \mathbb{R}^m/\mathbb{Z}^d \cong (\mathbb{R}/\mathbb{Z})^d \times \mathbb{R}^{m-d} \tag{5}$$

它显然不是紧致的. 证毕.

在引理 2 的条件下, 若 $d = m$, 则称 H 为 T 中的一个格 (lattice).

定理 1　一个复李群 X 为复环面当且仅当 $X \cong \mathbb{C}^n/\Lambda$, 其中 $n = \dim(X)$ 而 $\Lambda \subset \mathbb{C}^n$ 为格 (即 $\mathbb{C}^n$ 中秩为 $2n$ 的离散子群).

证　若 $\Lambda \subset \mathbb{C}^n$ 为格, 则由命题 VI.3.1 可见 $\mathbb{C}^n/\Lambda$ 具有诱导的李群结构, 为 $\mathbb{C}^n$ 模李子群 Λ 的商群, 而由引理 2 可知 $\mathbb{C}^n/\Lambda$ 是紧致的.

设 X 为复环面, 令 $\mathfrak{L} = Lie(X)$, 则由推论 1 及推论 VII.3.1 可见 $\mathfrak{L}$ 为交换李代数, 而由定理 VIII.2.1 (或习题 VIII.3) 可见

$$\exp(\theta + \theta') = \exp(\theta)\exp(\theta') \in X \quad (\forall \theta, \theta' \in \mathfrak{L}) \tag{6}$$

将 $\mathbb{C}$-线性空间 $\mathfrak{L}$ 看作加法李群, 则 (6) 说明 $\exp : \mathfrak{L} \to X$ 是李群同态. 注意 $\exp$ 是光滑的, 从而它的像是开子群, 且由命题 VI.2.1 可知它也是闭子群; 而 X 是连通的, 故 $\exp$ 是满射. 令 $\Lambda = \ker(\exp)$, 则 $\dim(\Lambda) = \dim_{\mathbb{C}}(\mathfrak{L}) - \dim(X) = 0$, 故 Λ 是 $\mathfrak{L}$ 的离散子群. 由引理 2 可见 Λ 的秩等于 $2\dim_{\mathbb{C}}(\mathfrak{L})$, 换言之 Λ 是 $\mathfrak{L}$ 中的格. 令 $n = \dim(X)$, 则有 $X \cong \mathfrak{L}/\Lambda \cong \mathbb{C}^n/\Lambda$. 证毕.

推论 3　设 $X = \mathbb{C}^n/\Lambda$ 和 $Y = \mathbb{C}^m/\Lambda'$ 为复环面, 则一个李群同态 $f : X \to Y$ 等价于一个 $\mathbb{C}$-线性映射 $\phi : \mathbb{C}^n \to \mathbb{C}^m$ 使得 $\phi(\Lambda) \subset \Lambda'$.

证　如定理 1 的证明中那样将 $\mathbb{C}^n$ ($\mathbb{C}^m$) 理解为 $Lie(X)$ ($Lie(Y)$). 显然一个 $\mathbb{C}$-线性映射 $\phi : \mathbb{C}^n \to \mathbb{C}^m$ 若满足 $\phi(\Lambda) \subset \Lambda'$ 则诱导唯一李群同态 $f : X \to Y$. 反之, 若 $f : X \to Y$ 为李群同态, 则 f 诱导李代数同态 $f_* : Lie(X) \to Lie(Y)$, 而由推论 VIII.1.1 有 $\exp(f_*\theta) = f \circ \exp\theta$ $(\forall \theta \in Lie(X))$, 换言之有交换图 (为区别起见将 X 和 Y 的指数映射分别记为 $\exp_X$ 和 $\exp_Y$)

$$\begin{array}{ccc} Lie(X) & \xrightarrow{\ f_*\ } & Lie(Y) \\ \downarrow{\scriptstyle \exp_X} & & \downarrow{\scriptstyle \exp_Y} \\ X & \xrightarrow{\ \ f\ \ } & Y \end{array} \tag{7}$$

令 $\phi = f_*$, 注意 $\Lambda = \ker(\exp_X)$ 而 $\Lambda' = \ker(\exp_Y)$, 故有 $\phi(\Lambda) \subset \Lambda'$. 证毕.

由于李群的解析子群都是闭子群, 复环面的复解析子群也是紧致的, 特别地其连通复解析子群也是复环面. 由推论 3 可知, 一个复环面 $X = \mathbb{C}^n/\Lambda$ 的子复环面等价于 $\mathbb{C}^n$ 的一个复线性子空间 $V \subset \mathbb{C}^n$, 使得 $V \cap \Lambda$ 的秩等于 $2\dim_{\mathbb{C}} V$. 直观

上这样的复线性子空间一般是很少的, 事实上大多数复环面没有非平凡的 (即不同于 0 和本身的) 连通复解析子群, 这样的复环面称为单的.

例 1   设 $\Lambda \subset \mathbb{C}^2$ 为格, 它有一组生成元 $\{v_1, v_2, v_3, v_4\}$, $X = \mathbb{C}^2/\Lambda$. 不妨设 $\{v_1, v_2\}$ 组成 $\mathbb{C}^2$ 的一组 $\mathbb{C}$-基, 这样就可记 $v_1 = (1,0)$, $v_2 = (0,1)$, $v_3 = (a,b)$, $v_4 = (c,d)$.

设 a, b, c, d 满足 $\mathbb{Q}(a,c) \cap \mathbb{Q}(b,d) = \mathbb{Q}$, 且 $a, c, 1$ 在 $\mathbb{Q}$ 上线性无关, $b, d, 1$ 在 $\mathbb{Q}$ 上线性无关 (例如当 a, b, c, d 在 $\mathbb{Q}$ 上代数无关时总是如此). 我们来证明此时 X 是单的, 即没有 1 维子复环面.

用反证法, 设 $Y \subset X$ 为 1 维子复环面, 则 $Y = V/\Lambda'$, 其中 $V \subset \mathbb{C}^2$ 为 1 维复线性子空间, 而 $\Lambda' = \Lambda \cap V$ 的秩为 2. 取 Λ' 的两个生成元 $w_1 = m_1 v_1 + m_2 v_2 + m_3 v_3 + m_4 v_4$ 和 $w_2 = n_1 v_1 + n_2 v_2 + n_3 v_3 + n_4 v_4$, 则它们在 $\mathbb{C}$ 上线性相关. 注意 $w_1 = (m_1 + m_3 a + m_4 c, m_2 + m_3 b + m_4 d)$, $w_2 = (n_1 + n_3 a + n_4 c, n_2 + n_3 b + n_4 d)$, 故有

$$\frac{m_1 + m_3 a + m_4 c}{n_1 + n_3 a + n_4 c} = \frac{m_2 + m_3 b + m_4 d}{n_2 + n_3 b + n_4 d} \tag{8}$$

由所设 $\mathbb{Q}(a,c) \cap \mathbb{Q}(b,d) = \mathbb{Q}$ 可见 (8) 的两边等于一个有理数 r, 这样又有

$$m_1 + m_3 a + m_4 c = r(n_1 + n_3 a + n_4 c), \quad m_2 + m_3 b + m_4 d = r(n_2 + n_3 b + n_4 d) \tag{9}$$

由所设 $a, c, 1$ 在 $\mathbb{Q}$ 上线性无关, $b, d, 1$ 在 $\mathbb{Q}$ 上线性无关, 故有

$$m_1 = r n_1, \quad m_3 = r n_3, \quad m_4 = r n_4, \quad m_2 = r n_2 \tag{10}$$

这说明 w_1 和 w_2 在 $\mathbb{Q}$ 上线性相关, 矛盾.

第 2 节   椭 圆 曲 线

1 维复环面称为椭圆曲线.

设 $\Lambda \subset \mathbb{C}$ 为由 $\tau_1, \tau_2 \in \mathbb{C}$ 生成的格, 令 $\Lambda' \subset \mathbb{C}$ 为由 1 和 $\tau = \tau_2/\tau_1$ 生成的格, 则显然有复李群同构 $\mathbb{C}/\Lambda \cong \mathbb{C}/\Lambda'$, 故在研究 $\mathbb{C}/\Lambda$ 时不妨设 $\tau_1 = 1$. 定义魏尔斯特拉斯 $\wp$-函数

$$\wp(z) = \frac{1}{z^2} + \sum_{\omega \in \Lambda - \{0\}} \left(\frac{1}{(z-\omega)^2} - \frac{1}{\omega^2} \right) \tag{1}$$

显然 $\wp$ 以 Λ 为周期 (即对任意 $\omega \in \Lambda$ 有 $\wp(z+\omega) = \wp(z)$), 因而

$$\wp'(z) = \sum_{\omega \in \Lambda} \frac{-2}{(z-\omega)^3} \tag{2}$$

也以 Λ 为周期, 这样 $\wp$ 和 $\wp'$ 可以看作 $\mathbb{C}/\Lambda$ 上的 (半纯) 函数. 不难验证 $\wp$ 和 $\wp'$ 满足方程

$$(\wp')^2 = 4\wp^3 - g_2\wp - g_3 \tag{3}$$

其中

$$g_2 = 60 \sum_{\omega \in \Lambda - \{0\}} \frac{1}{\omega^4}, \quad g_3 = 140 \sum_{\omega \in \Lambda - \{0\}} \frac{1}{\omega^6} \tag{4}$$

定义解析映射 $\phi : \mathbb{C} \to \mathbb{P}_\mathbb{C}^2$ 为 $z \mapsto (1 : \wp(z) : \wp'(z))$ (若 $a \in \mathbb{C}$ 为 $\wp$ 或 $\wp'$ 的极点, 极点的最大阶为 r, 则在 a 附近将这个解析映射定义为 $z \mapsto ((z - a)^r : (z - a)^r\wp(z) : (z - a)^r\wp'(z)))$. 由 $\wp$ 和 $\wp'$ 的周期性可见 ϕ 诱导一个解析映射 $f : \mathbb{C}/\Lambda \to \mathbb{P}_\mathbb{C}^2$, 可以验证 f 是闭嵌入, 而 f 的像为三次曲线 $Y^2Z = 4X^3 - g_2XZ^2 - g_3Z^3$. 这就是说, 对任意格 $\Lambda \subset \mathbb{C}$, $\mathbb{C}/\Lambda$ 解析同构于 $\mathbb{P}_\mathbb{C}^2$ 中的一条三次光滑曲线. 反之, 由上所述可见对 $\mathbb{P}_\mathbb{C}^2$ 中的任一三次光滑曲线 E (其方程总可以通过线性坐标变换化为形如 $Y^2Z = X^3 + aXZ^2 + bZ^3$, 其中 $a, b \in \mathbb{C}$ 满足 $4a^3 + 27b^2 \neq 0$, 参看习题 1), 存在一个格 $\Lambda \subset \mathbb{C}$ 使得 E 解析同构于 $\mathbb{C}/\Lambda$.

"椭圆曲线"一词来源于椭圆函数. 椭圆函数是由椭圆积分 (在计算椭圆弧长时出现的积分) 产生的. 在历史上, 分析学家们知道椭圆积分是不能用初等函数表示的, 后来从复分析的角度研究, 发现了很多有趣的性质, 特别是"双周期性"(参看例如 [18]). 例如令 $\wp$ 为 $f(x) = \displaystyle\int_0^x \frac{\mathrm{d}t}{\sqrt{t^3 + at + b}}$ (其中 $4a^3 + 27b^2 \neq 0$) 的反函数, 则 $\wp$ 可以开拓成复平面 $\mathbb{C}$ 上的一个半纯函数 (实际上就是魏尔斯特拉斯 $\wp$-函数), 且显然 $\wp$ 满足常微分方程 $\wp'^2 = \wp^3 + a\wp + b$. 存在 $\tau_1, \tau_2 \in \mathbb{C}$, τ_1/τ_2 为虚数, 使得 $\wp(z + \tau_1) = \wp(z + \tau_2) = \wp(z)$. 取 τ_1, τ_2 为 $\wp$ 的一组周期, 即对任意复数 τ, 若 $\wp(z + \tau) = \wp(z)$ 则 τ 为 τ_1 和 τ_2 的整系数线性组合. 令 $\Lambda \subset \mathbb{C}$ 为 τ_1, τ_2 的所有整系数线性组合组成的加法子群, 则 Λ 是一个格, 故可由此得到 1 维复环面 $\mathbb{C}/\Lambda$ (其拓扑结构如图 1).

图 1

如果将椭圆曲线 E 看作 $\mathbb{P}_\mathbb{C}^2$ 中的三次光滑曲线, 则它的群结构可以这样给出 (参看图 2, 由于只能画出坐标为实数的点, 这只是一个示意图): 任取 E 的一点作

为零元, 记为 0 (在图 2 中取的是无穷远点), 注意 0 是 E 的过 0 的切线 l (在图 2 中为无穷远直线) 与 E 的切点. 对任一点 $x \neq 0 \in E$, 由 Bézout 定理可知直线 $0x$ 与 E 的交点个数 (连重数) 为 3, 令 $-x$ 为 $0x$ 与 E 的第三个交点 (若 $0x$ 与 E 在点 x 相切, 则令 $-x = x$). 对任意两点 $x, y \in E$, 令直线 xy 与 E 的另一个交点为 $-(x+y)$ (若直线 xy 与 E 相切则令切点为 $-(x+y)$)), 这样连结 $-(x+y)$ 与 0 的直线与 E 的第三个交点就是 $x+y$.

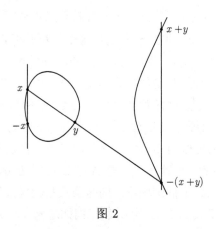

图 2

怎样能看出这样给出的加法是群结构呢? 为此实际上只需要解释加法结合律 (其他运算法则和加法交换律都是显然的). 若将它说清楚就是下面的定理: 在任一条光滑三次曲线上任取 4 个点 A, B, C, D, 直线 BC 与曲线有第三个交点 J, BD 与曲线有第三个交点 F, AD 与曲线有第三个交点 G, CG 与曲线有第三个交点 H, AJ 与曲线有第三个交点 I, 则 F, H, I 三点在一条直线上 (图 3).

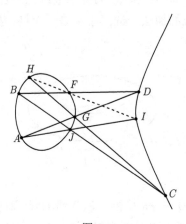

图 3

这个定理在很多教科书中可见到 (参看例如 [13]). 我们来说明这个定理等价于上述定义的加法满足结合律. 取图 3 中的 A 为 0, B 为 x, C 为 y, H 为 z. 则由定义 G 为 $-(y+z)$, 从而 D 为 $y+z$, 故 F 为 $-(x+(y+z))$. 另一方面, 由定义 J 为 $-(x+y)$, 从而 I 为 $x+y$, 而定理给出 F, H, I 三点共线, 故 F 也是 $-((x+y)+z)$. 这就说明 $-(x+(y+z)) = -((x+y)+z)$, 这正是加法结合律.

而这个加法就是 E 作为复李群的加法. 详言之, $(x,y) \mapsto x+y$ 给出的映射 $E \times E \to E$ 是解析映射 (习题 6), 故这个加法给出 E 一个李群结构, 而在上述加法的定义中零元 A 是可以任选的. 注意 E 是紧致连通的, 即为复环面. 令 $f : \mathbb{C}/\Lambda \to E$ 为上述 (由魏尔斯特拉斯 $\wp$-函数给出的) 解析同构, 且不妨取 $A = f(0)$, 则由推论 1.2 可知 f 是李群同构, 即上述加法与 $\mathbb{C}/\Lambda$ 的加法一致.

椭圆曲线在数学中有非常重要的地位, 著名的 BSD 猜想和谷山猜想都是针对椭圆曲线的, 费马大定理的解决是基于椭圆曲线的工具. 另一方面, 椭圆曲线在应用数学领域也有重要的地位, 所谓椭圆曲线码是编码和密码学的强有力方法, 近年来正在发展的区块链采用椭圆曲线作为信息安全的工具.

第 3 节　复环面的自同态环

对于一个复环面 $X = \mathbb{C}^n/\Lambda$, 由推论 3 可知一个自同态 $f : X \to X$ 等价于 $\mathbb{C}^n$ 的一个复线性自同态 $\phi \in M_n(\mathbb{C})$ 使得 $\phi(\Lambda) \subset \Lambda$. 注意任意 $m \in \mathbb{Z}$ 满足 $m\Lambda \subset \Lambda$, 从而 $m \cdot : \mathbb{C}^n \to \mathbb{C}^n$ 给出一个自同态 $m_X : X \to X$. 若 $m \neq 0$ 则 m_X 是满同态, 因为 $m\cdot$ 是满同态. 此外, 对任意复环面同态 $f : X \to Y$, 不难验证 (习题 4)

$$f \circ m_X = m_Y \circ f \quad (\forall m \in \mathbb{Z}) \tag{1}$$

易见 X 的所有自同态组成一个环 $\mathrm{End}(X)$, 由上所述 $\mathbb{Z}$ 可以看作 $\mathrm{End}(X)$ 的子环. 由 (1) 可见对任意 $f \in \mathrm{End}(X)$ 有 $m_X \circ f = f \circ m_X$, 换言之 m_X 在 $\mathrm{End}(X)$ 的中心中. 由此可见对任意 $f \neq 0 \in \mathrm{End}(X)$ 及任意整数 $m \neq 0$ 有 $mf = f \circ m_X \neq 0$ (因为 m_X 是满同态), 即 $\mathrm{End}(X)$ 作为 $\mathbb{Z}$-模是无挠的.

例 1　设 $\Lambda \subset \mathbb{C}$ 为由 1 和 τ 生成的格, 其中 τ 是虚数, 不妨设 $\mathrm{Im}(\tau) > 0$ (否则可用 $-\tau$ 代替), 记 $E_\tau = \mathbb{C}/\Lambda$. 记 $\mathfrak{H} \subset \mathbb{C}$ 为 "上半复平面", 即 $\mathfrak{H} = \{\tau \in \mathbb{C} \mid \mathrm{Im}(\tau) > 0\}$. 设 $\tau, \tau' \in \mathfrak{H}$ 而 Λ (Λ') 为 $\{\tau, 1\}$ ($\{\tau', 1\}$) 生成的格, 则由推论 3 可知一个同态 $f : E_\tau \to E_{\tau'}$ 等价于一个 $\mu \in \mathbb{C}$ 使得 $\mu\Lambda \subset \Lambda'$, 于是有 $a, b, c, d \in \mathbb{Z}$ 使得

$$\mu\tau = a\tau' + b, \quad \mu = \mu \cdot 1 = c\tau' + d \tag{2}$$

若 $\mu \neq 0$ (即 $f \neq 0$), 则由 (2) 有

$$\tau = \frac{a\tau' + b}{c\tau' + d} \tag{3}$$

反之, 若有 $a, b, c, d \in \mathbb{Z}$ 使得 (3) 成立, 取 $\mu = c\tau' + d$ 就可定义一个非零同态 $f : E_\tau \to E_{\tau'}$. 特别地, f 为同构当且仅当 $\begin{pmatrix} a & b \\ c & d \end{pmatrix}$ 为可逆矩阵, 此时由 (3) 可见 $ad - bc = 1$ (见习题 2), 故 $E_\tau \cong E_{\tau'}$ 当且仅当存在 $a, b, c, d \in \mathbb{Z}$ 使得 $ad - bc = 1$ 且 (3) 成立.

对一个复环面 X, 记 $\mathrm{End}^0(X) = \mathrm{End}(X) \otimes \mathbb{Q}$, 可看作 $\mathrm{End}(X)$ 的扩环. 注意 $\mathrm{End}^0(X)$ 是有限维的 $\mathbb{Q}$-代数, 对任意 $\alpha \in \mathrm{End}^0(X)$, $\alpha \cdot : \mathrm{End}^0(X) \to \mathrm{End}^0(X)$ 是 $\mathbb{Q}$-线性自同态, 故若 $\alpha \cdot$ 是单射则是一一映射, 从而有 $\beta \in \mathrm{End}^0(X)$ 使得 $\alpha \circ \beta = \mathrm{id}_X$; 此时 α 也不是右零因子, 因若 $\gamma \circ \alpha = 0$, 则 $\gamma = \gamma \circ \alpha \circ \beta = 0$, 故存在 $\beta' \in \mathrm{End}^0(X)$ 使得 $\beta' \circ \alpha = \mathrm{id}_X$, 且由此易得 $\beta' = \beta$. 总之若 α 不是左零因子或右零因子, 则必为可逆元.

命题 1　设复环面 X 是单的, 则 $\mathrm{End}^0(X)$ 是可除环 (即体).

证　由上所述只需证明 $\mathrm{End}^0(X)$ 没有零因子. 用反证法, 设有 $\alpha, \beta \neq 0 \in \mathrm{End}^0(X)$ 使得 $\alpha \circ \beta = 0$, 取适当的 $m \in \mathbb{Z}_{>0}$ 可使 $m\alpha, m\beta \in \mathrm{End}(X)$, 且 $m\alpha, m\beta \neq 0$ (因为 $\mathrm{End}(X)$ 作为 $\mathbb{Z}$-模是无挠的), 故不妨设 $\alpha, \beta \neq 0 \in \mathrm{End}(X)$. 令 $Y = \mathrm{im}(\beta) \subset X$, 则 Y 是 X 的紧致连通解析子群, 即子复环面. 由 $\beta \neq 0$ 有 $Y \neq 0$, 而由 $\alpha \circ \beta = 0$ 有 $Y \subset \ker(\alpha)$. 由 $\alpha \neq 0$ 有 $\ker(\alpha) \neq X$. 从而 $Y \neq X$, 这说明 X 有一个非平凡的子复环面, 与所设 X 是单的矛盾. 证毕.

命题 2　一个复环面 X 的自同态环 $\mathrm{End}(X)$ 作为 $\mathbb{Z}$-模是秩不超过 $4(\dim X)^2$ 的自由模.

证　设 $X = \mathbb{C}^n / \Lambda$, 由上所述一个自同态 $f \in \mathrm{End}(X)$ 等价于一个复线性自同态 $\phi \in M_n(\mathbb{C})$ 使得 $\phi(\Lambda) \subset \Lambda$, 而 $\mathbb{C}^n$ 由 Λ 生成, 故 ϕ 由 $\phi|_\Lambda$ 决定, 从而 f 由 $\phi|_\Lambda$ 决定. 这样就给出一个单射 $\eta : \mathrm{End}(X) \hookrightarrow \mathrm{End}(\Lambda)$, 且易见 η 是环同态. 由于 $\mathrm{End}(\Lambda) \cong M_{2n}(\mathbb{Z})$ 作为 $\mathbb{Z}$-模是秩为 $4n^2$ 的自由模, 可见 $\mathrm{End}(X)$ 作为 $\mathbb{Z}$-模是自由的且秩不超过 $4n^2$. 证毕.

例 2　设 $E = E_\tau = \mathbb{C}/\Lambda$, 由例 1 可知一个自同态 $f \in \mathrm{End}(E)$ 等价于一个复数 μ 使得

$$\mu\Lambda \subset \Lambda \tag{4}$$

且我们知道若 $\mu \in \mathbb{Z}$ 则 (4) 成立. 下面考虑 $\mu \notin \mathbb{Z}$ 的情形. 由 (4) 可见存在

$a, b, c, d \in \mathbb{Z}$ 使得

$$\mu\tau = a\tau + b, \quad \mu = c\tau + d \tag{5}$$

(参看 (2)), 由此得

$$\tau = \frac{\mu\tau}{\mu} = \frac{a\tau + b}{c\tau + d} \tag{6}$$

从而 τ 满足二次方程

$$c\tau^2 + (d - a)\tau - b = 0 \tag{7}$$

注意 τ 是虚数, 由 (7) 可见 $(d - a)^2 + 4bc < 0$, 从而 $c \neq 0$, 而 $K = \mathbb{Q}(\tau)$ 是虚二次域, $\mu = c\tau + d \in K - \mathbb{Q}$. 我们说 μ 给出 E 的一个复乘, 此时称 E 为有复乘的或 CM 型的. 注意在有复乘的情形 μ 只能是 $c\tau + d$ 的形状, 可见 $\mathrm{End}(E)$ 作为 $\mathbb{Z}$-模的秩为 2, 小于命题 2 给出的上界 4.

事实上命题 2 的断言可以改进为 "秩不超过 $2(\dim X)^2$".

对于一个复环面 $X = \mathbb{C}^n/\Lambda$ 及任意 $m \in \mathbb{Z}_{>0}$, 记 $X[m] = \ker(m_X)$, 则易见

$$X[m] \cong \left(\frac{1}{m}\Lambda\right)/\Lambda \cong (\mathbb{Z}/m\mathbb{Z})^{2n} \tag{8}$$

设 Y 是另一个 n 维复环面, 则一个满同态 $f : X \to Y$ 称为一个同源. 注意 $\ker(f)$ 是 X 的离散闭子群而 X 是紧致的, 可见 $\ker(f)$ 是有限群, 故存在 $m \in \mathbb{Z}_{>0}$ 使得 $m\ker(f) = 0$, 换言之 $\ker(f) \subset X[m]$. 由此就有诱导同态

$$g : Y \cong X/\ker(f) \to X/X[m] \cong X \tag{9}$$

注意 g 也是同源. 若存在同源 $X \to Y$, 则称 X 与 Y 同源, 由上所述, 若 X 与 Y 同源, 则 Y 与 X 同源, 由此易见同源是复环面的一个等价关系.

例如, 两条椭圆曲线 E_τ 与 $E_{\tau'}$ 是同源的当且仅当存在 $a, b, c, d \in \mathbb{Z}$ 使得 (3) 成立.

第 4 节　复环面与向量场

与 1 维的情形不同, 高维的复环面不一定能嵌入某个复射影空间作为解析子流形. 事实上, 一个复环面 $X = \mathbb{C}^n/\Lambda$ 能嵌入某个复射影空间作为解析子流形当且仅当在 $\mathbb{C}^n$ 上有一个正定埃尔米特型 H, 其虚部 $E = \mathrm{Im}H$ 满足 $E(\Lambda \times \Lambda) \subset \mathbb{Z}$. 此时称 X 为一个阿贝尔簇, 而称埃尔米特型 H 为 X 的一个黎曼型. 证明涉及较深的工具, 此处从略 (参看 [4]). 阿贝尔簇属于代数几何研究的范围.

我们知道对任意复环面 $X = \mathbb{C}^n/\Lambda$ 有 $T_X \cong Lie(X) \times X$ (见命题 VI.1.2), 即 X 的切丛是平凡的. 任取 $Lie(X)$ 的一组基 $\theta_1, \cdots, \theta_n$. 任一向量场 $\theta \in \Theta_X$ 局部 可表为 $f_1\theta_1 + \cdots + f_n\theta_n$, 其中每个 f_i 是局部的解析函数, 故 θ 的第 i 个分量 f_i 给出一个 X 上的解析函数, 但 X 上的解析函数都是常数, 故有 $c_1, \cdots, c_n \in \mathbb{C}$ 使 得 $\theta = c_1\theta_1 + \cdots + c_n\theta_n$. 由此得

命题 1　一个复环面 X 上的整体向量场都是左不变的, 即 $\Theta_X = Lie(X)$.

注意这对一般的李群不成立. 反之我们有 (参看 [22])

定理 1　设 X 为紧致连通复流形, 具有平凡切丛, 即

$$T_X \cong \Theta_X \times X \tag{1}$$

如果 Θ_X 是交换李代数, 则 X 是复环面.

证　设 $\theta \in \Theta_X$, 我们在 IV.4 节看到 θ 给出一个解析映射 $\Phi_\theta : \mathbb{R} \times X \to X$, 它可以看作 $G_{a/\mathbb{R}}$ 在 X 上的一个作用. 特别地 θ 给出 X 的一个自同构 ϕ_θ 使得 对任意 $x \in X$ 有

$$\phi_\theta(x) = \Phi_\theta(1, x) \tag{2}$$

由 IV.4 节可见这给出一个复解析映射 $\Phi : \Theta_X \times X \to X$, 定义为

$$\Phi(\theta, x) = \phi_\theta(x) \tag{3}$$

将 Θ_X 看作加法李群, 我们来说明 (3) 是 Θ_X 在 X 上的一个作用, 即对任意 $\theta, \theta' \in \Theta_X$ 有

$$\phi_\theta \circ \phi_{\theta'} = \phi_{\theta+\theta'} \tag{4}$$

对 X 上的任意局部函数 f, 由 (IV.4.21) 有

$$\Phi_\theta^*(f) = \sum_{n=0}^{\infty} \frac{t^n}{n!} \theta^n f = \exp(t\theta) f \tag{5}$$

特别地有

$$\phi_\theta^*(f) = \exp(\theta) f \tag{6}$$

记 $\Phi' = \exp(t'\theta') : G_{a/\mathbb{R}} \times X \to X$, 令

$$\Psi = \Phi \circ (\mathrm{id}_{G_{a/\mathbb{R}}} \times \Phi') : G_{a/\mathbb{R}} \times G_{a/\mathbb{R}} \times X \to X \tag{7}$$

则对 X 上的任意局部函数 f, 由 (5) 有

$$\begin{aligned}
\Psi^*(f) &= (\mathrm{id}_\mathbb{R} \otimes \exp(t'\theta'))(\exp(t\theta)f) \\
&= (\exp(t'\theta') \circ \exp(t\theta))f \\
&= \exp(t'\theta' + t\theta)f
\end{aligned} \tag{8}$$

这是因为由所设有 $\theta \circ \theta' = \theta' \circ \theta$. 取 $t = t' = 1$, 由 (6) 有

$$\phi_{\theta'}^* \circ \phi_\theta^*(f) = \phi_{\theta+\theta'}^*(f) \tag{9}$$

由 f 的任意性可见 (4) 成立.

我们来说明李群 $G = \Theta_X$ 在 X 上的作用是可迁的. 由条件 (1) 及 (5) (或 (IV.4.19)) 可见对任意 $x \in X$, Φ 诱导切空间的同构 $T_{G,0} \cong T_{X,x}$. 故存在 0 的开邻域 $U \subset G$ 使得 $g \mapsto gx$ 给出一个同构 $U \to Ux$, 其中 $Ux \subset X$ 是 x 的开邻域. 对每个 $x \in X$ 取这样一个开邻域, 则它们组成 X 的一个开覆盖, 由 X 的紧致性可取它的一个有限子覆盖 $U_1, \cdots, U_m$. 适当排列 $U_1, \cdots, U_m$ 可使对每个 $1 \leqslant i < m$ 有 $(U_1 \cup \cdots \cup U_i) \cap U_{i+1} \neq \varnothing$, 因若不然就可取 i 使得对任意 $j > i$ 都有 $(U_1 \cup \cdots \cup U_i) \cap U_j = \varnothing$, 从而 X 分解为一个无交并 $X = (U_1 \cup \cdots \cup U_i) \bigcup^{\circ} (U_{i+1} \cup \cdots \cup U_m)$, 与 X 连通的假设矛盾. 由此可见对任意 $x, x' \in X$ 可取 $\theta_1, \cdots, \theta_r \in \Theta_X$ 使得 $\phi_{\theta_1} \circ \cdots \circ \phi_{\theta_r}(x) = x'$, 但由 (4) 有 $\phi_{\theta_1} \circ \cdots \circ \phi_{\theta_r} = \phi_{\theta_1 + \cdots + \theta_r}$, 这说明 Θ_X 在 X 上的作用是可迁的.

由上所述还可见任意 $x \in X$ 的安定子群 $H = \{g \in G | gx = x\}$ 是离散的, 而由 G 交换可见任意 $x' \in X$ 的安定子群都是 H, 从而有解析流形的同构 $X \cong G/H$. 由引理 1.2 可见 H 为 G 中的格, 故 X 为复环面. 证毕.

注意定理 1 中的条件显然都是必要的. 另一方面, 如果去掉 Θ_X 是交换李代数的假设, 则 X 不一定是复环面. 下面是一个例子 (见 [15]).

例 1　设 $G \subset GL_3(\mathbb{C})$ 为所有对角线上为 1 的上三角阵组成的李子群. 令 $K \supset \mathbb{Q}$ 为虚二次域 (例如 $\mathbb{Q}[\sqrt{-1}]$), $O_K \subset K$ 为代数整数环. 令 $H = G \cap GL_3(O_K)$, 即 G 中所有元都在 O_K 中的所有矩阵组成的集合. 易见 H 是 G 的子群. 取 O_K 作为阿贝尔加法群的一组生成元 $\{a, b\}$, 令 $V = \{ra + sb | r, s \in \mathbb{R}, 0 \leqslant r, s \leqslant 1\}$, 并令

$$W = \{(a_{ij}) \in G | a_{ij} \in V \ (\forall i, j)\} \tag{10}$$

则不难看到 $H \cap W$ 是有限集, 且对任意 $g \in G$ 存在 $h \in H$ 使得 $gh \in W$. 由此可见 H 是 G 的离散子群. 由命题 VI.3.1 可知商流形 (齐性空间) $X = G/H$ 存在.

由于 H 的每个左陪集都有 W 的元, 投射 $W \to X$ 是满射, 而 W 是紧致连通的, 故 X 是紧致连通复流形. 注意投射 $p: G \to X$ 局部为同构, 对任意 $x \in X$ 取 $g \in G$ 使得 $p(g) = x$, 则任意 $\theta \in Lie(G)$ 给出 x 的一个切向量 $\theta_x \in T_{X,x}$, 它与 g 的选取无关, 因为 θ 是左不变的. 这样所有 θ_x 给出 X 上的一个向量场 $p_*\theta$, 从而我们有李代数同态 $p_* : Lie(G) \to \Theta_X$. 若对 $Lie(G)$ 取一组基 $\{\theta_1, \cdots, \theta_n\}$, 则 $\{\theta_{1x}, \cdots, \theta_{nx}\}$ 为 $T_{X,x}$ 的一组基, 由此可见 p_* 给出同构

$$Lie(G) \times X \xrightarrow{\simeq} T_X \tag{11}$$

所以 X 具有平凡切丛. 如命题 1 的证明中那样可见 $\Theta_X \cong Lie(G)$. 但 X 不是复环面, 因为 Θ_X 不是交换李代数.

可以证明 (参看例如 [4]), 若 X 是紧致连通射影复流形且具有平凡切丛, 则 X 是阿贝尔簇, 从而是复环面. 由此可见例 1 中的 X 不是射影流形, 即不能嵌入某个 $\mathbb{P}^n_{\mathbb{C}}$ 中作为复子流形.

习　题　XI

1. 证明 $\mathbb{P}^2_{\mathbb{C}}$ 中的三次曲线 $Y^2Z = X^3 + aXZ^2 + bZ^3$ 为光滑的当且仅当 $x^3 + ax + b$ 的判别式 $\Delta = -4a^3 - 27b^2 \neq 0$.

2. 设格 $\Lambda \subset \mathbb{C}$ 和 $\Lambda' \subset \mathbb{C}$ 分别由 $\{\tau, 1\}$ 和 $\{\tau', 1\}$ 生成, 其中 $\tau, \tau' \in \mathfrak{H}$. 设 $E = \mathbb{C}/\Lambda$, $E' = \mathbb{C}/\Lambda'$, $f: E \to E'$ 为李群的非平凡同态, $f_*(\tau) = a\tau' + b$, $f_*(1) = c\tau' + d$. 证明 $ad - bc > 0$. 特别地, 若 f 为同构, 则 $ad - bc = 1$.

3. 对任意交换李群 G 及任意 $m \in \mathbb{Z}$ 也可以定义自同态 $m_G \in \text{End}(G)$. 证明 m_G 诱导的李代数自同态 $m_{G*} : Lie(G) \to Lie(G)$ 是用 m 左乘.

4. 设 $f: X \to Y$ 为复环面同态. 证明对任一 $m \in \mathbb{Z}$ 有 $f \circ m_X = m_Y \circ f$.

5. 设 $\tau \in \mathfrak{H}$, 证明若 $\mathbb{Q}[\tau]$ 是虚二次域, 则 E_τ 有复乘.

6. 证明由图 2.2 所定义的加法 $(x, y) \mapsto x + y$ 给出一个解析映射 $E \times E \to E$.

参 考 文 献

[1] Cahn R N. Semi-Simple Lie Algebras and Their Representations. Redwood City: The Benjamin/Cummings Publishing Company, 1984

[2] Chevalley C. Theory of Lie Groups, I. Princeton: Princeton University Press, 1946

[3] Dieudonné J. 典型群的几何学. 万哲先, 译. 北京: 科学出版社, 1960

[4] Griffiths P, Harris J. Principles of Algebraic Geometry. Hoboken: Wiley-Interscience, 1978

[5] Hall B. Lie Groups, Lie Algebras, and Representations. GTM 222. New York: Springer, 2003

[6] Hartshorne R. Algebraic Geometry. GTM 52. New York: Springer-Verlag, 1977

[7] Humphreys J E. Introduction to Lie Algebras and Representation Theory. GTM 9. New York: Springer-Verlag, 1972

[8] 黎景辉, 冯绪宁. 拓扑群引论. 2 版. 现代数学基础丛书 153. 北京: 科学出版社, 2007

[9] 李克正. 交换代数与同调代数. 北京: 科学出版社, 第二次印刷, 1999; 2 版, 2017

[10] Li K Z. Vector fields and automorphism groups. 2004 代数幾何学シンポジューム记录, 2004: 119-126

[11] 李克正. 抽象代数基础. 研究生数学丛书 6. 北京: 清华出版社; Berlin: Springer, 2007

[12] Li K Z. Differential operators and automorphism schemes. Science China Mathematics, 2010, 53(9): 2363-2380

[13] 李克正. 群概形及其作用论. 北京: 清华大学出版社, 2018

[14] Mumford D. Abelian Varieties. 2nd ed. Tata Studies is Math. Oxford: Oxford University Press, 1975

[15] Nakamura I. Complex parallelisable manifolds and their small deformations. J. Differential Geometry, 1975, 10: 85-112

[16] Oka K. Collected Papers. New York: Springer, 2014

[17] Pontryagin L S. Topological Groups. 2nd ed. New York: Gordon and Breach, 1966

[18] 普里瓦洛夫. 复变函数引论. 俄罗斯数学精品译丛. 闵嗣鹤, 等译. 哈尔滨: 哈尔滨工业大学出版社, 2013

[19] Varadarajan V S. Lie Groups, Lie Algebras and Their Representations. Prentice: Prentice-Hall, 1974

[20] Varadarajan V S. An Introduction to Harmonic Analysis on Semisimple Lie Groups. Cambridge: Cambridge University Press, 1989

[21] 万哲先. 李代数. 北京: 科学出版社, 1974

[22] Wang H C. Comples parallelisable manifolds. Proc. AMS, 1954, 5: 771-776

[23] Warner F W. Foundations of Differentiable Manifolds and Lie Groups. GTM 94. New York: Springer-Verlag, 1983

[24] 伍鸿熙, 吕以辇, 陈志华. 紧黎曼曲面引论. 北京: 科学出版社, 1981

词 汇 索 引

中文	英文	章节
核	kernel	II.1
环	ring	II.2
环层	sheaf of rings	III.4
环层空间	ringed space	III.2
基础根	fundamental root	X.3
基础根系	fundamental root system	X.3
极大理想	maximal ideal	II.4
加法	addition	II.2
嘉当子代数	Cartan subalgebra	IX.3
交换环	commutative ring	II.2
交换李代数	commutative Lie algebra	V.2
交换李群	commutative Lie group	VI.1
交换图	commutative diagram	II.3
结合环	associative ring	II.2
截口	section	III.4, III.6
解析函数	analytic function	I.1
解析函数层	sheaf of analytic functions	III.2, III.5
解析空间	analytic space	III.5
解析流形	analytic manifold	III.2
解析子集	analytic subset	III.5
解析子空间	analytic subspace	III.5
解析作用	analytic action	VI.1
局部函数环	ring of local functions	III.5
局部化	localization	II.4
局部环	local ring	II.4
局部李群	local Lie group	VIII.2
局部自由层	locally free sheaf	III.4
k-导数	k-derivative	III.4
k-李代数	k-Lie algebra	V.2
可解李代数	solvable Lie algrbra	V.2

中文	英文	章节
特殊线性群	special linear group	II.1, VI.1
特殊酉群	special unitary group	IX.1
同构	isomorphism	II.1, III.2, V.2
同态	homomorphism	II.1, III.4, III.6, V.2, VI.1
同源	isogeny	XI.3
投射	projection	II.1
推出	push-out	III.4
同源等价	isogeny equivalence	VII.1.2
推出	push-out	V.1.1
椭圆曲线	elliptic curve	XI.2
拓扑群	topological group	VIII.3
外代数	exterior algebra	II.5
外积	exterior product	II.5
微分层	sheaf of differentials	IV.2
微分算子	differential operator	V.1
微分算子层	sheaf of differential operators	VII.1
唯一因子分解整环	unique factorization domain	II.4
魏尔斯特拉斯 $\wp$-函数	Weierstrass $\wp$-function	XI.2
魏尔斯特拉斯预备定理	Weierstrass preparation theorem	I.2
纤维	fiber	III.6
纤维丛	fiber bundle	III.6
线性表示	linear representation	II.1, V.2
线性代数群	linear algebraic group	IX.1
线性李群	linear Lie group	IX.1
线性作用	linear action	II.1, V.2
限制	restriction	III.1
限制映射	restriction map	V.3.2
向量场	vector field	IV.2
向量丛	vector bundle	III.6
辛群	symplectic group	IX.1

符号、缩略语索引

记号	意义	章节
E_τ	椭圆曲线	XI.3
$\mathrm{End}(X)$	自同态环	XI.3
$\mathrm{End}^0(X)$		XI.3
$End_k(V)$	自同态环	II.5
$\exp$	指数映射	VIII.1, VIII.2
$\exp(t\theta)$		IV.4
F_4		X.3
$f(t, P)$		IV.4
$f \otimes_k g$	函数的张量积	II.5
f_*		IV.1
$f_* \mathcal{F}$	层的推出	III.4
$f^* O_T$	函数层的拉回	III.1
G_0	含单位元的分支	VI.2
G_2		X.3
$\mathbb{G}_{a/\mathbb{C}}$	$\mathbb{C}$ 的加法群结构	II.1
$\mathbb{G}_{a/k}$	k 的加法李群结构	VI.1
$\mathbb{G}_{a/\mathbb{R}}$	$\mathbb{R}$ 的加法群结构	II.1
G/H	左陪集的集合	II.1
$\mathbb{G}_{m/\mathbb{C}}$	$\mathbb{C}^\times$ 的乘法群结构	II.1
$\mathbb{G}_{m/k}$	$k^\times$ 的乘法李群结构	IV.3, VI.1
$\mathbb{G}_{m/\mathbb{R}}$	$\mathbb{R}^\times$ 的乘法群结构	II.1
$GL_n(\mathbb{C})$	复一般线性群	II.1
$GL_n(k)$	一般线性李群	VI.1
$GL_n(\mathbb{R})$	实一般线性群	II.1
$GL(V)$	线性变换群	II.1
$\mathfrak{gl}_n(k)$	一般线性李代数	VII.2
H_i		IX.4
H_i'		IX.4
H_{ij}		IX.4
$H_{i,j}$		IX.4

记号	意义	章节
$H'_{i,j}$		IX.4
$\mathfrak{H}_\theta$		IX.3
$Hom(\mathcal{F}, \mathcal{G})$	层的同态群	III.4
$\mathcal{H}om(\mathcal{F}, \mathcal{G})$	同态层	III.4
$i_G(H)$	子群的指数	II.1
id_S	恒同映射	II.1
$\mathrm{im}(f)$	f 的像	II.1
$\mathfrak{L}^{(i)}$		V.2
$\mathfrak{L}_i$		IX.2
$Lie(G)$	李群的李代数	VII.2
$\ln$	对数映射	VIII.1
m	乘法	VI.1
M_G^r		VII.1
$M_n(\mathbb{R})$	矩阵环	II.2
$M(V)$		V.2
m_x		IV.1
$N(\mathfrak{H})$	正规化子	IX.3
o		VI.1
O_{C_n}	解析结构层	III.1
$O_M \otimes O_{M'}$		III.2, III.4
$O_n(k)$	正交群	IX.1
$\mathfrak{o}_n(k)$	正交李代数	IX.1
$O(V, \langle, \rangle)$	正交群	II.1
$O_n(\mathbb{R})$	正交群	II.1
O_T	函数层	III.1
$O_T|_{T'}$	函数层的限制	III.1
$O_X(m)$		III.4
$O_{X,x}$	局部函数环	III.5
p_i		IX.2
$\wp(z)$	魏尔斯特拉斯 $\wp$-函数	XI.2

记号	意义	章节
$\mathbb{P}_k^n$	射影空间	III.3
P_X^r		VII.1
PBW 定理	Poincaré-Birkhoff-Witt 定理	V.4
$\mathrm{Per}(S)$	置换群	II.1
$PGL_n(k)$	射影一般线性李群	VI.1
$PGL_{n+1}(k)$	射影一般线性群	III.3
PID	主理想环	II.4
$PSL_{n+1}(k)$	射影特殊线性群	III.3
$PSO_n(k)$		IX.1
$PSp_n(k)$		IX.1
PSU_n		IX.1
$\mathrm{q.f.}(R)$	商域	II.4
r_{ij}		VIII.2
$R[x]$	多项式环	II.2
$S^{-1}R$	环的局部化	II.4
$S_k(V)$	对称代数	II.5
$S_k^n(V)$		II.5
$\mathcal{S}_V$		III.6
$SL_n(k)$	特殊线性李群	VI.1
$SL_n(\mathbb{R})$	实特殊线性群	II.1
$\mathfrak{sl}_n(k)$	特殊线性李代数	VII.2
$SO_n(k)$	旋转群	IX.1
Sp_n		IX.1
$Sp_n(k)$	辛群	IX.1
$\mathfrak{sp}_n(k)$	辛李代数	IX.1
$Sp_n(\mathbb{R})$	辛群	II.1
SU_n	特殊酉群	IX.1
T_g	平移	VI.1
$T_k^n(V)$	即 $V^{\otimes_k n}$	II.5
$T_k(V)$	张量代数	II.5

记号	意义	章节
$T_{X,x}$	切空间	IV.1
$\mathcal{T}_{X/k}$	切层	III.4, IV.2
$\mathbb{T}_{X/k}$	切丛	III.6, IV.2
U_n	酉群	II.1, IX.1
$U(W,\langle,\rangle)$	酉群	II.1
UFD	唯一因子分解整环	II.4
$V \otimes_k W$	线性空间的张量积	II.5
$V^{\otimes_k n}$	多重张量积	II.5
$V_{\rho,\lambda}$	权空间	IX.2
$V(S)$	解析函数的公共零点集	III.5
$\hat{V}$	对偶空间	II.5
$w \wedge w'$	外积	II.5
(X, O_X)	环层空间	III.2
Y_{ij}		VIII.2
Y_{smooth}	光滑点集	IV.3
$\Gamma L(V)$		II.1
$\Gamma O(V,\langle,\rangle)$		II.1
Δ	根系	IX.3
Δ^+	权的集合	IX.3
Δ_X	对角态射	IV.2
Θ_X	向量场李代数	IV.2
θ_α		IX.4, X.1
ι	逆	VI.1
Λ	格	III.2, VI.1, XI.1
Π	基础根系	X.3
Φ		IV.4
ϕ_t		IV.4
$\phi^* f$	函数的拉回	III.1
$\chi_{\text{ad}\theta}$		IX.2
Ψ_g		VIII.1

记号	意义	章节
Ω_X^1	微分层	IV.2
ω_G		VII.1
$\wedge$		II.5
$\wedge_k(V)$	外代数	II.5
$\wedge_k^n(V)$	外积	II.5
$\angle\alpha\beta$	夹角	X.2
$\langle,\rangle$		IX.1
$\langle,\rangle_{\mathcal{L}}$	Killing 型	IX.3
$\succ$	字典序	X.3

《现代数学基础丛书》已出版书目

（按出版时间排序）